科普经典译丛
KEPU JINGDIAN YICONG

活力地球

蓝色星球

海底世界的源起

◎〔美〕乔恩·埃里克森　著

◎ 党皓文　徐其刚　译

首都师范大学出版社
CAPITAL NORMAL UNIVERSITY PRESS

图书在版编目（CIP）数据

蓝色星球：海底世界的源起/(美)乔恩·埃里克森著；党皓文，徐其刚译.
—北京：首都师范大学出版社，2010.7
（科普经典译丛.活力地球）
ISBN 978-7-5656-0045-6

Ⅰ．①蓝… Ⅱ．①乔… ②党… ③徐… Ⅲ．①海洋－普及读物
Ⅳ．①P7-49

中国版本图书馆CIP数据核字(2010)第130779号

MARINE GEOLOGY: Exploring the New Frontiers of the Ocean, Revised Edition by
Jon Erickson
Copyright © 2003, 1996 by Jon Erickson
This edition arranged by Facts On File, Inc.
Simplified Chinese edition copyright © 2010 by Capital Normal University Press
All rights reserved.
北京市版权局著作权合同登记号 图字:01-2008-2147

活力地球丛书

LANSE XINGQIU—HAIDI SHIJIE DE YUANQI

蓝色星球——海底世界的源起（修订版）

[美]乔恩·埃里克森 著

党皓文 徐其刚 译

项目统筹 杨林玉　　　　　　版权引进 杨小兵 喜崇爽
责任编辑 韩聿琳 林 予　　　封面设计 王征发
责任校对 李佳艺
首都师范大学出版社出版发行
地　址　北京西三环北路105号
邮　编　100048
电　话　010-68418523（总编室）　68982468（发行部）
网　址　www.cnupn.com.cn
北京集惠印刷有限责任公司印刷
全国新华书店发行
版　次　2010年7月第1版
印　次　2013 年 2 月第 5 次印刷
开　本　787mm×1092mm　1/16
印　张　19.25
字　数　168千
定　价　45.00元

目录

I

10 罕见的海底构成
海底的异常地质现象

简表

致谢

作者感谢美国国家航空航天局（NASA）、美国国家海洋大气局（NOAA）、美国工程兵部队、美国农业-森林服务部、美国农业-土壤保持服务部、美国核武器防卫局、美国能源部、美国地质调查局（USGS）、美国海洋运输管理局、美国海军（U.S.Navy）以及美国伍兹·霍尔海洋研究中心（WHOI）为本书提供了丰富的图片。

原著者向富兰克 K. 达姆斯达特、本丛书主编和所有Facts On File出版社的工作人员为本书得以出版所作的贡献表示感谢。

序言

海洋覆盖了地球表面大约2/3的面积，但我们对海洋深部秘密的了解尚不如我们探索邻近几个行星表面所得的认识。几千年来，无数神话和传说孕自海洋，同时人类许多的好奇、恐惧和希望也都发源于海洋。海洋隐藏着人类和其他生物在大陆间迁移的谜团，现在又成为人类航运的主要载体。海洋为我们提供丰富的矿产资源、可再生的食物资源和能源，同时也是足以毁灭一切的飓风和台风的发源地。地球上的生命可能起源于海床上活动火山口周围的环境中，今天我们也开始在漆黑的深海发现相似的热液喷口及其附近奇异多样的生物群落。

在这本关于海洋地质学的修订本中，乔恩·埃里克森探讨了有关地球、大陆和海洋的起源，以及这些过程与宇宙起源的关系的若干理论和假说。本书还详细讨论了海洋与海水如何作用于板块构造运动，同时也为读者详尽讲解了板块构造运动的机制和表象。地球上的海盆从没停止过扩张和拼合，同时大陆也处于拼合成超级大陆然后又因新洋盆的产生而裂解的连续过程之中。地球上不同样式的生命，其出现、演化和绝灭不可避免地与海盆的不断产生、扩张和闭合相连，具体可能与构造运动进程中生物生活环境的变迁有关。本书还讨论了几十亿年来若干洋盆的历史，以及这些洋盆中生命样式的演化史。

埃里克森为我们描绘了人类探索海洋的迷人历史。他描述了早期人们如何逐渐掌握观测海流和如何勘定大陆间航线的故事，也讲述了人们如何利用拖网探得海底储量巨大的沉积矿床。我们认识海底地形和结构的巨大飞跃，起源于第二次世界大战期间为潜艇探测航道以及侦查敌方潜艇的勘探活动。对与大陆裂解假说相匹配的洋底扩张假说的证实，其基础正在于船拖地磁探测仪和精确声纳的观测数据，而这两个假说构成了板块构造演化理论的两大支柱。大洋中脊、深海海沟和洋底火山的发现，印证了板块构造运动的运作机制。

大洋环流深刻地影响着全球气候。伦敦冬天的浓雾天气，追根溯源是源自加勒比海的墨西哥湾暖流穿越大西洋输送到不列颠群岛海岸的温暖水团。太平洋上海洋和大气环流格局的巨大变化，会引发或干燥或湿润的气候异常，也就是常说的厄尔尼诺和拉尼娜现象。这些现象能够直接作用于整个太平洋区，同时也具有全球影响。

还有一些突发性更强的海洋运动，包括因地震、海底火山爆发或者大型洋底滑坡引发的海啸。历史上最近一次海啸悲剧是1883年印度尼西亚科拉卡托亚火山喷发引起的。（译者按：原著出版于2000年，事实上人类历史最近的一次海啸灾难是2004年发生的印度尼西亚大海啸，造成223,000人死难，1,800,000人无家可归。）科拉卡托亚火山爆发摧毁了火山的中心部分，海水倒灌导致海啸。火山可以急速加热大量海水，并将其快速向外喷出。此次火山喷发造成的海啸浪高达120英尺（约36米），据估算，周围海岸区有36,500人死于这次灾难。1998年一次浪高50英尺（约15米）的海啸袭击巴布亚新几内亚，造成2,000人死亡，10,000人无家可归。

海洋中蕴含着丰富的沉积矿产，包括大陆架和大陆坡上的石油和天然气，以及大洋中脊周围的金属矿产。海底还储存有世界上大部分的锰、铜和金。海洋还盛产各种鱼，但人类需保证合理取用以避免破坏性的过度捕捞。海产蔬菜越来越流行，它们可能帮助人类提供解决农业用地紧张的困境。海洋还为现代世界提供了解决人口激增产生的能源和食物压力的可能办法。新的生命样式不断地在海洋深部被发现，在人类活动对其生活环境产生影响而使它们覆亡之前，我们必须好好认识这些生命奇迹。

——蒂姆希·M·库斯基　博士

简介

我们这颗星球上实在含有太多的水，以至于被命名为"海星"反倒比"地球"更合适。它是太阳系已知唯一的一个包围于满布特殊地质构造并富含多样海洋生物的水体中的行星。大洋深部底床上的许多最奇异的生灵，其祖先可追溯到几十亿年前的远古时期。许多洋脊孕育着被时间遗忘的怪诞世界——寒冷、黑暗的深渊中遍布高大的喷泻富含矿物质热液的烟囱，许多科学上从未发现的特殊物种就生存其间。

大洋底床上地貌景观之雄伟远非陆地上任何地方能够与之媲美。远比陆地山脉广阔的海底山脉绵延于洋底。尽管深埋于洋底，大洋中脊系统显然可称得上是这个行星上最显著的地表特征。地幔中喷涌出的熔融岩浆在扩张的大洋持续地制造新生大洋底床，同时世界上最深的海沟不断消灭着老旧的大洋底床。世界上许多未开发的资源深埋于洋底，因此海底也就有理由成为人类探索能源和矿产的新的前沿阵地。

海浪底下还隐藏着数量巨大——比陆地上多得多——的火山。不断改造地表面貌的火山活动大部分都发生在海底。活动的火山从洋底升至海面，生成最高的山脉。事实上，世界上大多数岛屿都是洋底火山突出到海面以上而形成的。然而绝大多数的海底火山并未出露到海面以上，而是散布在海底，形成孤立的海山。

可挑战陆地上最大的大峡谷的海底深渊陷入距地球表面极远的深度。大型海底滑坡沉入深深的海底，在洋底沉积形成巨大的沉积物堆积体。海底滑坡偶尔也会造成巨浪，捣击周边海域，给周围海滩居民带去灾难。伴随着强烈海流的深海风暴刮擦海底，掀起巨大的沉积物云团，海底形貌被重塑。对海底以及这些大型沉积物堆积体的探查引出非常复杂的海洋地质学的学问。

这册《蓝色星球——海底世界的源起》，概括并且适当扩展了海洋地质学科的有关内容。迷人的海洋地质学科注定会长久保有科学热情，并且不断推动人们更深入地理解自然力量是如何作用于地球的。本书可为地质学和地球科学的学生提供有价值的参考。本书文字清楚明了，可读性强，同时辅有大量精美的照片、详细的插图及有助理解的表格，足供读者轻松享读。书后附录的词汇表解释了较难理解的词句。众多营力参与创造了这个"活的地球（Living Earth）"，塑造行星表面形态的地质过程正是其中极重要的一部分。

1

蓝色星球

地球上的海洋

　　本章乃开篇首节，将为读者展示地球形成和海洋演化的历史。地球是非常独特的，因为它是太阳系中唯一一颗拥有由水组成的海洋和氧化组成的大气的行星。在地球这颗行星的历史上，约有20个海洋曾经出现过，后来又都消失了。与之相伴的是大陆不断裂解又聚合的过程，这也就是"超级大陆"不断分分合合的地质过程。现代的大洋格局是存在于约17，000万年前的"盘古大陆"——又称"泛大陆"（源于希腊语"所有陆地"的意思），裂解为现在的各个陆块而形成的。

　　在盘古大陆裂解之前，一个名叫"泛大洋"的巨型单个大洋完全围绕着超级联合大陆。泛大洋也出自希腊语，意为"遍及全部地域的海"。而在盘

表1　地质年代表

代	纪	世	年龄 （百万年）	首次出现的 生命形式	地质学事件
	第四纪	全新世	0.01		
		更新世	3	人类出现	大冰期
		上新世	11	乳齿象	卡斯卡迪斯山脉
	新近纪				
新生代		中新世	26	剑齿虎	阿尔卑斯山
	第三纪	渐新世	37		
		古近纪			
		始新世	54	鲸	
		古新世	65	马、短吻鳄	洛基山脉
	白垩纪		135		
				鸟类	内华达山脉
中生代	侏罗纪		210	哺乳动物	大西洋
				恐龙	
	三叠纪		250		
	二叠纪		280	爬行动物	阿巴拉契亚山脉
	宾夕法 尼亚期		310		冰期
				陆生树木	
	石炭纪				
古生代	密西西 比期		345	两栖动物、 昆虫	盘古大陆
	泥盆纪		400	鲨鱼	
	志留纪		435	陆生植物	劳亚古陆
	奥陶纪		500	鱼	
	寒武纪		570	海洋植物、 有壳动物	冈瓦纳古陆
			700	无脊椎动物	
元古代			2500	后生生物	
			3500	早期生命	
太古代			4000		最古老的岩石
			4600		最古老的陨石

古大陆形成之前，所有的陆块又都分散地围绕在一个叫做"亚皮特斯海"（又称"古大西洋"）的超级大洋周围。再对历史深究，人们又发现了一个称为"罗迪尼亚大陆"的超级大陆，是俄语"母亲之地"的意思。罗迪尼亚大陆的裂解产生了许多分散的小陆块和小的陆缘海，为新生命物种的爆发式起源提供了温床。事实上，自地球产生不久后就一直存在的全球大洋的底部，可能早已有了生命活动。

海与天空的起源

太阳系中储存的水的数量是十分惊人的，远比单单存于地球上的水分多。当太阳自一片气体与星尘中凝结出现时，围绕于这颗幼年恒星周围的刚性的、扁平的星子盘之中聚集着极少量的冰和岩石碎片。星子盘的某些局部区域的温度可能足以满足液态水的存在条件，换句话说，足够使之前存在的固态的冰融化。此外，行星地球母体内原始大气中的水蒸气可能会由于星子内的爆炸事件，以及幼年太阳强劲的太阳风被吹到行星以外很远。但是这些水汽可能会在离太阳很远的地方重新结晶成为彗星组分，之后又重新回到地球为地球补给水分。

月球的成因至今仍是个谜（图1）。科学家们猜想曾有一个与火星尺寸

图1
摄自阿波罗号宇宙飞船的月球表面照片，展示其地表许多地形地貌特征（照片由美国国家航空航天局提供）

相当的星体撞击地球，碰撞溅散出的物质在地外轨道上重新糅合成了一个子行星——月球。作为这么一个巨大规模的卫星，也是太阳系中相对于其母星体的大小而言最大的一颗卫星，月球，可能对地球上生命的出现和早期演化具有相当重要的意义。地球–月球系统的独特属性引动海洋潮汐，而海边潮水坑的干–湿变化节律则可能有助于生命的出现，因此生命实际出现的时间可能早于人们以往的认识。月球同样也在帮助地球保持其生态环境的稳定性。月球控制着地球的地轴倾角并保持相对稳定，协助地球产生了四季，从而使地球适于生命居住。假如没有月球，地球上的生命可能将需面对如火星上一样剧烈的气候波动。

地球的地壳出现在大约40亿年前，只占当时地球总体积的0.5%，最初的原始地壳与现代大陆性地壳的成分迥异。形成初期的地球自转非常快，绕地轴旋转一周只需要14个小时，因此整个地球表面都维持着很高的温度。在这种高温条件下，地球物质垂向的升腾作用远大于横向的滑移作用，因此无法进行像现代板块运动一样的地质构造过程。因此，现代板块构造运动模式的建成大约始于27亿年前地壳基本上完全成形之后。

很显然，地球在其一半历史的时间过后，才形成与现代岩石圈规模相当的地壳岩石圈层。一些仍然保存完好的最古老的岩石给我们提供了有关早期地壳的信息。在地球形成之后几百个百万年的时间之内，这些岩石在地表以下深处形成，而如今它们出露到地表。花岗岩中的锆石结晶体能够抵抗极高的温度和压力，由此告诉我们地球最早期的、42亿年前地壳刚刚形成时的历史。加拿大西北地区的阿卡斯塔片麻岩是世界上年龄最老的岩石之一，它是花岗岩经历变质作用的结果。阿卡斯塔片麻岩的存在说明了在地球形成早期地壳已经存在，地球表面在很早以前已经有一些"补丁"状的大陆地壳块体。

在地球的原初时期，即42亿年前到39亿年前之间，大量的流星和彗星撞击并融入地球和月球。太阳系形成之初的大量物质碎片也不断地轰击地球。这个过程可能向地球输入了激发原始生命快速创生所需的热能和有机物。反之，这样的能量和物质爆发式的输入也可能造成原有的生命形式集群性大绝灭。

主要由岩石碎片和冰组成的彗星也大量投入地球，释放出大量的水蒸气和其他气体。这些宇宙侵入物质气化产生了二氧化碳、氨气、甲烷等等早期大气的主要成分，这些地球原始大气自44亿年前开始形成。事实上，地球早期大气，包括水蒸气和其他各类气体，主要都是通过火山活动由地球内部输出的。早期地球的火山活动比现在剧烈得多，因为那时候地球内部更热，而且岩浆含有的挥发分也更多。

很快，通过火山活动的大量供给，主要由二氧化碳、氮气、水蒸气和其他气体组成的原始大气圈形成了。那时大气圈中含有非常非常多的水蒸气，以至于地球初形成时的大气压比现在要大好几倍。同时刚刚形成的大气圈中二氧化碳的含量也是现在的1,000倍以上。事实上，这样的状态对地球是有利的，因为当时的太阳辐射量只是今天的75%，因而强的温室效应有助于保持海洋免遭冰冻之虞。另外当时地球的自转速度很快，约为14小时旋转一周，而且没有成型的大陆阻拦海洋洋流，这些都有助于海洋保存热量。

地球大气圈的氧气来源有二：其一可能直接来自火山喷发或者陨星的气化，其二也可能是通过水分子或者二氧化碳分子在太阳紫外线的作用下分解而得到。通过上述这些方式产生的氧气，很快就会与地壳中的金属元素结合，可以想象铁生锈的过程。氧气分子也会与氢气及碳化合，重新生成水和二氧化碳。当时可能有极小量的氧气存在于大气圈顶层，为地球提供一个氧气幕，它可以减少来自太阳的紫外线对水分子的分解作用，从而阻碍海洋水分的流失，帮助地球免遭亿万年来金星的厄运（图3）。

地球上的氮气来自于火山喷发和早期大气中氨的裂解。氨由1个氮原子

和3个氢原子组成，是地球原始大气的主要组成成分之一。与其他会经历交换和循环再生的气体不同，地球的氮气量基本维持其形成之初的水平。这是因为氮气会按照基本恒定的速率变成极易溶于水的硝酸根，结果硝化细菌和反硝化细菌会将这些硝酸根还原成氮气又反馈回大气。因此假如没有生物，地球大气可能在很早之前就失去其氮气成分，而地球大气压也会比现今低许多。

早期的地球表面极度炎热，气候状况极其恶劣。狂躁的飓风裹挟尘砂席卷地球干燥的表面。整个星球笼罩在狂风刮起的悬浮尘沙之中，有如今日火星表面的沙尘暴（图4）。巨大的走石满地乱滚，纵贯地球的大型雷暴撼得大气也都为之震动。规模巨大的火山爆发接连不断，白色的火山灰映亮天际，红色的火山熔岩在陆地上川流。

大型断裂带劈开薄薄的地壳，极多的岩浆通过这些缝隙涌上地表，地球在无休止地粉碎着自己。难以计量的熔岩流洪漫地球表面，形成异常平整毫无起伏的岩浆岩平原，与散点分布的塔状火山一起，构成了那时候地球表面的地貌形态。密集的火山活动喷发出大量火山灰和火山碎屑，悬浮于空气中，使得天空呈现怪诞的红色光晕。火山灰有冷却地球表面的效应，同时也可以成为空气中水蒸气的凝结核。

随着地球表面温度进一步降低，水蒸气凝结形成覆盖整个星球的云层。它们完全遮挡住了阳光，令地球进入彻底的黑暗中。当大气温度继续降低，漫天大雨从天而降。大洪水在地球表面肆虐。洪涛自陡峭的火山斜坡汹涌而下，冲刷过深渊般的陨石坑，淹没了高山深谷和岩浆岩平原。

大约40亿年前，地球终于云收雨霁，天空也开始晴朗，显露出地球表面广袤的原始海洋。当时的全球大洋平均深约2英里（约3.2千米），有星星点点的火山点缀其中。不计其数的火山仍然在海底喷发，海底热液喷口向海洋输入含有硫和其他化学物质的热液。一些火山高出海平面，成为孤立海岛。这时尚未有成型的大陆来"装扮"地球表面的水世界。

大量的陨星持续不断地撞击地球，使当时的地表环境非常不利于生命居住，这里的"生命"是指由有组织的蛋白质向生活细胞进化的一种试探性努力。第一个细胞可能经历了不断重复的实验过程，推动生命一次又一次尝试着起源。然而无论原初的有机物分子怎样努力地组合自身以期实现真正的生命形式，陨石频繁的撞击不断将它们轰击开来。一直到有机物分子得到机会开始有能力复制自身时，生命的创生才有可能实现。

一些大型陨石撞击事件可能制造了足以使局部海水沸腾的热量。蒸发强烈的海域会使当地表面的大气压增加，达到100倍于现代大气压的水平，其产生的高温足以令整个地球表面的微生物死亡。从这样的大型高温事件开始，到水蒸气冷却产生降水重新灌入洋盆，需要至少几千年的时间，其结果也不过是等待下一次的大型陨石撞击产生高温条件再让整个大洋沸腾一次。如此严酷的条件足以使生命的出现推迟几百个百万年的时间。

对于生命演化来说，或许唯一安全的地方是在深海海底，那里有许多热液喷口存在。这些喷口就像海底的一个个热水器（图5），喷出由伏于大洋底床之下的浅部岩浆房加热过的、含有丰富矿物质的热液。热液喷口附近可以为许多有机化学反应提供所需的适宜环境，也可能可以为地球生命创生提供所需的物质成分和能量。热液喷口也可以为演化中的生命形式供给最关键

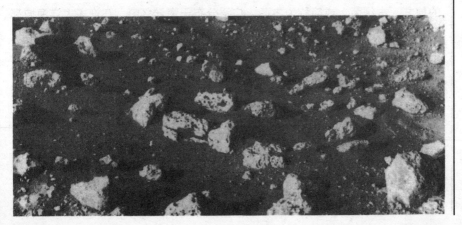

图4

维京登陆者2号拍到的火星表面景观，展示了大块岩石散落在火星风暴堆积的细沉积物中形成的戈壁滩（照片由美国航空航天部提供）

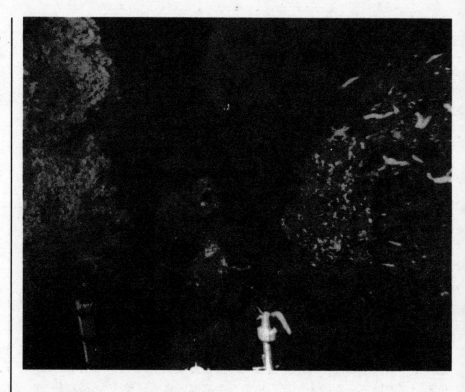

的氮元素，足以供生命维持所需。事实上，这样的环境在今天的地球上依然存在，而它们也是地球上的许多最奇怪的生物家园之一。在这样的环境中，生命起源可以追溯到远达42亿年前。

今天依然存在有关地球形成早期——那时行星表层仍然酷热——的生命的证据，那就是嗜热细菌（喜居于炎热环境的细菌）。它们常被发现存在于世界各个温泉和其他热水环境之中（图6），同时也存在于海底以下非常深的地方。古细菌，或简称为古菌，广泛分布于海洋之中，在许多大洋海域都非常富集。南极海水中1/3的微微型浮游生物（最微小的浮游生物），其生物量都由古细菌构成。如此大的丰度可能意味着古菌在全球生态中的重要地位，及其对全球海洋化学元素的深远影响。

泛大洋

早期地球几乎全部被海洋覆盖。当时的大陆地壳是由长片状的花岗岩碎屑组成的，因此地壳表面上的物质滑动是自由的，而且其规模也只有现代大陆的1/10。在大型陨石撞击事件之后，直至距今38亿年前最初的沉积岩形成，这期间整个地球表面几乎完全被规模巨大的洪水所淹没。海水开始变咸可能是由于火山活动喷出的氯和钠溶于海水的缘故。无论如何，早期海水的盐度并非如今这么高，可能直到距今大约5亿年前才逐渐变得如此之咸。但自那时起，海水的含盐度基本就保持恒定不变了，尽管海洋本身并非完全一成不变。地质历史中海水化学的较大变化，一般都与生物大绝灭事件联系密切。（表2）

格陵兰西南部的一个偏远山脉地区发育的经历了变质作用的早期地球海相沉积岩——伊苏亚组，为早期地球咸水海洋的存在提供了强有力的证据。伊苏亚组的岩石可以追溯到海洋火山岛弧沉积的形成环境，因而完美地支持了地球板块运动在地球历史早期已经存在的观点。这些岩石属于地球最古老的时代，被标定为距今大约38亿年前，同时也说明早期地球表面存在丰富的水。这些地球最早期的沉积岩，也可能包含有起源于距今39亿年前或更早的复杂生物细胞的化学遗迹信息。

人们在最坚硬的矿石中发现许多年龄大于25亿年的深海沉积形成的燧石，因此认为太古代的地球地壳绝大部分深深地埋没于大洋之下，有一些燧石可能在富硅的深海大洋中沉积。当时的海洋中含有丰富的溶解硅，这些硅是从火山岩中渗滤出来并倾泻于大洋底床之上的。现代大洋缺乏硅，是由于许多生物，例如硅藻，吸收海水中的硅建造自己华丽的外骨骼（图7）。大量硅质土壤的堆积（常称为硅藻土）就是自大约6亿年来这一类生物大量繁盛的功劳。

图6
美国加利福尼亚州帝王接合带西北部的沸腾泥泉（照片由美国地质调查局的W.C.门登豪尔提供）

表2　物种的大辐射与大灭绝

生物种类	大量出现的时间	大量灭绝的时间
哺乳动物	古新世	更新世
爬行动物	二叠纪	晚白垩世
两栖动物	宾夕法尼亚期	二叠纪
昆虫类	古生代晚期	
陆生植物	泥盆纪	二叠纪
鱼类	泥盆纪	宾夕法尼亚期
海百合类	奥陶纪	晚二叠世
三叶虫类	寒武纪	石炭纪和二叠纪
菊石类	泥盆纪	晚白垩世
鹦鹉螺类	奥陶纪	密西西比期
腕足类	奥陶纪	泥盆纪和石炭纪
笔石类	奥陶纪	志留纪和泥盆纪
有孔虫	志留纪	二叠纪和三叠纪
海洋无脊椎动物	古生代早期	二叠纪

　　早期大洋可能还含有许多来自火山的硫元素，因此可能同时也含有大量铁，因为铁很容易形成硫酸盐。层状的硫化物沉积也要归功于海洋中的生物化学活动。海底热液喷口附近的硫细菌将硫化氢氧化为单质硫和其他各种硫酸盐。铜、铅和锌，它们的丰度在元古代比太古代要高，同样也说明了其来源为海底火山。

　　最早的生命样式是硫细菌。现代东太平洋洋隆以及在世界其他数十个地点发现的深海热液喷口附近，生活有一种管状蠕虫，与其共生的就是一些和这类最远古的细菌极为相似的硫细菌。地球早期海水中大量的硫，为生物在无氧条件下提供能量元素。细菌获得能量，就是通过这一重要元素的还原过程（也即反氧化过程）。另外，原始细菌的生长也受到海洋中形成的有机分子总量的控制。

　　在生命出现之初，氧气实际上尚未出现（表3）。氧气含量一直较低是由于海水中溶解的金属元素的氧化过程以及海底热液喷口释放出的大量还原性气体对氧气的消耗。海水中含有大量铁元素，这些铁元素会与光合作用生成的氧气发生氧化反应。这事实上是一个幸运的情形，因为对于早期生命而言，氧气是有毒的。在大约距今22～20亿年前，氧气含量发生了质的飞跃。这一期间海洋中浓度颇高的溶解铁，与自由的氧气化合生成氧化铁沉淀到海底，形成了世界上规模最大的全球性铁矿储库。

火山倾泻入海的铁元素，在海水中溶解并与海洋中的氧化合，最后在大陆边缘浅海环境沉淀形成大型铁矿堆积。当时大洋平均海水温度远比现在的海水温度高。当富含铁和硅的大洋暖流向极地地区流动时，突然遭遇的冷水

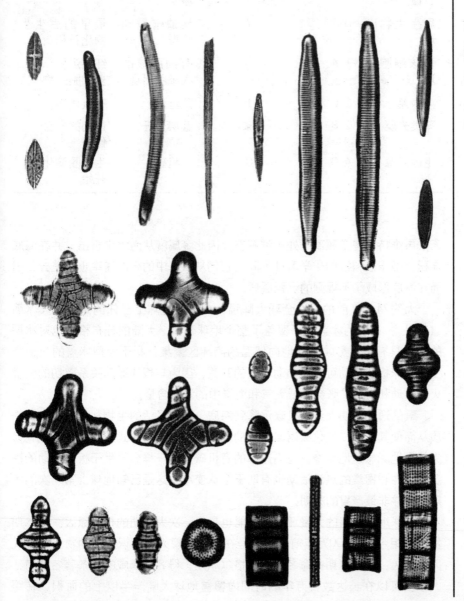

图7
在内布拉斯卡州切利县吉尔戈尔地区发现的中新世晚期的硅藻（照片由美国地质调查局G．W．Andrews 提供）

表3　生物圈的演化过程

	时间 （十亿年前）	氧气 百分比	生物学效应	事件和结果
全氧气条件	0.4	100	鱼、陆生植物和动物	达到现代生物圈状态
出现有壳体包覆生物	0.6	10	寒武纪生物爆发	钻孔生物
后生生物出现	0.7	7	埃迪卡拉动物群	最早的后生生物化石和遗迹
真核细胞出现	1.4	>1	有细胞核的大细胞出现	红层沉积，多细胞生物
蓝绿藻	2.0	1	藻丝体	有氧代谢
藻类先驱	2.8	<1	叠层石丘	最初的光合作用
生命起源	4.0	0	有机碳	生物圈演化开始

无法再维持这些金属离子处于溶解态，因此金属就从海水中析出，并在海底淀积。由于硅和铁的化学习性不同，它们从海水中的析出速率也有差异，因而在海底形成了不规则的沉积层理。

　　大约24亿年前的一次全球大降温，启动了地球上已知的第一次大冰期（表4），当时的冰盖几乎覆盖了整个地球表面。大陆的分布格局也对冰期的产生具有重要影响：陆地向低温的高纬区聚集，利于大型冰盖的建造产生。地球板块运动可能是启动冰期的开关，因为与板块运动关系密切的大量火山活动和海底扩张会降低大气和海洋中的氧气含量。

　　氧的逸失促使大量有机碳沉降到海底，阻碍了活的生物利用这些有机物质从而使其形成二氧化碳返回大气的生命过程。这种方式造成的二氧化碳损失使得地球急速地变冷。与高速率的有机碳沉积一样，伴生于板块运动的铁沉降事件和密集的热液活动也有助于全球变冷。这是已知地球上第一次的冰期，但并非最严重的冰期。

　　地球地壳中碳的大量埋藏，可能也是另一次大冰期的核心原因。该冰期发生在距今68,000万年前，也就是在首次出现人类可识别的动物生命样式之前不久。这次冰期被命名为法兰格尔冰期，得名于挪威的一条著名峡湾。大冰川可以在长达数百万年的时间内覆盖地球大陆一半以上的面积。在距今85，000万年前到58，000万年前之间，有四次大的冰期发生，它们几乎将赤道地区冻成冰河。全球各地山脉中普遍发现的冰碛物以及异常富铁的岩石可以用来说明大规模冰川曾经存在的事实。因为山脉冰碛物来自于冰川的搬运，而富铁岩石是在较冷的海水中形成的。

这一次冰期可能是最大也最长的结冰时期，当时的地球上的冰包裹了半个地球，气候非常寒冷，以至于冰盖和冻土（处于长期被冰冻状态的土地）扩张到了赤道地区。冰的覆盖如此之广，使得这一时期被冠以"雪球地球"的称号。假如没有后来的大规模火山活动重新给大气充入了二氧化碳及其所造成的温室效应，地球也许还埋在冰下。

在"雪球地球"时期，海洋里只有单细胞的植物和动物。此次冰期对于海洋中的生物是致命的一击，许多简单的生物在世界第一次的大灭绝事件中消失了。在地球发展史的这一页上，动物种类尚十分稀少。此次灭绝事件大量毁灭了海洋中的始先类（或称疑源类）生物群，这是一种最早发展出有细胞核的精巧细胞结构的浮游藻类。这几次极端冰期条件的发生，恰恰是在多细胞生命快速辐射事件之前，该生物辐射事件的最高峰就是那次著名的新物种的大爆发事件（图8）。

表4　地质历史中的主要冰期

时间	事件
10,000年前～现代	现代间冰期
15,000～10,000年前	冰席开始融化
20,000～18,000年前	末次冰期极盛期
100,000年前	末次冰期
1 百万年前	第一次间冰期
3 百万年前	北半球第一次冰期
4 百万年前	冰盖覆盖了格陵兰和北冰洋
15 百万年前	南极第二次大冰期
30 百万年前	南极首次大冰期
65 百万年前	气候恶化，极地变得更冷
250～65 百万年前	间断性的暖期，相对正常的气候
250 百万年前	二叠纪大冰期
700 百万年前	前寒武纪大冰期
24 亿年前	第一次冰期

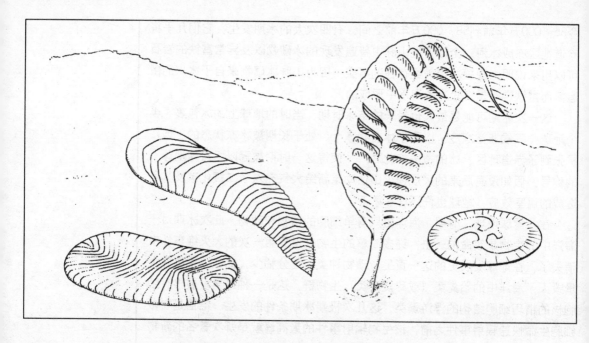

图8
澳大利亚晚前寒武纪
的艾迪卡拉动物群

图9
阿拉斯加州瑟华德半
岛上的一处遭受风化
的蓝片岩露头

大约20亿年前，当海水中大量的溶解铁被固定在深海沉积物中以后，氧气水平开始上升，并逐渐取代二氧化碳在海水和大气中的优势地位。在距今21亿年前到17亿年前之间，以及距今11亿年前到7亿年前之间，也就是在超

级大陆开始裂解和新洋盆开始形成的时期，剧烈的大型板块运动事件使氧气含量大为提高。

能够说明地质史中早期板块运动已经存在的最好证据，是散落在世界各地的绿岩带。绿岩带是一种由火山岩和沉积岩混合后经历地质变质作用（重结晶作用）而形成的岩石，其中的火山岩属于流动性熔岩，而其中的沉积岩可能源自碰撞的板块之间的岛弧链（深海海沟靠陆地一侧分布的链式火山岛群）。尽管当时并没有成型的大陆板块，但是大陆板块赖以发展的基底已经存在，也就是常说的原始大陆。这些小的陆块被洋盆分隔，洋盆中不断地堆积熔岩和源于火山岩的沉积岩，最后这些岩石经历变质作用形成绿岩带。

蛇绿岩，其英文名"ophiolites"源于希腊语"ophis"，意为"翠绿色的"。自绿岩带中取得的，是古大洋洋底在板块运动过程中刮擦而附着于大陆岩石上的条带状岩石。已知最老的蛇绿岩已确定有36亿年的年龄。蓝片岩（图9）是一种变质岩，是大洋地壳岩石被板块俯冲运动推挤到大陆上而形成的。枕状熔岩是由海底喷出的玄武岩形成的管状岩体，也常出现于绿岩带之中，它的存在意味着大洋洋底曾经有火山活动发生。

在前寒武纪的最末期，即大约7亿年前，当时所有的陆块都汇聚在赤道低纬地区，成为一个超级大陆——罗迪尼亚大陆（图10）。大陆碰撞聚合造成的环境变化对于生命界的演化产生了深刻的影响。古北美大陆——劳伦古陆，横亘在罗迪尼亚大陆的核心，而相当于现在澳大利亚和南极洲的大陆块体分布在劳伦古陆的西海岸。劳伦古陆，是以古北美大陆、格陵兰和北欧陆块为核心，并在距今大约18亿年前左右的相对短暂的15,000万年的时间内，通过若干次大陆碰撞过程合并了许多小陆块而不断发展成型的。

劳伦古陆不断地收纳陆地块体、陆地碎片和年轻的火山岛链从而得以成长发育。加拿大魁北克哈德逊湾的一个叫做史密斯角的地方，出露有一小块18亿年前被推挤到陆地上的大洋地壳。这是一个能够说明古大陆碰撞将古大洋洋盆关闭的非常好的证据。加拿大东部中央地区分布的火山弧岩石一直延伸到美国达科塔州。在大约7亿年前，劳伦古陆在其西部和南部与另一个大型古陆碰撞缝合，完成了超级大陆的建造。当时，在大概现代太平洋的位置，有一个超级大洋，包围着整个超级大陆。因此，在当时的地球上，物种在世界各地的迁移非常便利，因为大陆之间并没有广阔的大洋分隔，不同地理区域之间也没有什么大的温度差异。

在距今63,000万年前到距今56,000万年前之间，超级大陆开始分裂解体，有那么四五个大陆快速地彼此分离。随着大陆的裂解和沉降，海水迅速灌入其内部，从而出现了很大面积的陆架海区。当时的大陆基本都在赤道地

区挤作一团，这也就解释了为什么寒武纪海洋十分温暖。大陆分裂是寒武纪初期海平面上升和许多陆地被洪水淹没的原因。这种环境背景预示着新生物种即将大爆发。这些生物，其样式之精彩与数量之繁盛可以说是前无古人，后无来者（图11）。

古大西洋

当罗迪尼亚大陆裂解，分裂的大陆之间逐渐张开形成了原始的大西洋，也叫做"亚皮特斯海"（图12）。大陆分裂的结果是产生了许多内陆海，这些内陆海在距今54,000万年前淹没了大部分劳伦古陆。其证据则是在美国威斯康星州这样的内陆区发现的寒武纪海滩沉积。亚皮特斯海的洪水也吞没了古欧洲大陆，也叫"巴尔提克大陆"。在南半球，大陆运动将现在的南美洲、非洲、澳大利亚、南极洲和印度次大陆等陆地块体都聚合到一起，称为

"冈瓦纳大陆"（图13），得名于印度中东部发育的一个著名地质区。

亚皮特斯海的形成在劳伦古陆和巴尔提克古陆上产生了许多内陆海洋，淹没了这两个大陆的许多地方。亚皮特斯海的规模与现代北大西洋的大小差不多，其地理位置也大概相似于北大西洋。一条在距今57,000万年前到48,000万年前之间，分布在从美国佐治亚州到纽芬兰沿线的连续的海岸线，说明这个古老的东海岸当时面朝着一个宽阔而且深邃的大海。那是一个从东到西横跨至少1,000英里（约1,609千米），而且向南包纳的海水容量还要更多的古大洋。

亚皮特斯海中点缀着许多火山岛，类似于现代太平洋中东南亚地区和澳洲的情形。大约在距今46,000万年前，这个古海洋的近岸浅水环境中生活着丰富的无脊椎动物，例如种类繁多的三叶虫（图14）。这是一类近卵圆形的小型节肢动物，占据了当时70%以上的物种类型，也是化石收藏者的最爱。但是后来三叶虫却渐趋衰退，软体动物和其他无脊椎动物类群侵吞了它们的地盘，并逐渐在大洋中扩展疆土，成为新的海洋霸主。

在大约距今42,000万年前到38,000万年前之间，劳伦古陆和巴尔提克古陆碰撞缝合，将亚皮特斯海关闭。这次碰撞将两个大陆拼合成了另一个被命名作"劳亚大陆"的古大陆——得名于加拿大的"劳伦提亚省"和"欧亚大陆"这两个名字的拼合。欧亚大陆这一现代最大的大陆，是在距今大约5

图11
寒武纪早期的海洋动物群

图12

大约5亿年前，许多陆块环绕在一个称作亚皮特斯海的古大洋周围

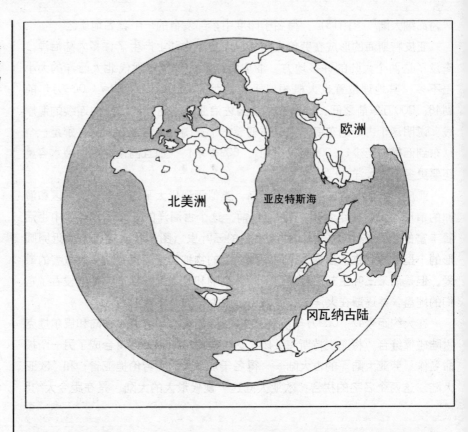

图13

南半球的各个陆块汇聚成冈瓦纳大陆

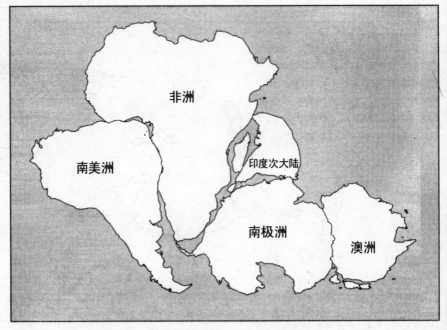

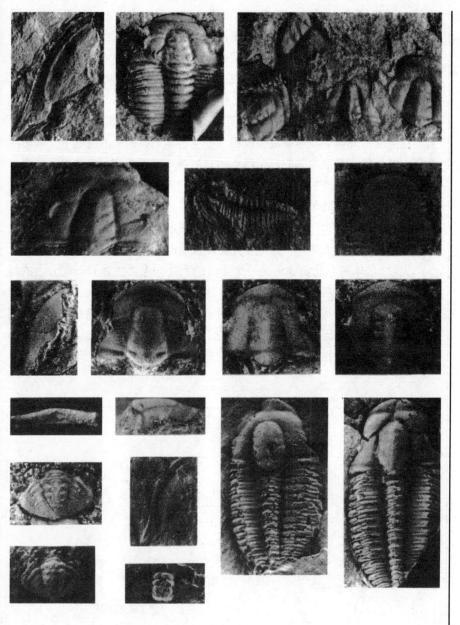

亿年前由十数个独立的小陆块相互拼合焊联而成的。

亚皮特斯海的关闭，造成许多大型山脉的形成。大陆从两侧将海洋挤压，并将欧洲北部和北美的大量地壳岩石推挤升高，其中也包括那些后来演化成阿巴拉契亚山脉的地壳单元。到处泛滥的"山脉建造工程"可能激发了物种丰度的大勃发。其中规模最大的一次海洋物种辐射事件发生在距今大约45，000万年前。前陆盆地中蕴含着丰富的从附近高山上剥蚀下来的沉积物。山脉的剥蚀会将营养物质泵入海洋，促进海洋浮游生物勃发，从而也为更高级的消费者增加了食物来源，因此软体动物、腕足动物和三叶虫等种类的属种数量大为增加。因为食物供应充足的条件下，生物更有可能兴旺发展，并促进其多样化而发展出丰富多样的新物种。

在劳亚古陆的形成过程中，劳亚古陆和巴尔提克古陆之间的岛弧被拱出，在劳亚古陆携带着这些岛弧向巴尔提克古陆下面俯冲的过程中，被黏附住了大陆边缘。劳亚古陆向巴尔提克古陆的俯冲过程把这些岛屿推到了缝合带，并将先前被淹没的岩石重新堆积到了现代挪威的西海岸。分布在现代欧洲西部的一些小型陆地条带（又叫地体）也是当初从古非洲西岸剥裂进入亚皮特斯海的。同样地，自亚洲大陆上分离下来的地壳条带体，跨越整个古太平洋（也就是盘古大洋），形成了北美洲西海岸的许多部分。

大约5亿年前，北美洲还是一个迷失的大陆，大陆主体和一部分小的陆地碎片自由地分布着。南美洲、非洲、澳洲、南极洲和印度次大陆通过大陆板块碰撞，拼合形成冈瓦纳大陆。当时，北美大陆坐落在南美洲以西几千英里（数千千米）的地方，而南美洲则位于冈瓦纳大陆的西部边缘。再后来，北美洲和南美洲碰撞缝合（图15），但是连接的位置相当于把现在的美国华

图15
在奥陶纪早期，约5亿年前，北美洲和南美洲可能曾经碰撞聚合在一起过

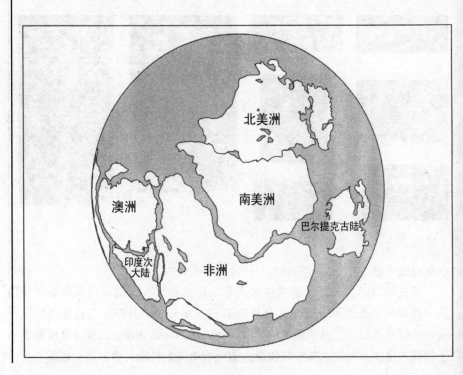

盛顿特区与秘鲁首都利马相连接。在阿根廷的一个石灰岩地层中发现的某种三叶虫与北美的特征三叶虫种相似，而与南美洲的却不同，说明了这两个大陆曾经有过许多联系。

盘古大洋

在整个地质历史中，小的陆地块体相互碰撞拼合成更大的大陆是非常普遍的。同时，大陆聚合完成之后几百万年，各个大陆又相互分离，其间产生的裂罅被海水充灌形成新的海洋。但是，环绕现代太平洋的各个大陆还从未相互碰撞拼合到一起过。在一定程度上，现代太平洋是一个古大洋的残余，这个古大洋常被称为盘古大洋。随着当时与现在在大西洋同一地理位置上分布着的各个古陆的分裂、分散和再汇聚，相应的，盘古大洋也不断变窄、又变宽阔。因此，换句话说，在大西洋洋盆附近各个古陆反复地开启与闭合的同时，一个孤立的大洋始终在现在太平洋洋盆的位置上存在着。

在劳伦古陆与巴尔提克古陆相汇合并成劳亚古陆的同时，盘古大洋与相当于现在北美大陆的古大陆的西海岸相碰撞。俯冲剥蚀作用抬升出了山脉，浅海的海水流入内陆，淹没了一半以上的陆地面积。这些内陆海与宽阔的大陆边缘，为生物提供了相对稳定的环境，大大促进了海洋生物蓬勃发展并广泛扩张到世界范围的演化过程。

从距今36，000万年前到27，000万年前，冈瓦纳古陆和劳亚古陆合并成了骑于赤道之上，纵跨足以连接两极的盘古大陆（图16）。这个巨大的大陆，在约21，000万年前达到其规模的巅峰，足有8，000万平方英里（约21，000万平方千米），相当于地球总表面积的40%。盘古大陆1/3以上的陆地都被水覆盖，而且它在南、北两半球上分布的面积几乎相等。作为对比，现代地球2/3的陆地都分布在赤道以北。而赤道以南，则衰落到只有10%的陆地面积，却有世界90%的海洋。一个单一的大洋毫无阻隔地延展穿越整个星球，而所有的陆地都堆挤在地球的一面。

盘古大陆形成之后，海平面持续下降，逐渐将内陆表面的水抽出，使得内陆海洋退缩。盘古大陆周缘是连续的大陆边缘浅水海盆。因此，对于海洋生物来说，当时完全没有什么地理阻隔来妨碍其向全球散布。更为有利的是，海洋基本都局限在当时的洋盆之内，大陆架大部分都暴露出来。

当时大陆边缘的分布没有现在这么广泛，也比现在的陆缘窄，因为海平面整整下降了有500英尺（约152米）。海平面降低使海洋生物的活动范围局限在近岸地区。结果浅海海洋生物的生活范围受到限制，造成其物种分异度

图16
盘古大陆的分布范围
几乎跨及南极和北极

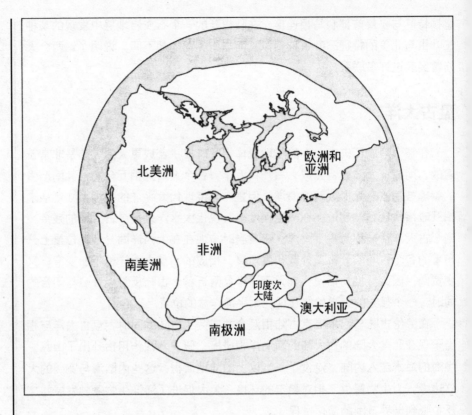

降低。因此二叠纪的海洋生物稀少，只有少量的游泳生物先驱，占较多固着在海底的物种。大洋水温一直保持较低水平，伴之而成的是二叠纪末的大冰期。只有在近赤道的狭窄陆缘上面生活的海洋无脊椎动物从那次生物大绝灭事件中逃出。

特提斯海

当劳亚古陆占据北半球，与其相对的冈瓦纳古陆占据着南半球时，一个巨大的浅水热带水体将这两个陆块分隔，这就是特提斯海（图17），它的名字取自希腊神话中"海的母亲"一词。当劳亚古陆和冈瓦纳古陆合并形成盘古大陆，特提斯海就位于其南、北各伸出的两支大陆"臂膀"之间，可以想象，一个巨大的字母"C"一样的大陆跨骑在赤道上。

特提斯海是一个宽阔的热带海道，其延展范围从西欧一直到东南亚，其间孕育着丰富多样的浅水海洋生物。特提斯海中的生物礁建造非常多，形成由能够分泌石灰石的各种生物建造出的石灰岩和白云岩的厚层沉积体。热带海区就是一个生物演化的摇篮。这是因为热带海区有比其他地方更多更大的浅海环境，这为新生物种的演化提供了优良环境。

中生代时期，一个内陆海流入北美大陆西部的中央地带，被其淹没的广阔地区包括相当于现代墨西哥东部、美国德克萨斯州南部和路易斯安纳州等地。一个狭长而浅的水体，名为西部内陆白垩纪海道（图18），将北美大陆分为两部分：其一是西部高地，包括新近形成的落基山脉和一些孤立的火山；另一为东部高原，主要是阿巴拉契亚山。其他各个大陆，比如南美洲、非洲、亚洲和澳大利亚，也都被海洋所侵入。当时的大陆十分平整，山脉也不高，而且海平面比现代要高。欧洲和亚洲的许多内陆海都沉积有许多很厚的石灰岩、白云岩岩床。这些岩石后来抬升形成了阿尔卑斯山脉和喜马拉雅山脉。

新生代一开始的时候，海平面仍然很高，海水也继续在大陆边缘泛滥，形成了许多巨大的内陆海，其中一些甚至可以将陆地分成两半。北美大陆被内陆海分成落基山脉地区和高原区两部分。南美洲也被一个内陆海分开，也就是后来的亚马逊盆地。此外，特提斯海和新形成的北冰洋把欧亚大陆分

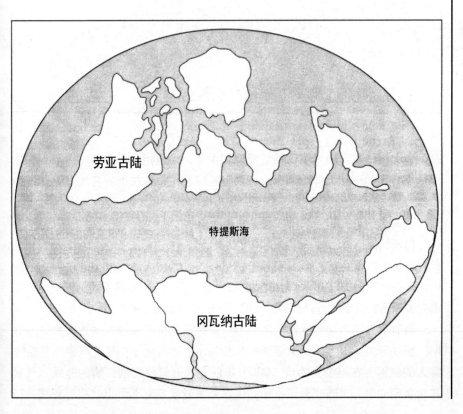

图17
大约4亿年前，大陆环绕在一个叫做特提斯海的古大洋周围

劳亚古陆

特提斯海

冈瓦纳古陆

图18
白垩纪时期的古海洋
面貌，主要展示内陆
海

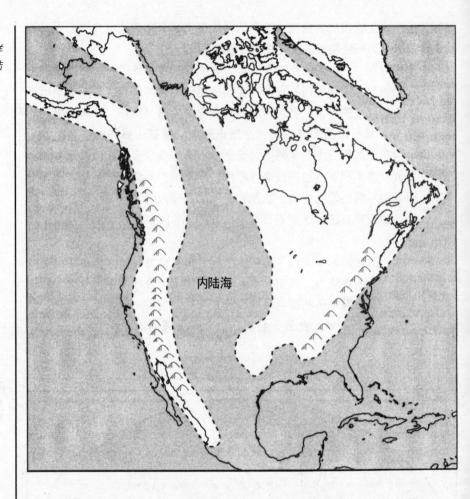

开。这些海洋在赤道地区由特提斯海和中美洲海道相联系。这种格局为地球提供了特殊的环球大洋洋流系统：热量被便利地输送往世界各地，因此维持着一个相对反常的温暖气候环境。海平面如此之高，以致大陆面积大为减少，当时大概只有现今大陆面积的一半那么多。

白垩纪时期，植物和动物的种类都异常丰富，并且分布区域可达两极。现代大洋深海水温接近冰点，而在白垩纪时足有15℃。当时的全球地表平均温度也比现在要高出10℃～15℃。极地的情况也一样，当时非常温暖。而极地与热带赤道地区的温度差也只有20℃，相当于现在极地和赤道温差的一半。

当时的大陆运动也比现代的快，可能是已知世界板块运动速率最快的时期。板块分裂，散落入更为温暖的热带海水，这可能是白垩纪气候非常温暖宜人的原因。在距今大约17,000万年前，大陆裂解刚刚开始的时候，气候开始急剧变暖。大陆变得更平缓，山脉变得低矮，海平面也就相对变高。尽管当时海陆的分布格局也很重要，但却不能完全解释气候变暖的原因。

　　大约1，2亿年前，太平洋海盆中发生了一次规模巨大的海底火山爆发，这次火山爆发将数量巨大的含有温室气体的岩浆喷洒到大洋洋盆之上。它所喷发出来的火山物质相当于整个大洋地壳物质量的一半。而大气中二氧化碳的含量升高到现代水平的10倍。这次火山爆发事件，可以由许多几乎同时形成的大型海底岩浆岩台地加以佐证。其中最大的是规模相当于澳大利亚大陆2/3面积的翁通爪哇海台。翁通爪哇海台由900万立方英里（约3，750万立方千米）的玄武岩组成，足以为整个美国国土面积铺上厚约3英里（约4.8千米）的岩浆。

　　在白垩纪最末期，特提斯海的海水温度迅速下降，海平面也开始回落，因而海洋自大陆内部向外退却。绝大部分喜暖物种，特别是那些生活在热带特提斯海中的物种，随着白垩纪温暖气候的结束而完全消失。对温度最为敏感的特提斯动物群落，遭受了速率最快、最为严酷的大灭绝。随着海水温度下降，那些曾经在特提斯海温暖海水中获得过惊人成功的物种，也戏剧性地迅速退出历史舞台。

　　白垩纪末期消失的海洋生物类群包括海龙类、菊石类（图19）——鹦鹉螺的祖先、厚壳蛤类——巨大的生物礁状的蛤蜊，以及其他许多各种类型的双壳纲动物——蛤蜊和牡蛎，等等。所有的有壳头足纲动物，除了鹦鹉螺

图19
菊石化石集锦（照片由美国地质调查局M. Gordon J r. 提供）

类，在新生代的海洋中都没有再出现过；而无壳的头足纲动物，比如乌贼、章鱼、鱿鱼，在新生代则仍然存在。乌贼类的直接竞争对手是那些鱼类，它们受到灭绝事件的影响并不大。

大灭绝中存活下来的物种与其当初在中生代海洋中的样貌一般无二。海洋对生物演化进程有调节效应，因为对环境条件的"记忆时间"比陆地更长，也就是说为海洋加热或者冷却需要更长的时间。那些习惯居住在极端环境的物种，例如生活在更高纬度地区的物种，都是特别成功的。远洋物种要比居住在动荡的海湾水体环境中的物种活得更好。

由于蒸发速率很高，降水量却很少，特提斯海中的热水因为盐度高而极重，因此会沉入海底成为大洋底层水。与此同时，南极大陆却因为相比今天更温暖的气候，会有较冷的水团充入海洋上层。这一变动引起大洋底层构成反向水流，自赤道地区向极地流动，恰好与今天的状况相反。大约2,800万年前，非洲和欧亚大陆碰撞，阻隔了热带底层暖水向极地流动，因此诱发了南极洲出现巨大冰盖。冰融水流入海洋表层，使表层水冷却沉入海底并向热带流动，形成了现在的大洋环流体系。

大约5,000万年前，由于非洲和欧亚大陆开始相互运动，特提斯海逐渐变窄；在大约1,700万年前，开始了将整个大洋关闭的大陆碰撞过程。在冈瓦纳大陆和劳亚大陆相互移动的过程中，其间巨厚的沉积物在特提斯海中堆积起来，这些沉积物经历过扭曲和抬升的过程形成大陆南翼和北翼上的造山带。大陆之间的相互作用激发的大型造山时期建造了欧洲的阿尔卑斯山脉和其他山地，同时也将特提斯海挤缩。

非洲大陆猛烈地撞上欧亚大陆，联系印度洋和大西洋的特提斯海被完全关闭，这一碰撞造成了两大内陆海的发展。其一是古地中海；另一个是当时覆盖了整个东欧地区的帕拉特提斯海，相当于黑海、里海、咸海（位于中亚）的总和。大约1,500万年前，地中海与帕拉特提斯海完全分离，变成了类似于今天的黑海一样的半咸水内陆海洋。在大约600万年前，非洲板块向北运动在直布罗陀地区建造出一个陆坝，形成直布罗陀海峡，地中海盆地因此也完全从大西洋分离出来。地中海甫一形成，就有大约100万立方英里（大约400多万立方千米）的海水被蒸发，使得整个海盆在大约1,000年的时间内几乎完全空无一物。

邻近的黑海，可能也曾经历过相似的命运。与地中海一样，黑海也是当年在热带地区分隔非洲和欧洲的一个巨大古代水体的残余。黑海中的水可能还曾经被抽入过蒸干了的地中海盆地，并在很短的一段地质历史时间中是一个干燥的盆地。然后在上一次冰期时，黑海又被重新灌水，成为一个淡水湖泊。现代的这个占据着黑海海盆的停滞的半咸水大海，可能是自上一次冰期时才开始演化的。

大西洋

大概在17，000万年前，在现代加勒比地区的位置上发展出了一个巨大的断裂，并开始逐渐将盘古大陆分割形成现在的格局（图20）。盘古大陆的裂解对大洋洋盆产生了压缩效应，诱发海平面上升，并在各个陆地上引起海进。盘古大陆一旦开裂，陆块的分离并非匀速过程，而是间歇性变速的运动过程。大西洋洋盆的海底扩张速率，与太平洋周围发生的一个板块向另一板

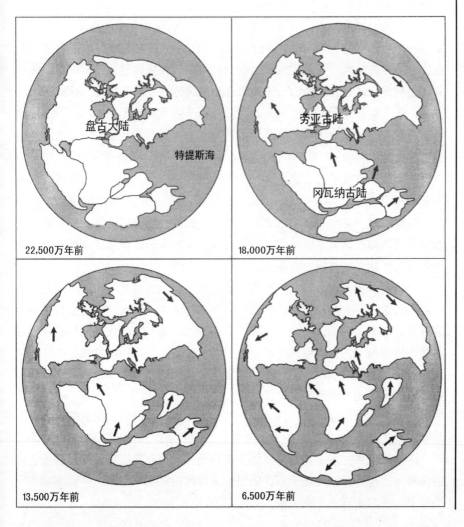

22,500万年前

18,000万年前

13,500万年前

6,500万年前

图20

盘古大陆的裂解过程，分别表示22，500万年前、18，000万年前、13，500万年前和6，500万年前的大陆格局

27

块下面俯冲而形成深邃海沟的俯冲运动的速率相当。在侏罗纪早期，即大约17，000万年前，盘古大陆开始分裂的时候，太平洋洋盆的面积可能尚不足现在美国的国土面积大。组成当时太平洋洋盆的许多板块，我们已经无从得知，因为太平洋板块的成长已经使这些板块完全消失。老的大洋地壳已经被俯冲消没，解释了为什么我们无从看到比早侏罗世更老的板块。

大陆分裂时，劈裂整个大陆的裂谷向北延伸，连接北美洲、非洲西北部和欧亚大陆。在这个过程中，这一广大区域裂陷并被海水淹没，形成了北大西洋的雏形。大陆断裂持续了大约几百万年的时间，覆盖了宽约几百英里（上千千米）的范围。在大约同一时间，介于非洲和南极洲之间的印度次大陆块体，也从冈瓦纳古陆分离。与澳洲板块黏附在一起的南极洲，向西南方向移动，原始的印度洋也开始形成。

在大陆分裂开始约5，000万年之后，幼年期的北大西洋可能已经有2英里（约3.2千米）深。它的洋盆被一条活跃的洋中脊均匀分开，洋脊两侧的新生大洋地壳与大洋两侧的板块运动一起运动，板块运动也携带着大洋两翼的陆地相背运动。与此同时，南大西洋也开始分裂，像个拉链一样自南向北开裂。这个裂谷向北扩展的速率约为每年若干英寸（若干厘米），与携带着南美洲和非洲的两个板块相互分离的速率基本相同。打开整个南大西洋洋盆的过程大约只持续了500万年。

南大西洋持续扩张，达宽约1，500英里（约2，400千米）的规模，将南美洲和非洲大陆分隔开。非洲大陆，离开南极洲（此时仍未与澳洲大陆分开）向北运动，开始了特提斯洋盆的关闭过程。在第三纪早期，南极洲和澳洲终于从南美洲剥裂下来向东移动，这两个大陆也开始解体，南极洲开始向南极极点移动，而澳洲一直保持向东北方向运动。

大约8，000万年前，北大西洋已经成为一个完全成熟的大洋。又过了大约2，000万年，大西洋中脊扩张进入了北冰洋海盆。大西洋中脊把格陵兰从欧洲割离下来，造成这一区域密集的火山活动（图21）。北美洲和欧洲的联系基本被切断了，只保留有穿越格陵兰的一条陆桥，足以使物种在两个大陆之间迁移。格陵兰和欧洲的分离，可能促使北极的寒冷海水汇入北大西洋，显著地降低了北大西洋海水温度。

气候开始变得非常冷。许多岸外海从大陆向大洋退却，原因在于大洋海平面下跌了足有1，000英尺（约305米），达到之前几亿年以来及其后500万年之内的最低点。海平面的降低还与南极洲冰席堆积量达到顶峰相吻合，此时南极洲正向南移动到达极点。同时，美国阿拉斯加与亚洲之间的海峡也变得狭窄，使北冰洋几乎完全被大陆所包围。

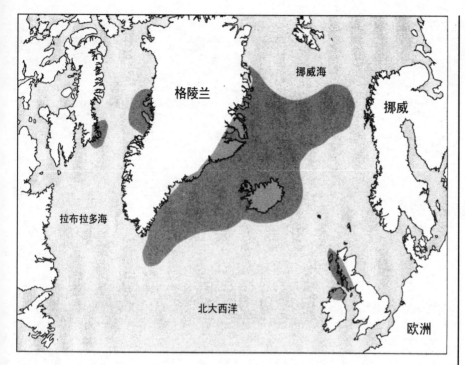

图21
5，700万年前的北大
西洋张开过程中，格
陵兰附近密集的火山
活动

南极洲从南美洲和澳洲分离下来，向南移动到达南极点的具体时间是大约4，000万年前，并在环绕南极一周的范围内，形成环南极洋流体系。环南极洋流将南极洲孤立起来，使它接收不到来自热带向极地输送的温暖海流。由于被彻底地热隔离，南极洲变成了一个冰冻的"废弃大陆"（图22）。在这一时期，温暖而高盐的海水充填大洋深层，大洋上层反而是较冷的海水。

从约3，400万年前开始，红海开始非常快速地自南向北将阿拉伯地区从非洲分离。大约3，500万年前，在红海和亚丁湾的张开之前，大量玄武岩溢流，覆盖了埃塞俄比亚大约30万平方英里（约78万平方千米）的面积。东非大裂谷从南部的莫桑比克一直延伸到红海，分裂非洲大陆，形成埃塞俄比亚的阿法尔三角地区。在过去的2，500~3，000万年的时间里，阿法尔地区一直受到火山活动的煎熬。就在这片高出其周围区域的地壳隆升区的下面几千英尺（约数百米）的地方，存在着一大团仍在持续扩张中的熔融岩浆。

格陵兰岛的大部分，在大约8，000万年前之前，一直都没有冰席覆盖。从这时候起，巨大的冰席开始在这个世界最大的岛屿上面生成，其厚度可达2英里（约3.2千米）。阿拉斯加与西伯利亚东部的连接被切断，北冰洋与产生温暖海水的热带海区之间的通道被阻隔，造成北冰洋洋面上的一块块的大面积浮冰形成。

图22

从西边鸟瞰南极洲丹尼尔半岛（照片由美国地质调查局的W. B. Hamilton提供）

大约400万年前，分隔南美洲和北美洲的巴拿马地峡由于大洋地壳相互碰撞而隆升成陆。阻隔大西洋和太平洋的生物物种联系的壁垒就此诞生。灭绝事件使得曾经繁华的西大西洋生物群落衰退。新形成的这个陆桥挡住了大西洋的冷水向太平洋流动。这一效应，以及太平洋温暖洋流进入北冰洋的通道被切断，可能是引起更新世冰期的原因，当时大量的冰川横扫极地和北方各个大陆。

在讨论完地球和大洋的起源，以及地质历史上各个大洋的演化过程之后，下一章将重点讲述人类对大海的探索，以及我们在海床上的科学发现。

2

探索海洋

洋底新发现

这一章我们关注人类探索大洋洋底的主要技术手段和科学发现。早期的地质学家认为海底是一片毫无生机的沙漠，覆盖着由陆地剥蚀而来的很厚的、泥土状的沉积物，以及从上层海水中掉下来的生物残骸。当时的人们认为这些沉积物在经历了几十亿年的时间之后才能堆积成层状、厚达几英里（十几千米）的沉积岩。大洋的深部被理解为是一片广阔的没有起伏的海底平原，海脊和峡谷无法破坏其样貌，只有少量的火山岛散缀其中。

随着远距离测量技术的进步，人们对海底的认识逐渐精确，也逐渐了解到海底结构的复杂多样，发现海底存在着比陆地山脉雄伟得多的大洋中脊以及比陆地上任何峡谷深得多的海沟。与非常活跃的火山活动相伴着的大洋中脊，不断生产出新的大洋地壳；与非常强烈的地震活动相伴着的深海海沟，看上去在不断吞没老的大洋地壳。洋底的奇异构造被不断发现，之前人们根本不能想象在这些地方还会有生物生存。事实上，大洋的底部比人们所能想象的还要复杂得多。

海底探查

西欧14世纪开始的文艺复兴运动开启了人们热情地探讨科学现象，并大范围探索海洋的历史时期。新大陆的发现，和对其他很多人迹未至的地域的探险，是这些活动的巅峰。两个多世纪之前，人们发现了完全被冰所覆盖的南极洲。发现南极洲可以说完全是一次偶然事件，尽管2,000年前已经有希腊学者预言过南极大陆的存在。英国航海家詹姆斯·库克在1774年发现了这片"未发现的领域"，或者叫未知之陆，尽管大块的浮冰迫使他在真正看到那个冰封的大陆之前就不得不返航。在19世纪20年代，为了获得海豹的油脂和皮毛，南极洲周围的海豹猎捕活动已经得到广泛发展。

最早真正踏上南极洲大陆的是美国、英国、法国和俄国等国的探险队。苏格兰探险家詹姆斯·克拉克·罗斯爵士，在1839年试图寻找南极磁极点，也曾领导过这其中的某一支探险队。他指挥着自己的探险船驶到南极洲岸外太平洋洋面上一片超过100英里（约160.9千米）的浮冰海域，最终到达南极。他当时穿越浮冰到达的那片开阔海域，现在被命名为罗斯海，以表示对他勇敢成就的尊敬。罗斯爵士最终在距离南极点300英里（约482.7千米）的地方放弃了对南极磁极点的搜索，因为当时横亘在他面前的是一幕高约200英尺（约60.96米）、长达250英里（约402.25千米）的巨大冰墙。

过去在大海上航行，船的主要动力来自于风帆（图23）。美国独立战争之前，本杰明·富兰克林为伦敦邮政局工作的时候，发现了一个非常有意义的现象。英国邮船驶往新英格兰的时间要比美国商船驶往英格兰多用两个礼拜的时间。这显然是因为美国商船找到了更快的航线。美国船员们最先注意到大西洋中鲸鱼的奇异行为：它们似乎总是在一条看不见的水流的边缘游动，不会企图穿越或者逆着这条水流活动。

与此同时，那些并不知道这一点的英国船长们，往往会指挥自己的船队航行在这条水流当中。有些时候风比较弱，船几乎是在倒退。后来发现这条洋流在北大西洋中按顺时针方向流过13,000英里（约20,917千米），速度大约是每小时3英里（约4.8千米）。1769年，富兰克林将这条洋流在地图上详细描绘出来，认为它会有很大的航运价值。考虑到当时粗糙的绘图技术，

图23
波士顿港口中张满帆
的波兰达尔-珀莫扎
号帆船（照片由美
国海军M. 普特曼提
供）

富兰克林绘制的这张墨西哥湾流地图堪称十分精美。但是在这之后一个世纪的时间里，人们对墨西哥湾流并没有更严肃的深入研究。

在19世纪中叶，由于在美国和欧洲之间架设了海底通讯线缆，声纳测深技术开始应用于海底。测深记录显示了海底也有山谷起伏和当时被称为"电报高原"的大西洋洋中脊，因为这里被认为是海底最深的地方。有时候，会有一些通讯线缆段被海底滑坡所掩埋，还需要将它们挖出来拿到海面上修理。

1874年，一条英国线缆铺设船——HMS-法拉第号试图在北大西洋海底修复一段坏掉的线缆。这段线缆铺在深约2.5英里（约4千米）的海床上，事实上它位于后来被命名为"大西洋洋中脊"的一个巨大隆起带上（图24）。

图24
将新世界从欧洲大陆分开的大西洋中央的扩张中脊系统

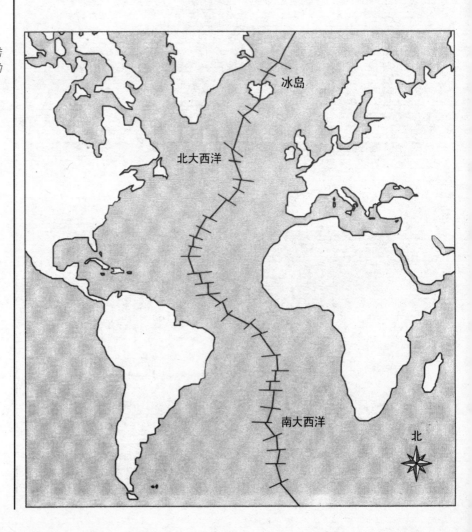

工作船的锚钩正要抓起线缆的时候，却意外地被海底岩石钩住了。当这个锚钩最终被取上来时，在其中一个钩齿上发现了一大块玄武岩———一种很普通的火山岩石。这是一个非常惊人的发现，因为当时人们认为火山完全不可能出现在大西洋洋底这样的地方。

英国巡洋舰，HMS-挑战者号，世界上第一艘"全副武装"的海洋科考船，在1872年被委任开始进行全球海洋考察。船上装备有测深声纳，当时还需用一条麻绳在声纳一侧绑上一个重铅块，保证其侧歪着工作。他们同时也收集海水标本，记录海水温度。此外，科考船还会采集底层沉积物样本，用来研究海底的动物和其他生物活动。挑战者号的拖网捕捞到了大量的深海和底栖生物，很多都来自极深的海沟。其中一些生物非常奇怪，有些从未被发现过，还有一些是先前认为早已灭绝的物种。

通过大约4年的探险航行，挑战者号搜索过了140平方英里（约363平方千米）的大海，并且测量过除了北冰洋之外所有大洋的深度。探测到的最深海域是西太平洋的马里亚纳海沟。当科考船在马里亚纳群岛岸外的深海中取样时，科考船意外地发现了自关岛向北延展的长条状的深邃海槽，后来被称为"马里亚纳海沟"。这里是地球上的最低点，深度达到海平面以下7英里（约11.3千米）。

在调研太平洋深海底盆的过程中，挑战者号发现了紧密团块状的似煤矿物。经历过关于其究竟是生物化石还是地质矿物的争论之后，这些岩石被陈列在大英博物馆，身份是"来自洋底的地质奇迹"。大约一个世纪之后，进一步的分析发现了这些暗黑色、土豆一般大小的团块岩石的真正价值：这些结核体中含有大量的贵金属，包括锰、铜、镍、钴、和锌。科学家们立即意识到世界上最大的锰储库位于北太平洋16,000英尺（约4,900米）深的海底。粗估这几千英里（上万千米）的宽广海域蕴藏着上千万吨的锰结核。

人们也在深海海底发现了其他各种贵金属。1978年，法国科考潜艇西亚娜号在东太平洋洋海底1.5英里（约2.4千米）更深处发现了异常的火山岩建造和矿物沉积体。这些沉积体高约30英尺（约9.14米）、疏松多孔呈丘体状、基本是灰色或棕褐色的硫化物矿床。这些大型硫沉积富含铁、铜和锌。德国科考船太阳号（原文为法国，疑应是德国著名的"太阳号"科考船。译者注）在东太平洋洋底发现了另一条绵延2,000英里（约2,139千米）的硫化物矿床。这些沉积物中的锌含量可高达40%，还有其他很多金属矿产，有些金属的浓度比陆地矿石高出许多。

科考船在苏丹和沙特阿拉伯之间的红海海域（图25）海面下大于7,000英尺（约2,100米）深处，也发现了极有价值的沉积物。最大的堆积体大约

图25

红海和亚丁湾是由洋底张裂形成的初始洋盆（照片由美国地质调查局《地震信息通报》提供）

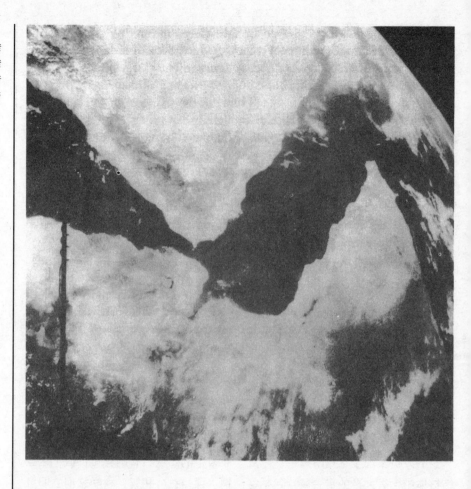

有3.5英里（约5.6千米）宽，被命名为"亚特兰蒂斯Ⅱ号深地"，得名于发现它的那艘科考船。这些富足的海底软泥，估计含有大约200万吨的锌，40万吨的铜，9,000吨的银和80吨的金。毫无疑问，海底蕴藏着人类从未敢想象的丰富矿物。

许多有关大陆张裂的证据也是在海底发现的。但是很多20世纪早期的地质学家拒绝接受大陆张裂的理论。他们相信有狭窄的陆桥联系着相去甚远的大陆。地质学家用南美洲和非洲都具有的相似的生物化石来说明这两个大陆之间陆桥的存在。这一观点认为大陆的位置始终未变，只有从洋底抬升起来的陆桥使得生物从一个大陆迁移到另一个大陆成为可能。一段时间之后，陆桥沉降到海面下，生物物种地理隔离也因此产生。但是，采集大洋洋底样品来证明陆桥存在可能性的研究，无法为"陆桥沉降说"提供任何证据。

德国气象学家和极地探险者阿尔弗雷德·魏格纳最早提出大陆桥是不可

能存在的，因为大陆地壳之所以比大洋地壳高，是由于大陆地壳是由较轻的花岗质岩石组成的，从而能够悬浮于上地幔较重的玄武质岩石之上。1908年，美国地质学家弗兰克·泰勒描述了他在南美洲和非洲之间的大洋之下发现的海底山脉，也就是之后常说的"大西洋洋中脊"。他坚信它是这两个大陆之间的张裂线。洋脊可能一直相对静止不动，两个大陆却在渐渐远离它相背而去。

最后，技术的革新允许海洋学家们首先开展探索海洋的活动。1930年，美国自然科学家和探险者威廉姆·毕比发明了第一个潜水球。它能携带一个

图26
进港的美国马萨诸塞州伍兹·霍尔研究所阿尔文号深潜器（照片由美国海军R. A.沃尔提供）

乘客，最大潜深可达3，000英尺（约914米），在当时这是一个人们闻所未闻的深度。这些初级的潜水球让科学家得以观察到海底的新奇生物。但是因为它们都需系缚于母船，因此机动性受到限制。之后不久，美国海军开始努力研制能自主运行的深海潜水器，这使得海洋探索的可能性进一步提升。在20世纪60年代，在认识到发展可自由自主航行的迷你潜水器的价值时，用于深海探险的"阿尔文号"就此诞生（图26）。这个长23英尺（约7.1米）的潜水器可携带3人，能够下潜到约2英里（约3.2千米）深，并能在水下航行约8小时。

截止到20世纪70年代初期，人们对海底的认识以及探索海洋的能力仍然非常薄弱。船载声纳没有能力测绘出大洋中脊附近皱形强烈的地貌。当声纳被装备在船上，并拖曳于船后悬于水中某一相当深的位置时，所获得的图像可靠性就会增强。一项名为"海之光束（SeaBeam）"的系统研究测绘出了高精度的大洋中脊地形的图像。其声纳能够覆盖的海底面积是一个非常宽广的条带，允许船舶通过前后移动对目标地点进行精确而又完全的测绘。

海底探测设备上安装的照相机（图27）也会被拖拉着在黑暗深海中拍摄那些结构奇巧的阻碍物。但是这类设备受损坏以至被毁的速度都非常之快。一个名叫"奥古斯"的大型摄像装置重约1.5吨，因此为了更好地控制其行

图27
一个装备有深海相机和彩色视频系统的探测器，用于拍摄海底的硫化物矿床（照片由美国地质调查局汉克·彻扎尔提供）

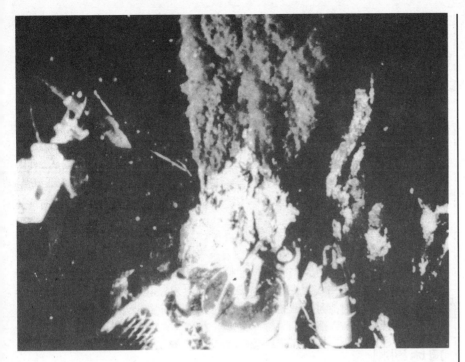

图28
正在将高温的富硫热
液喷入周围低温海水
的海底热液喷口。照
片由阿尔文号深潜器
拍摄，图中是其装有
温度计的一臂（照片
由美国地质调查局N.
P．埃德加提供）

动，它只能被直直地悬吊于船体下面。当今最尖端的设备，名叫〝深海拖网
（Deep Tow）〞，携带着声纳、摄像机，以及用于探测温度、水压和磁电
力等的感应器。当它在厄瓜多尔岸外的东太平洋洋隆区域作业时，一个相机
滑落掉进了一个热泉喷口。更深入的研究发现〝奥古斯〞拍摄下的一张照片
清楚地展示了某一深海岩浆岩露头上面散布着许多白色的大蛤蜊。

当阿尔文号深潜器被派遣调查上述这一诡异事件时，人们发现了令人惊
叹的海底热液喷口附近的位于海平面下1.5英里（约2.4千米）深处的生命奇
迹（图28）。层层跌宕的玄武岩陡坎，证实了岩浆流在剧烈运动，包括在局
部区域内散布的枕状熔岩。人称〝黑烟囱〞的奇异烟囱状结构喷射出因富含
硫化物而显黑色的高温热水。其他的〝白烟囱〞会向外喷出乳状的白色热
水。热液喷口附近生活的是科学界前所未知的生活于绝对黑暗中的生物。高
可达10英尺（约3.048米）的管状蠕虫在黑烟囱喷出的热液中摇曳，巨大的
盲眼螃蟹跌扈地爬过火成岩地体，巨大的长达1英尺（约0.3048米）的蛤蜊
群落集聚在烟囱体周围。

在世界上其他的海区，科学家们也有惊人发现。1983年，史密斯索尼安
研究所的生物学家们利用一个深海潜水器在巴哈马岸外发现了十分意外的现
象。一种完全从未有过的、未曾想到的藻类生活在一座未曾探索过的，水深

约900英尺（约274米）的海山之上，比所有已知的个体大于微体生物的植物的生活水深都要深许多。这些物种由多种紫藻类组成，并且具有非常特异的结构。它们由厚重的钙质侧向胞壁和极薄的上、下胞壁组成。这些细胞彼此头尾相接生长，像是杂货店里堆起来的易拉罐一样，这样的结构能够帮助它们在微弱的光线下获得最大的暴露面积。这一发现完全扩展了人们关于藻类在大洋生产力、海洋食物链、沉积过程和生物礁建造等过程中所扮演的角色的认识。

274英尺（约83.5米）长的科考船"亚特兰蒂斯号"是世界上第一艘支持有人驾驶的深潜器，类似的深潜器有著名的阿尔文号深潜器，以及无人驾驶的远程控制深潜器的科学考察船。在伍兹·霍尔海洋研究所的经营下，亚特兰蒂斯号整合了用于不同深潜器的各项技术。亚特兰蒂斯号可以在每次出航时多项同时同地作业，避免了出航一次完成一项任务，再返航换装备再出航的麻烦。举例来说，在一次远洋海底观测任务中，亚特兰蒂斯号可以先用拖曳相机拍摄，再用远程控制潜器进行初步研究，之后再派遣有人驾驶的深潜器完成取样，因此可以节省许多时间、人力和开支。

海床勘测

尽管相对于地球的整体尺寸，海洋仅仅是其表面的一薄层水膜，相当于洋葱最外层的外表皮。但是随着人们对海底的科学勘查逐渐深入，其复杂性也越发地显露出来。海洋覆盖着地球表面大约70%的面积，平均深度在2英里（约3.2千米）左右。世界大洋中大西洋洋盆相对最浅，而太平洋洋盆相对最深。假如把世界最高峰——珠穆朗玛峰，放在太平洋洋盆最深的地方，那么珠峰顶以上仍会有1英里（约1.6千米）深的海水。

早期采集海床样品的手段包括在船尾后拖着一个挖掘耙刮取海底表层的沉积物，或者使用一种叫做"抓斗"的器械（图29），在触碰到海底时它的抓爪会自动关闭捞起海底样品。但是这些技术只能取得海底最表层的样品，且无法保持其自然沉积时的顺序状态。在20世纪40年代早期，瑞典科学家们发明了一种活塞取芯器，它能从海底抽取出未受扰动的连续垂直的样品。取芯器有一根长管，可以凭借自身重力径直深入海底软泥之中。把这根外管插入海底，再用一个活塞自下向上将沉积物抽取到另一根取芯管当中，这样就把海底样品取出海面（图30、31）。

大洋的底盆最初被想象为堆积着数十亿年来自大陆上被冲蚀而下的几英里（若干千米）厚的沉积物。但是，在许多地点钻孔取芯得到的最古老的沉积物年龄也都不大于2亿年。海底的沉积物的沉积结构是用一种能够发出和

图29
当接触海底抓爪会自动关闭的抓斗取样器（照片由美国地质调查局K. O. 艾美瑞提供）

图30
活塞取样器在美国阿拉斯加湾作业（照片由美国地质调查局P. R. 卡尔森提供）

接收类似于声波的地震波的海底设备来测算的。海底地震仪被扔到海床上，用来记录海底地壳上的微地震，之后用机械办法把它们提到海面上进行数据收回和设备更新（图32）。拖在船尾的地震仪器也能探测到海底地壳的深部地质构造。这些勘探方法提供了其他直接方法无法得到的有关海底的重要结构信息。通过这些方法，我们认识到大洋地壳上面并非是厚达几英里（若干千米）的黏土和软泥，而是只有薄薄几千英尺（约数百米）深的沉积物。

　　在20世纪50年代开始的冷战期间，为了能让弹道导弹核潜艇在全世界范围内巡航而不至于在未知的深海海山触礁沉没，美国和前苏联的海洋学科考船测绘出了全球大洋洋底的地图。在冷战最高峰时，1983年8月30日，一架苏俄战斗机在库页岛上空击沉一架韩国客运飞机，269名乘客和机组人员全部遇难，为了寻找失事飞机，美国海军出动了深潜机器人"深海无人机（Deep Drone）"进行这次史无前例的搜索（图33）。

　　声纳测深是另一项非常重要的海底地形测绘方法。"海标（SeaMarc）"是一种装在一个悬游在海底以上1,000英尺（约304.8米）深度的"鱼体"身上的侧向观测声纳系统，通过接收海底反射的声波为我们提供大洋基底的声纳图像（图34）。科考船横跨大西洋航行时，船载声纳测绘出了一幅令人惊叹的海底地形图。在大西洋中央地带海面下2.5英里（约4千米）深的地方，

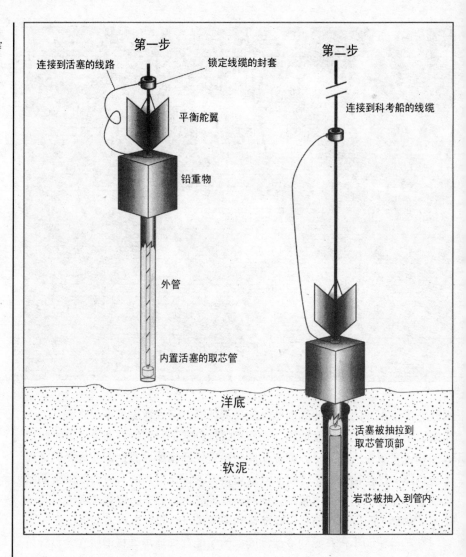

图31
在洋底工作时的活塞取样器

有一条巨大的海底山脉，其规模超过了阿尔卑斯山和喜马拉雅山的总和。这条山脉沿着大洋洋盆的中央蜿蜒分布，看上去与大西洋洋盆两侧大陆的距离几乎完全相等。这条大型山脉也被发现有密集的火山活动，如同地球的内里都自此涌出。

　　大洋中脊是线状的山脉，分布在科学家们原本认为是一马平川的深海海床上。在有了更多详细的海床地图之后，科学家们发现大西洋洋中脊是世界上已发现的最独特的山脉。洋脊的峰峦高出海床基底10,000英尺（约3,048米），其顶部中央还有一条极深的海槽，如同地球表面一道深的裂痕。这条裂隙有些地方深度可达4英里（约6.4千米），是美国大峡谷的4倍深，宽度可达15英里（约24千米），是世界上最宏伟的海底悬崖。

　　海底勘测已经证明了海底山脉和洋脊是建造得如同棒球身上的缝纫线线脉一样的环绕全球的山链，其长度超过46，000英里（约74，014千米）、宽度不小于几百英里（成百上千千米）、高度大于10，000英尺（约3，048米）。尽管大洋中脊系统分布在海面以下，但它足可称为我们星球上最主要的地貌景观。它延伸过的地域面积，超过所有陆地山脉所能覆盖的地表面

图32
对洋中脊上的地震进行直接观测的一个海底地震仪（照片由美国地质调查局提供）

图33

1983年8月30日，深海无人机号深潜器被派遣在库页岛附近寻找被苏俄战斗机击沉的 "韩国航空" 007航班的失事飞机残骸（照片由美国海军F. 巴尔班特提供）

积总和。更重要的是，洋中脊之中还存在着很多奇异的特征构造，包括大型山峰、锯齿状海脊、地震破裂带、深海谷和多样的熔岩建造。大洋中脊系统中央有一道陡峭的深劈或者说是断裂构造，这里是非常强烈的热流中心。此外，大洋中脊也是地震活动和火山喷发活动非常频繁的地方，整个系统就好像是地球表壳上一系列的巨型断裂，大量的熔岩自其中喷涌到大洋底床上面。

伴随更尖端设备的出现，人们对海床的求知欲日趋白热化。大洋底床比人们曾经能够想象的更为活跃，也更年轻。观测广大的海底山脉的其他手段还包括岩石取样、声纳测深、热力学指标测量、地磁测读，以及地震波观测。结果得到的数据说明，大洋地壳是自大洋中脊向外延伸的结果。岩浆自地幔涌出，在大洋底床喷出，为洋脊两翼的峰嵴添加新的大洋壳物质，结果推动大洋地壳向洋脊两侧不断运动。

温度测量数据显示，在大西洋中脊的海山山脉区有异常高的热流自地球内部逸出，伴随着的是由这些深海劈裂构造溢出的地幔岩浆。洋脊处的强烈火山活动说明新生物质正被添加到大洋底床上面。这种活动在大西洋中更为强烈，因为这里的洋脊更为陡峭且更"躁动"；相比之下太平洋和印度洋的火山活动较弱，这二者的洋中脊分支较多，并因其周围的大陆运

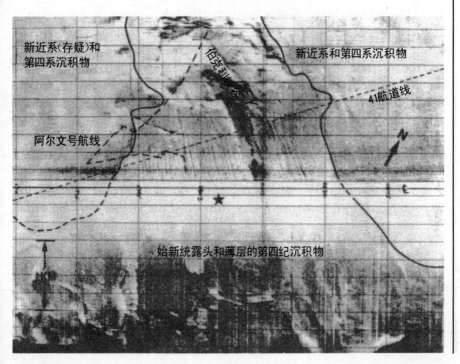

新近系(存疑)和第四系沉积物

伯克利峡谷

新近系和第四系沉积物

41航道线

阿尔文号航线

始新统露头和薄层的第四纪沉积物

图34
"海标（SeaMarc）"
测得的大西洋海岸外
大陆架浅部的声纳图
（照片由美国地质调
查局N. P. 埃德加提
供）

动而受到削弱。

大陆边缘岸外的深海海沟和火山岛弧链最初被认为是由于庞大数量的沉积物自大陆冲蚀而下，并被下俯的地幔高密度物质向下拖拽而形成的。这种作用于沉积物的下拉力在海底建造出大量的隆起构造，称为地向斜。但是，对横跨岛弧链的重力异常的测算指出，因重力而产生的下拉力十分微弱，不足以使海底发生如此规模的下陷或折起。

海沟也是地球内部发生密集连续深部地震活动的地方。这些深源地震可以标识出大型地壳板片沉没进入地幔的边界，如同一连串的灯塔。海沟的这些异常活动说明这里是老的地壳物质俯冲进入地球内部的地方。或许这里是驱动地球表面大陆运动的力量根源。

地质观测

对大洋底床上面以及其他种种引人入胜的地质建构的观察引领了海底扩张理论的发展。这一假说描述了在地球上一些特定区域发生的大洋地壳的创生和覆灭。海底扩张理论解决了许多有关海底世界的未解之谜，包括大洋中脊、大洋地壳相对年轻的岩石年龄，以及岛弧链的形成。但更为重要的是，它最终解答了长久以来人们苦苦追寻的大陆裂解机制的疑问（表5）。大陆并非如前所设想的那样，像破冰船驶过冰封的海面一样在大洋地壳上滑动运行，而是在一个可形变的地幔之上运动，像是被封于浮冰中的船舶随冰一起在海上漂游一样。

对大洋底床的探索引出了有关塑造我们这颗星球的力量的新见解。在支持大陆裂解学说的无以抗衡的地质学和地球物理学证据自大洋底床上被搜集出来之后，地质学家们最终放弃了属于19世纪的那些落伍思想。在20世纪60年代晚期，北半球那些长久以来抵制大陆裂解学说的地质学家们，最终与南半球的同行们意见一致，南半球的地质学家们一向因为南美洲和非洲相对的大陆边缘的高度相啮合性而支持大陆裂解的合理性。

海床上这些不可思议的新发现，包括扩张中脊和深海海沟，引导地质学家们发展出了一整套看待地球的新思路，也就是所谓的"板块构造理论"（图35）。构造（tectonics），来源于希腊语"tekton"，意为"建造者"，是关系到地球表面形态的地质过程。这一理论将海底扩张和大陆裂解整合成了一套完整模型。因此，有关地球的历史发展和结构构造的所有方面的内容都可以归结到"板块运动"这一演化性的概念之中。

大西洋跨骑在大西洋洋中脊之上，随着大洋盆地周围大陆持续相背运

表5 大陆裂解

	地质界限 （单位：100万年）	冈瓦纳大陆	劳亚大陆
第四纪	5		加利福尼亚湾张开
上新世	11	加拉帕戈斯群岛附近 开始扩张	东太平洋扩张方向 发生变化
		亚丁湾张开	冰岛产生
中新世	26	红海张开	
渐新世	37	印度次大陆与欧亚大 陆碰撞	北极盆地开始扩张
始新世	54		格陵兰与挪威分裂
古新世	65	澳大利亚与南极洲 分裂	
			拉布拉多海张开
		新西兰与南极洲分裂	比斯开湾张开
		马达加斯加和南美洲 与非洲大陆分裂	北美大陆和欧亚大 陆发生主要裂解
白垩纪	135	印度次大陆、澳大利 亚、新西兰和南极洲 与非洲分裂	北美大陆和非洲大 陆分裂
侏罗纪	180		
三叠纪	250	所有大陆汇聚形成超 级大陆——盘古大陆	

动，大西洋洋中脊也在不断地制造出新的大洋地壳。大西洋洋中脊也是密集火山活动和强烈地震活动多发带，是地球内部热量大量、高速外溢的核心部位。源于地幔的熔融岩浆上涌穿越软流圈，喷出到大洋底床上，向洋脊两翼不断添加新的大洋地壳。

大西洋盆地在不断扩张，其周围的大陆分裂运动的速度大约是每年1英寸（约2.54厘米）。与大西洋海床不断加宽和其周围大陆不断分离相匹配，太平洋洋盆在按照相应的速度收缩。俯冲带（图36）环绕太平洋一周都有分布，老的大洋壳物质在这些俯冲带附近的深海海沟中被消灭。太平洋中的扩

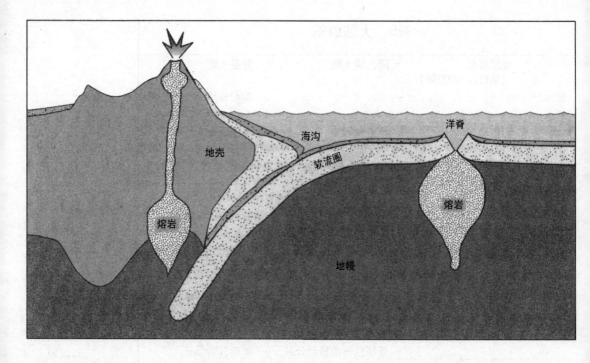

洋脊

图35
板块构造模型(新的洋壳物质在扩张中心产生，老的洋壳物质在俯冲带被消没，这一过程同时驱动大陆在全球移动)

张中心也比大西洋洋脊更为活跃。大洋底床上的许多构造特征大部分都与环太平洋的这些地质活动有关。

大洋钻探

世界大洋平均深度大于2英里（约3.2千米），并且底床表层覆盖着层状的厚层沉积物。为了能分别按年龄对这些沉积物进行研究，必须按照其原始堆放次序将它们采出，因而捞式取样技术毫无用处。幸运的是，一种所谓的"海底取芯"的系统被发展应用，使科学家能够得到准确无误的沉积物样品。将一根长的中空管子插入沉积物中，就可以把一个长圆柱形的样品带到表面。但是，早期尝试的深水采样技术，仅仅能插入到大洋底床沉积物表层几英尺（约1米）的深度。

在1960年代早期，美国国家科学基金会（NSF）资助了一项深海钻探项目——"莫霍计划"。莫霍洛维奇不连续面，或简称为莫霍面（图37），得名于前南斯拉夫地震学家安德里亚·莫霍洛维奇，是地球地壳和地幔分界的位置。地壳在大洋中最薄，大约只有3~5英里（约4.8~8.0千米）厚。科学家们希望莫霍面能够提供关于地球内部起源、年龄和组成的新知识，而这些是无法从陆地钻探得到的。不幸的是，穿过2英里（约3.2千米）深或更深的海水再去钻探数英里（数千米）深的大洋地壳，这项任务耗资巨大、耗时也太长。

1968年，英国科考船″格罗玛–挑战者号″被委任为美国各海洋研究所联合组织的″深海钻探计划（DSDP）″的专用船。这项计划的任务是要在世界大洋底床的广泛区域进行大量的浅海钻探，以期证明海底扩张理论。另一艘相似的钻探船″格罗玛–太平洋号″（图38）是第一艘在美国岸外大西洋外陆架和陆坡进行钻孔作业的船只。这两艘船的中央都装备有最大钻深140英尺（约43米）的钻探井架。计算机控制的推进器装备在钻孔的前部和后部，保证仪器即使在恶劣的海事条件下也能正常作业。

通过钻头不断下钻，一大串超过4英里（约6.4千米）长，相互连接的钻管在船身下凭借自身重力向沉积物中伸入。所得到的岩芯，也就是一段段垂直的圆柱状的岩石片段，经由钻杆被抽提上来，而钻管仍可以留在钻孔中以备继续取芯。当钻头磨钝无法继续工作时，就会和钻管被提拉到船上进行更

图36
大洋底床的俯冲过程为深海海沟旁的火山提供新生熔融岩浆

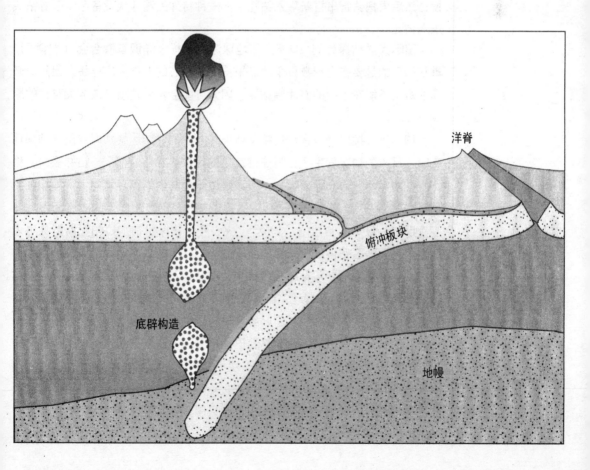

洋脊

俯冲板块

底辟构造

地幔

图37
地球地壳的深部构
造，主要展示莫霍面
的位置

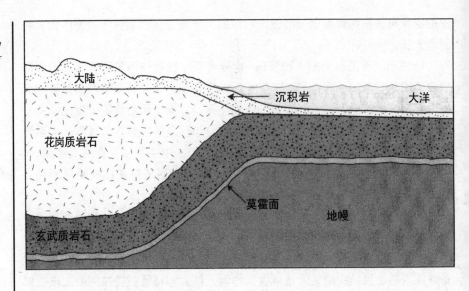

图37
地球地壳的深部构造，主要展示莫霍面的位置

换。然后再把钻管串重新降入钻孔中，一种特殊的漏斗状设备可以引导钻头进入钻孔。

国际大洋钻探计划（ODP）和地球深部采样大洋调查联合会（JOIDES）最初的目的是要在全球数百个地点采得旋转取芯的大洋底床样品。但是，必须注意决不能在可能的储油层钻探，因为可能会发生井喷，造成灾难性的原油泄漏。

1979年，挑战者号在加拉帕戈斯群岛以东的哥斯达黎加裂谷南翼钻探地壳时，反常的情况发生了。与往常常见的大量热水外溢相反，钻井强力、稳定地向内吸水。这一强大吸力，应该是由于地壳内的循环水向下沉降接触到岩浆房时发生热力学反映需要吸收大量的热，从而产生向下的对流运动。

世界上最深的钻孔是"JOIDES 决心号"钻探船在加拉帕戈斯群岛附近的东太平洋地区钻得的。其目的在于在人们认为的大洋地壳最薄的地方取得纵贯大洋地壳底部到顶部的连续柱样。在从1979年开始的14年里，决心号钻探船曾7次来到这一钻探地点继续加深这个钻孔，每一次都至少持续工作两个月时间。第六次钻探时，它已经开始需要费力寻找上次钻探之后丢失了的钻管。这项任务完成时，这个钻孔已经钻到了海底以下超过6，500英尺（约1，981米）深的地方。1993年1月，决心号再次回到此地准备再把它加深370英尺（约113米），但却非常不幸地遗失了钻头。这一失误使得全体工作人员不得不放弃这个钻孔，而实际上也许只差几百英尺（几十米）就能达到目标层位。

为了在研究大洋地壳基底方面取得捷径，ODP科学家们在印度洋亚特兰蒂斯Ⅱ号断层带附近发现了一些出露的浅部地壳。这是构成南极洲与非洲构造板块边界的洋中脊的一部分。在洋脊中央沿走向分布的是一条特征的扩张中心，它间断性的分裂，产生裂缝并被熔融岩浆灌入。当岩浆冷却固化，新生洋壳岩石就把板块边缘缝合起来。

扩张中心的结构就像是楼梯台阶一样，短而平整的小段扩张脊相互近平行排列（见图72）。邻近的扩张脊段之间由断裂带相联系，就像是楼梯台阶之间的垂直陡坎。当科学家们钻探断裂带的深谷底床时，发现了一种粗结晶的岩石——辉长岩。这类岩石由铁镁质硅酸盐组成，是深部大洋地壳的主要成分。

通过对世界几个大洋中脊的实地勘察和年龄测定，挑战者号取得了极其惊人的发现。距离深海洋脊越远的地方，钻得的沉积物越厚、年龄越大。更为惊人的是最厚、最老的沉积物并没有几十亿年的年龄，最老的也只有2亿

图38
在美国岸外大西洋外陆架和陆坡上作业的"格罗玛－太平洋号"钻探船（照片由美国地质调查局提供）

年。大陆架附近厚层的沉积物形成平坦的深海平原，钻孔岩芯发现薄层的碳酸钙就覆在硬的火山岩之上，其上沉积着几千英尺（约几百米）厚的红色黏土和其他沉积物。深海红黏土的发现——其颜色清楚地指示了其陆地起源，为海底扩张提供了额外的证据。

世界上最深的海底深渊都分布在大陆边缘旁边。那里是真正的大陆边缘，其大洋地壳的年龄是最老的。挑战者号发现的碳酸钙层位于海面下4英里（约6.4千米）深处，远远比常所认为的深海冷水流造成的碳酸钙溶解深度更深。通过上覆沉积物保护其免受海水侵蚀，在大洋中脊附近较浅水部位沉积的碳酸钙在大洋地壳通过某种方式向大陆边缘运动的过程中得以保存。

大西洋底床在软流圈上面被传送着自大西洋洋中脊起源向两侧运动，软流圈是上地幔上部的较刚性层。大洋中脊两翼的大洋底床主要是由玄武岩（一种黑色的火山岩）组成。当洋壳继续作分离运动，这些裸露的岩石被不断加厚的沉积物覆盖。这些沉积物主要是一些由大陆风化得到的岩屑再分解产生的，以及从大陆沙漠中被风吹到海洋上空降落下来的红黏土。撒哈拉沙漠发生的一些强沙尘暴可以把粉尘吹到很高的大气圈高空，甚至可以压过大

图39
1976年夏天，西非的干旱条件以及强劲的东风造成的风尘爆发——起源于撒哈拉沙漠的一股异常粉尘云越过整个大西洋（照片由美国国家海洋大气局提供）

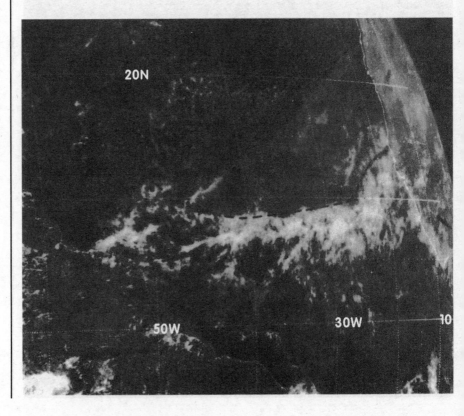

气气流的作用从而携带粉尘穿越大西洋到达南美洲（图39），每年亚马逊盆地接受到的这类降尘可达1,300万吨。亚马逊雨林快速移动的风暴系统携带的非洲粉尘给当地土壤添加了丰富的营养元素。

洋脊两翼周围的沉积物主要都是微生物壳体和骨骼沉降堆积成的钙质软泥。当逐渐远离洋脊两翼，洋壳水深也逐渐变大，直到大于约为3英里（约4.8千米）的碳酸钙饱和深度带。在这个深度以下，碳酸钙——其溶解度随压力增大而增大——会完全溶于海水。因此，只有红色黏土能够在远离大洋中脊两翼的深海海水中存在。

尽管自大陆架附近的深海平原附近——这里洋壳最薄、最老——采得的沉积物样品清楚地显示了薄层的碳酸钙沉积层上覆巨厚的红黏土，下伏坚硬的玄武岩。地质学家仍然总结认为红黏土可以保护碳酸钙层免受深海海水的溶解作用。这一发现说明大陆边缘附近发现的碳酸钙是源于大洋中脊的，因此大西洋大洋底床的运动横跨了整个洋盆。

地磁勘查

寻找关于海底扩张的确凿证据的地质学家们偶然发现了大洋底床磁性的倒转。对地磁场倒转现象的最初认识始于1950年代。1963年，英国地质学家弗雷德·凡内和德鲁蒙德·马修斯想到地磁倒转可能是海底扩张的有力证据。利用拖在船后的灵敏的磁性测量记录装置——磁力计，可以得到大洋中脊附近的海底岩浆岩的磁性特征（图40）。磁力计所测得的大洋中脊两翼的磁性几乎完全镜像对称，并且呈自北向南变化规律。从岩石测得的地磁场同样也能够显示地磁极曾经的位置及其磁性。

富铁的大洋玄武岩冷却时，因为地磁场的作用，这些铁原子会按照地磁场的方向定向排列。当大洋底床向洋脊两侧扩张运动，玄武岩固化凝结。它们为每个连续的地磁倒转建立了一个地磁场记录，某种程度而言就像是为地磁场历史录下了一盘"磁带"。岩石中的正极性得到今天地球磁场的加强，而反极性则被削弱。这一过程在大洋中脊两翼制造出平行的但宽度和极性不同的岩石磁性条带（图41）。这也为海底扩张学说提供了最终的确凿无疑的证据。为了能形成如此规则的磁异常条带，大洋底床只能处于持续的拉开过程。

每一百万年之内，地球地磁场会发生两到三次倒转，地球南北磁极的位置相互调换。在过去的400万年内，地球地磁场发生过11次倒转。在过去的17,000万年之间，地球磁场发生了300次倒转。在二叠纪和白垩纪那样长的时间内，都没有发生过地磁倒转。此外，在1亿年前到7,000万年前之间，发生过一次10°~15°范围的突发性磁极漂移。

自大约9,000万年前以来，地磁倒转的频率稳定升高，而且地磁极漂移的范围减小到5°之内。上一次地磁极发生倒转的时间大约是在78万年前，而且看上去地球已经准备好发生下一次地磁倒转。2,000年前的地球磁场比今天的要强许多。在过去150年间，地球的磁场不断弱化，其速率大概是每十年地磁场强度降低1%。如果按照现在的速率持续降低，地磁场强度在大约1,000年后可能就会减小到0，那么下一次地磁倒转理应就要发生了。

磁异常条带还可以用来对海底进行实测定年。这是因为地质历史中的地磁倒转的发生很有规律，而且每一次都具有其独有的特征（表6）。在洋中脊附近钻探取芯，海底扩张的速率可以通过确定磁异常条带的年龄，再测量其在洋中脊上运动起始点与现在位置的距离来计算。过去1亿年以来，海底扩张的速度发生过一些小的变化。海底扩张加速期的原因被归结为火山活动增强。在过去1,000~2,000万年以来，海底扩张速度在持续增加，并在大约200万年前达到最高峰。

图40
一位USNS-海耶斯号海洋科学考察船上的机组人员正在将一个磁力计从船尾下放（照片由美国海军提供）

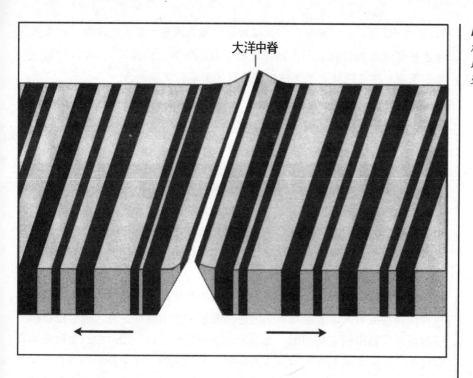

大洋中脊

图41
海底的磁异常条带彼此对称，指示大洋地壳处于张开过程

东太平洋洋隆的扩张速率达到6英寸/年（约15.24厘米）以上，结果造成其大洋底床的凸起地貌较少。快速扩张洋脊的活跃构造带往往较为狭窄，一般都小于4英里（约6.4千米）宽。在大西洋，扩张速率要慢很多，大约只

表6　地磁倒转事件与其他现象的对比
（事件年龄以"百万年前"为单位）

磁极倒转	异常冷	陨石活跃	海平面突降	大绝灭
0.7	0.7	0.7		
1.9	1.9	1.9		
2	2			
10				11
40			37～20	37
70			70～60	65
130			132～125	137
160			165～140	173

有1英寸/年（约2.54厘米）。这样就允许建造出更为高大的洋脊。对大西洋海底扩张速率的计算表明大西洋开始张开的年龄大约是17,000万年前——换句话说，与业已建立的大陆裂解事件的时间惊人的吻合。

卫星测绘

1978年，雷达海事卫星"海星号（Seasat）"（图42）精确测量了全球范围内海平面到海底的距离。海底下面深埋着的构造第一次完全呈现在世人面前。所有令人惊讶的发现之中，最吸引人的就是由于重力差异，洋脊和海沟在海底形成的相应的高山和深谷。海洋地床上的棘突和凹陷，其一般高差可达600英尺（约183米）。尽管如此，由于这些地形变化分布范围实在太广大，在开放大洋上它们是很难被识别的。

海底山脉、洋脊、海沟和分布在海底的其他规模各异的地质构造的重力拉拽作用控制着大洋表层海水的形态。海底大型山脉产生巨大的质量吸引力使得海水大量囤积在其周围，造成表层海洋呈现凸起。相对的，海底海沟质量较小，引起表层海洋也呈现浅的水槽。举例来说，一个1英里（约1.609千米）深的海沟可以引起其表层海水降低几十英尺（约几米）。非洲西北部索马里岸外存在一个重力值负异常区，形成于海洋板块向地幔俯冲，可能可以称为世界最古老的海沟。

卫星测高数据被用来绘制出了一幅全球海底表面地图（图43），反映出海底平均深度为7英里（约11.3千米）。全球海底表面地图所描绘出的大洋中脊链和深海海沟链要比其他任何海底测量方法绘制的清晰得多。这些海底地图帮助发现了许多新的特征结构，例如裂谷、海脊、海山和断裂带，以及其他种种已经清楚描述过的海底地貌。海底地图也为板块构造理论提供了额外的支持。这一理论认为地壳可以分成许多小的板块，板块的连续变化是地球表层许多地质活动——例如山脉生长和海盆扩张的原因。

卫星图像还揭示了长久以来的常用海底测绘技术未曾发现的平行断层带。太平洋洋底中央地带的似梳状线条，可能是受到大洋地壳以下30~90英里（约48~145千米）深部的地幔对流运动的控制。每一个对流圈都由上涌的热物质和向深部下沉的冷物质组成，冷物质下沉会拖扯大洋底床出现相应地貌。

另外，卫星数据还发现印度洋南部的一条断裂带，说明印度和南极洲的分离发生在大约18,000万年前。这条1,000英里（约1,609千米）长，位于克革伦群岛以南的深槽，是印度次大陆向北漂移时在洋底凿出的。自南极分离超过1亿年之后，印度与亚洲相撞，如同挤压手风琴一般推挤出气势宏大的喜马拉雅山脉。印度以南洋壳上发现的一系列奇异的东西向褶皱证明印度板块始终仍在向北推挤，以大约每年3英寸（约7.62厘米）的速率在持续不断地推着喜马拉雅山脉隆升，并挤压亚洲大陆。

　　许多未出露的构造也第一次被人们发现。例如当12，500万年前南美

图42
海洋卫星本是艺术家的幻想：从地外轨道俯瞰整个海洋（照片由美国地质调查局提供）

图43
根据地球动力学试验海洋卫星（GEOS-3）和海星（seasat）的雷达测高数据绘制的海底地图
（1）大洋中脊；
（2）曼多西诺断裂带；（3）夏威夷群岛；（4）汤加海沟；
（5）帝王海山；
（6）阿留申海沟；
（7）马里亚纳海沟；
（8）东经90°洋脊
（照片由美国国家航空航天部提供）

洲、非洲和南极洲板块开始分裂的时候，形成了一条古大洋中脊。现在这条洋中脊深埋于巨厚的沉积物层之下。而这些板块之间的边界一直在向西移动，弃这条已经开始沉降的古洋脊于不顾。这条洋脊的发现可能可以帮助追索大洋和大陆2亿年前以来的演化历史。卫星数据为深海海盆研究提供了更多深入的证据，也说明了人们对海底仍然知之甚少，人类向海洋和地球内部的探索与对外部空间的探索一样都很重要。

在完成了对海底的探索之后，下一章将在海底寻觅有关板块构造的证据，也就是推动巨大地壳块体环绕地球表面运动，并应为这颗星球上的地质活动负全部责任的驱动力量。

3

洋底动力

大洋地壳

　　板块的运动过程改变着地球的面貌，而本章主要考察大洋在板块构造运动中所扮演的角色。大洋地壳（简称洋壳）在不断地更新，因此它的年龄比陆壳要小，还不到地球年龄的5％。这种年龄的差距源于洋壳与地幔之间的物质循环。17，000万年以前的大洋底床大部分都已消没于地球内部。地幔中的玄武岩浆在大洋中脊通过地壳裂缝喷出，形成洋壳。岩石圈在深海海沟处插入地幔，洋壳随之破坏并熔融，进入下一轮循环。

　　新洋壳因岩石圈板块的分离而在洋中脊不断产生，旧的洋壳则因为洋壳和陆壳碰撞而在俯冲带不断消融。当两种板块碰撞时，洋壳由于密度相对较大而俯冲到陆壳下面。岩石圈及其上部的洋壳经过地幔重熔供给新生成的大洋地壳。岩石圈板块就像是熔岩大海里的小舟，承载着各大陆在地球表面缓慢地漂移。

岩石圈板块

地球的外壳就像是受到撞击的鸡蛋一样，破碎成几大块，即岩石圈板块（图44）。这些板块的尺寸从几百千米到数万千米不等。它们包含了地壳及脆性的上地幔（即岩石圈）。岩石圈由刚性的地幔外圈层组成，位于陆壳和洋壳之下。大陆之下的岩石圈厚度约为60英里（约96.54千米），而大洋之下的岩石圈厚度则约为25英里（约40千米）。

遍布洋底的火成岩由于板块运动而集中，大部分的陆地岩石也是来源于此。连同大陆边缘和浅海在内，陆壳面积大约覆盖了地球表面的45%，厚度为6～45英里（约9.6～72千米），平均海拔大约为4，000英尺（约1，219米）。大陆地壳最薄处位于大陆边缘，高度低于海平面，而最厚处则位于山脉之下。

相对而言，洋壳的厚度要小很多，大部分地方仅有3～5英里（约4.8～8.0千米）。洋壳年龄与陆壳年龄相比微不足道，因为遍布全球的俯冲

图44
组成地球地壳的岩石圈板块

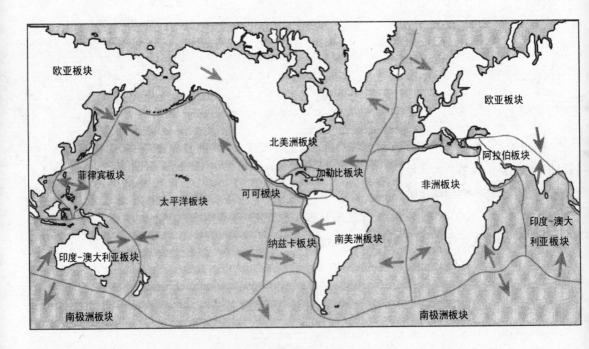

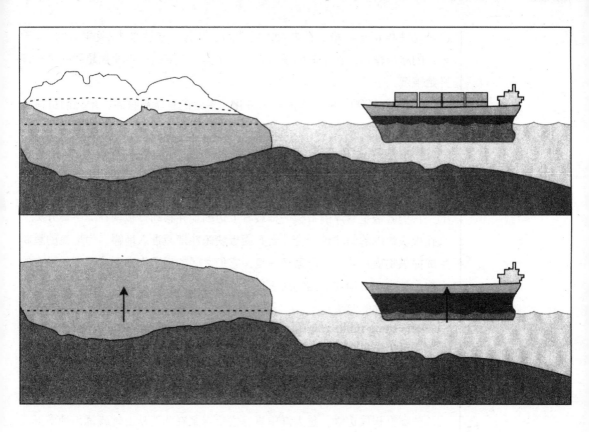

带下面的地幔在不断地"吞食"着较老的洋壳。在过去的20亿年里，也许有20个大洋出于板块运动而产生和消亡。

岩石圈平均厚度约为60英里（约96.54千米）。它在软流圈上面自由地漂移，软流圈是地幔外圈的半熔融层，深度在地下70～150英里（约113～241千米）之间。软流圈半熔融的特点对于板块构造运动十分必要，否则，岩石圈可能会分裂成板片状向上翘起而与地壳混杂在一起。

事实上，二者并未混杂，而是由八块大的岩石圈板块和六块小的岩石圈板块载着地壳漂浮在"熔岩海"之中。这些板块在洋中脊分离，在俯冲带会合。通常认为俯冲带位于深海海沟处，板块在此处俯冲消没进入地幔然后重熔。板块和洋壳就这样不断地通过地幔进行循环，然而陆壳却因为其相对较小的密度而很少俯冲消减。

地质学家非常偶然地发现了一个有趣的现象：斯堪的纳维亚半岛与加拿大的某些部分在以每年0.5英寸(约1.27厘米)的速度缓慢靠近。在过去的几个世纪，波罗的海海港墙上的停泊环因陆壳抬升，离海平面越来越远，现在

图45
地壳均衡理论，被冰覆盖的大地犹如载重的货船一样自动作出调整而下沉；当冰融化，大地又会像卸载的货船一样上浮

已经无法再用于泊船。在末次冰期期间，北部大陆被厚达2英里（约3.2千米）的冰层覆盖。在冰盖的重压之下，北美和斯堪的纳维亚像超载的船一样开始下沉。

大约12，000年前，冰盖开始融化，多余的重压被移除，地壳因负荷减轻而开始上升（图45）。自末次冰期以来，斯堪的纳维亚半岛的海洋化石层已经被抬升到海拔1，000英尺（约304.8米）。冰盖重压大陆时，海洋沉积物堆积其上；当冰盖消融，曾经被重压的大陆又开始抬升。

岩石圈板块漂浮在软流圈之上，仿佛是固态的蜡漂浮在熔融态的蜡之上，它们就像是漂浮的石板一样载着上边的地壳移动。板块在洋中脊分离，又在板块边缘的俯冲带会合。岩石圈板块俯冲消减进入地幔，为地壳的重新生成提供物质来源，如此循环往复。它们之间的相互作用形成了地球现在的面貌。其中，上地幔的结构对于板块构造运动来说很重要，而后者则是一切地质构造运动的源头。

这些板块交接处常常是一些可变形带，因而可以吸收交接处刚性板块之间的碰撞力。通常，板块交接处常常都会有明显的地质特征，如：山脉、海沟等等。这些交接带的长度从转换断层处的几百英寸（几百厘米）到洋中脊和俯冲带的数十千米不等。

分离型板块边缘，是大洋中脊。玄武岩浆在此处从上地幔涌出地面形成新的洋壳，成为海底扩张过程的一部分（图46）。洋中脊系统并不一定位于大洋中央部位，它们蜿蜒地遍布于全球，总长约46，000英里（约74，000千

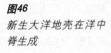
图46
新生大洋地壳在洋中脊生成

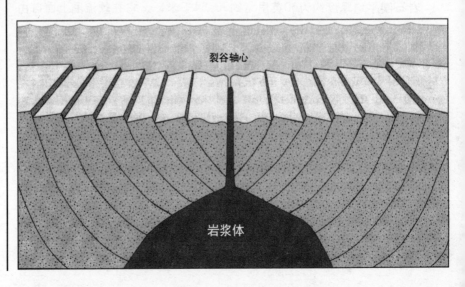

裂谷轴心

岩浆体

米），成为地球表面最长的构造。转换断层是横向的板块边界，板块在此处相互接触，彼此横向滑移，在这个过程中有时没有构造活动发生，有时则会伴随着一些小的构造活动，如岩浆上涌、地震等。

汇聚型板块边界，是以深海海沟为典型标志的俯冲消减带。老洋壳在此处沉入地幔，为海沟附近的火山岩浆提供物质来源。如果首尾互联，俯冲带可以完整地绕地球一圈。板块汇聚速度从每年1英寸（约2.54厘米）以下到5英寸（约12.7厘米）以上不等，与板块分离速度有关。然而，板块在俯冲带的消减速度，与它在对应洋中脊的分离速度并不相等。正是这种差异使得板块在地球表面不断漂移。若俯冲消减速度超过洋底扩张速度，岩石圈板块就会缩小甚至完全消失。

大洋板块厚度随着年龄的增长而增大，从在大洋中脊新形成洋壳的几英里，到靠近陆壳的最老洋盆的50英里（约80.45千米）以上。随着大洋板块远离大洋中脊，洋壳不断下沉，其下沉深度也随年龄而异，例如，一个年龄为200万年的板块大约位于海平面下2英里（约3.2千米）的地方，而年龄为2亿年的板块大约位于海平面下2.5英里（约4.2千米）的地方，年龄为5亿年的板块则位于海平面下大约3英里（约4.8千米）的地方。

通常而言大洋板块刚形成时都很薄，后来随着其下的上地幔物质上涌进入岩石圈以及其上沉积层物质的堆积而增厚。洋中脊顶部的大洋底床几乎全部由坚硬的玄武岩组成，随着远离中脊，沉积岩层获得沉积物而逐渐增厚。最终，大洋板块由于厚度太大，致使重量过大而无法继续漂移在地球表面，从而向下俯冲到陆壳或其他洋壳下部，进入地球内部（图47）。

俯冲进入消减带之后，大洋板块重熔并从地幔中获得新的矿物质。这个过程为新洋壳的生成提供了原料，新洋壳生成时，这些熔岩会重新出现在沿洋中脊分布的火山岩中。沉积物堆积到洋底，沉积物颗粒之间的水则会在俯冲带被捕获。这些熔融沉积物的低熔点和低密度使得它们在俯冲带附近上升，为周围的火山岩浆提供熔岩，其中的部分水则进入海水，进行下一步的水循环。

吸收进入地球内部的水远比在俯冲带火山岩中出现的水要多。热量和压力使得板块岩石逐渐脱水。然而，这些流体究竟是从什么地方来的，却依然是个谜。从俯冲带板块中脱出的一些流体与地幔岩石相互作用产生一些低密度的矿物，然后慢慢上升到海底，并在这里组成火山岩浆，喷出后形成一种由来自地幔的橄榄石和水的相互作用而形成的富含铁镁的石棉状硅酸岩，常称为蛇绿岩。

图47
大洋地壳的俯冲为深
海沟边缘的火山喷发
提供新的岩浆

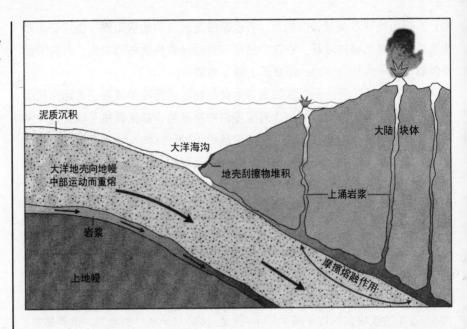

当沉积岩及其中的水分进入大洋板块俯冲带及其上覆的大陆板块之间时，常常遭受强烈的变形、剪切、加热和变质作用。随着刚性岩石圈板块带着上部的洋壳俯冲进入地球内部，沉积岩慢慢地被破碎然后熔化。在上百万年的时期内，它被吸收并参与地幔自循环。俯冲消减的板块同样也为火山（主要是环太平洋火山带的火山）提供熔浆，从而使化学元素重循环到地球表面。

大洋地壳

洋壳以其恒定的厚度和稳定的温度而著称（如表7）。其平均厚度约为4英里（约6.4千米），而全球范围的温度变化不超过20℃。洋壳的平均年龄约为1亿年，大部分都小于1.7亿年，不到地球年龄的4%。陆壳年龄相对来说要大一些，约为40亿年。大部分的洋底都已经消失于地球的内部，成为气候发生的大陆生长的原材料。陆壳的平均密度约为水的2.7倍，而洋壳和地幔平均密度则分别为水的3.0和3.4倍。这种密度的差异使陆壳和洋壳都漂浮于地幔之上。

大洋地壳并不是一个密度均一的块体。相反，它由狭长带和破碎区域相间排列组成。洋壳就像是一个由四层质地明显不同的岩性层组成的蛋糕

表7 地壳分类

所处环境	地壳类型	构造特征	厚度 （千米）	地质特征
稳定地幔上的陆壳	地盾	很稳定	35.4	没有或很少沉积物，有前寒武纪岩石暴露
	陆中	稳定	38.6	
	盆地和山脉	很不稳定	32.2	现代的正断层、火山作用和侵入作用；平均海拔高
活动地幔上的陆壳	阿尔卑斯型（高山型）	很不稳定	54.7	现代的快速抬升和火山侵入作用；平均海拔高
	岛弧型	很不稳定	32.2	火山活动频繁、强烈的折叠和断层作用
稳定地幔上的洋壳	海盆	很稳定	11.3	玄武岩上的超薄沉积、无厚层古生代沉积物
活动地幔上的洋壳	大洋边缘	不稳定	9.7	活跃的玄武岩火山活动、没有或很少沉积物

（图48）。其最上层是枕状玄武岩，它是岩浆在深海喷出时形成的。第二层是席状岩墙群，它包含大量相互交错的管状空隙，这些空隙是岩浆房的岩浆得以上升到地表的主要通道。第三层由辉长岩组成，它是岩浆在深部岩浆房极高的压力下缓慢结晶而形成的岩石，晶体纹理粗糙。第四层是从洋壳下面的地幔中结晶分离出来的橄榄岩。含硅量较高的辉长岩从玄武岩中结晶出来并在洋壳较下层重新熔融而富集。

同样的岩石构成在陆地上也有发现。这种相似性让地质学家们不禁猜测：这些岩石是被称作"蛇绿岩"的古洋壳的片段。蛇绿岩（ophiolite）这个名称源于希腊语"ophis"，意思是"阴险的人"。蛇绿岩，顾名思义，具有斑驳的绿色，其年龄可追溯至36亿年前。这些岩石是由于板块漂移而被挤到陆地上的洋底的片段。因此，蛇绿岩是古板块漂移的最有力的证据之一。

蛇绿岩是在板块碰撞时从洋壳垂向截面上被剥落然后运送到大陆上的。

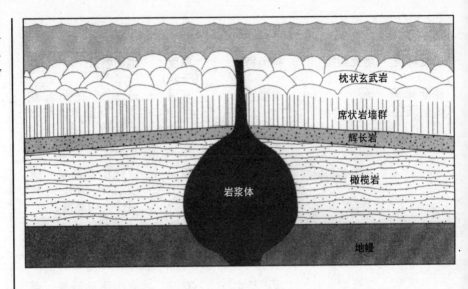

枕状玄武岩

席状岩墙群

辉长岩

橄榄岩

岩浆体

地幔

这就形成了绿色火山岩、浅色花岗岩和片麻岩、普通火山岩和变质岩的线性组合。枕状熔岩（图49）以及海下涌出的柱状玄武岩在绿岩带也有所发现，这表明这些火山岩是在海底喷出的。许多蛇绿岩含有富集多种矿物的岩石，是重要的矿产资源。

在洋中脊，玄武岩通过洋底裂缝从地幔喷出，每年产生约5立方英里（约21立方千米）的新洋壳。一些熔岩通过垂直的通道系统在洋中脊处涌到

洋壳表面。一旦喷出洋壳表面，液态熔岩即沿着洋中脊向下流淌并固结成层状或枕状岩石，具体取决于喷发的速度以及洋中脊处的坡度等。熔浆也间歇性地以猛烈的火山爆发的形式喷射到洋底，每年产生若干平方英里（几平方千米）的新洋壳。当洋壳冷却并固结后，因为收缩会产生一定的空隙，水便可以通过这些空隙进行交换和循环。

岩浆从上地幔涌到洋底之后就粘连于分离型板块边缘。许多岩浆在岩浆房上部的孔道里就已经固结，由此形成了席状岩墙群，其形状就像是许多并排倒立的纸牌。单个的岩墙厚约10英尺（约3.048米），宽约1英里（约1.609千米），长则约为3英里（约4.827千米）。

软流圈是上地幔的流体部分，此处岩石处于半熔融或者塑性状态，可以缓慢地流动。数百万年后，这些熔岩到达地幔的最上部，也就是岩石圈底部。随着压力的减小，这些岩石完全熔化并沿着岩石圈中的裂缝上涌。熔岩穿过岩石圈，到达洋壳底部，在这里形成岩浆房，岩浆房里的岩浆不断地给洋壳施加压力，使得裂缝不断扩大。涌出洋壳裂缝的岩浆形成脊顶，为大洋中脊系统增添新的物质（图50）。

大洋中脊下部的地幔物质成分主要是橄榄石，一种由铁镁硅酸盐组成的硬度高、密度大的岩石。橄榄石在来到洋壳底部的过程中熔化，一部分转变成流动性好的玄武岩，这也是地球上最常见的一种喷出岩。每年大约有5立方英里（约21立方千米）的玄武岩浆从地幔喷出，补给地壳。而大部分的这些火山活动都发生在洋壳分离的扩散中心。

由来自洋中脊的玄武岩和来自大陆及岛弧的沉积物组成的大洋地壳，随着逐渐远离洋中脊，其密度逐渐增大，最终俯冲消减进入地幔。在其插入地

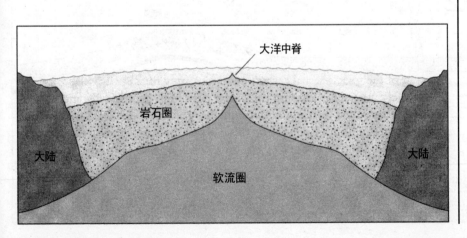

图50
曾是新世界和旧世界的分界线的大西洋洋中脊横向剖面图

球内部的过程中，岩石圈及其上的沉积层发生熔融。这些熔融岩浆在一些大的泡状构造中上升，这种构造又叫做底辟构造（diapir），这个名称源于希腊语"diapeirein"，意思是"破碎"。岩浆到达地壳底部，会提供新的熔岩成分，进入火山下部的岩浆房，或者生成被称作岩基的花岗岩深成岩体（图51），岩基往往最终会形成高山。板块构造运动就是以这样的方式不断地改变着地球的面貌。

岩石圈循环

板块构造理论的发展已经导致了更加重要的理论的发现，即碳元素的地球化学循环或者简而言之——岩石圈循环理论。无论从地质上还是从物理上讲，岩石循环对于保持地球的活力都是至关重要的。碳元素通过岩石圈层的重复循环使得地球在所有星球中独一无二，地球大气圈中含有的大量氧气也证实了这一点。如果没有碳循环，氧气早就从大气中消失，进入地质体中构成为组成地壳的沉积岩。幸运的是，植物利用二氧化碳进行光合作用，重新补充了氧气，为所有生命的存在提供了重要基础。

全球所有的海水平均每一千万年就会流过大洋中脊上方的洋壳，年流量

图51
岩浆体侵入地壳及喷出地表的切面模式图

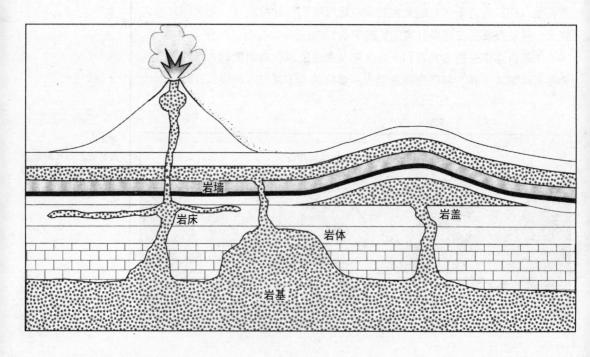

与全球最大的河流亚马逊河的年流量相当。这种流动性决定了海水化学性质的独特性，同时保证了地壳和大洋之间充分的物质和热量交换。其中一些化学元素的交换量与全球河流通过侵蚀大陆而输入海洋的元素总量相当。这些元素中最重要的就是碳元素，它决定着地球上许多生物的生命过程。

当洋壳俯冲进入地球内部，地幔的高温使得含碳沉积岩中的二氧化碳析出。熔岩及其中附着的二氧化碳在地幔中向上流动，填充入火山及洋中脊下方的岩浆房内。随之而来的火山喷发和洋中脊的熔岩外溢又为大气圈重新补给新的二氧化碳，成为地球上一个巨大的二氧化碳重循环"车间"（图52）。

碳的地球化学循环是地球上碳的"转化器"，它涉及地壳、海洋、大气以及生物之间的相互作用（表8）。关于这个循环的许多方面在20世纪初就已经了解得差不多了，特别是被这个循环理论的提出者——美国的地质学家托马斯·钱伯雷和化学家哈罗德·乌雷——研究得很透彻了。然而，直到近几年，碳的地球化学循环才被列入理解和解释板块构造运动的重要方法中来。

图52
碳的地球化学循环：重碳酸盐中的二氧化碳由于侵蚀作用而进入海洋，被海洋生物转化为含碳沉积岩，随着洋壳插入而进入地幔，成为岩浆的一部分，最后又因为火山活动而进入大气

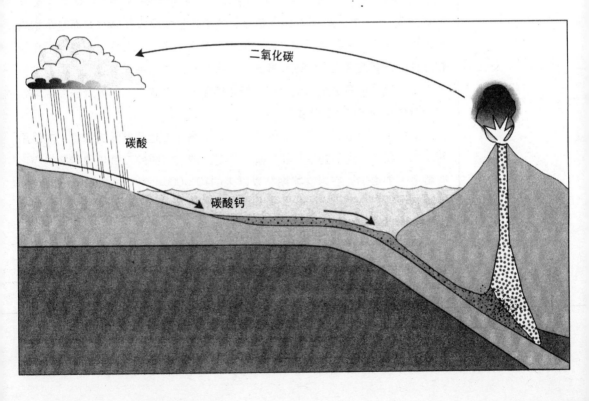

表8　碳的相对含量 (以生物碳量为比较标准)

来源	相对含量
沉积岩中的碳酸钙	60,000
沉积岩中的钙镁碳酸盐	45,000
沉积岩中动物组织残体所含有机物	25,000
海水中溶解的重碳酸盐和碳酸盐	75
煤和石油	7
土壤腐殖质	5
大气二氧化碳	1.5
所有动植物	1

　　碳的生物循环只是这个循环中的一小部分，植物通过光合作用将大气中的碳转移到体内，又通过呼吸作用或躯体的腐烂而使体内的碳回归大气。仅仅1/3的化学元素通过生物途径循环，它们主要是构成生物体的主要元素H、O、C、N。碳元素储存量最大的不是生物组织和器官，而是沉积岩石。相比而言，化石燃料中的碳含量也是微不足道的。大量化石燃料的燃烧和森林的毁坏使得大量的碳元素进入到大气，超出了海洋的吸收能力。到目前为止，海洋依旧是全球最大的二氧化碳储库。含碳燃料的燃烧通过温室效应会对全球气候产生重大的影响。

　　生物圈，即地球上有生命的部分，在碳循环中起着重要的作用。在最后两次冰期期间，泥沼的生长和分解也许对全球大气圈的二氧化碳水平的变化有着最大的影响。在末次冰期结束以来的10,000年间，这些潭沼已经吸收储存了多达2,500亿吨的碳，其中最重要的是在北半球的温带地区。随着时间在地质尺度上推移，越来越多的陆地漂向了泥炭含量高的区域。最近100万年期间，冰河作用在逐步地重塑着北半球大部分地方的地形，使之成为更加适合泥沼形成的湿地。

　　现在的二氧化碳含量约为大气分子总含量的0.365%，相当于8,000亿吨的碳。二氧化碳是最重要的温室气体之一，它们使原本要逃逸到外太空的热量返回地面。因此，二氧化碳像一个温度调节装置，控制调节着全球的温度。因为它在全球温度调节中的重要作用，碳循环环节的重要改变会对全球气候产生显著的影响。如果碳循环吸收大量的大气二氧化碳，全球变冷。反之，若释放出大量的大气二氧化碳，则会发生全球变暖。因此，即使是碳循环的小小改变也会对气候产生明显的影响。

海洋在碳循环中扮演着重要的角色，它能够调节大气的二氧化碳含量。在海洋表层，气体浓度与大气中的气体浓度大致平衡。混合层（图53），即海洋最上部的约300英尺（约91.4米）深的海水层，所含有的二氧化碳量与整个大气圈的二氧化碳总含量差不多。这些气体由于海洋表层水波的不断搅动而进入海水。如果没有海洋生物的光合作用吸收所溶解的二氧化碳，许多气体会逃逸进入大气圈，逃逸量约为目前的3倍，从而发生温室效应。

海洋中的碳元素主要还是来源于陆地。大气中的二氧化碳与雨水反应生成碳酸，这些酸与地表岩石反应使之成为钙质碳酸盐或重碳酸盐，然后随水流汇入海洋。海洋生物利用这些物质建造自己的碳酸钙骨骼或其他支撑结构。这些生物死后，其骨骼沉入海底并溶于深海海水。深海海水体积很大，因而保存着最大量的碳，其总量约为大气二氧化碳总量的60倍。

海洋和大陆的碳质沉积存储了绝大部分的碳。在浅海水中，生物碳酸盐骨骼沉积成石灰石（图54），将二氧化碳埋入地层中。堆积于海底的碳元素有80％来源于这些碳酸盐埋葬物。聚集到上地壳碳酸盐矿物中的碳估计就有

图53
上层海水的搅动使得温度、营养物质、气体等达到平衡

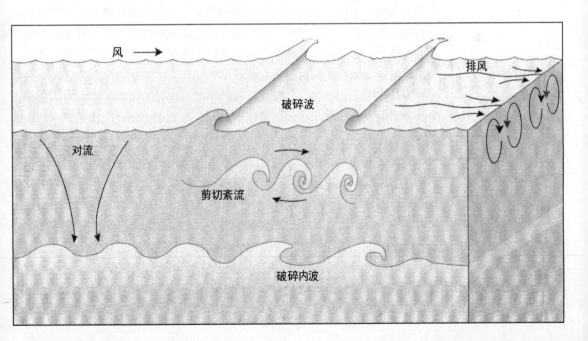

风 →

破碎波

排风

对流

剪切紊流

破碎内波

71

图54
碳酸盐沉积物沉入海
底，形成石灰石

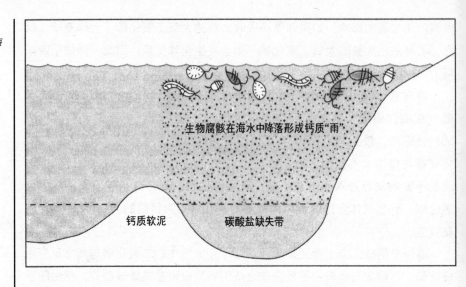

生物腐骸在海水中降落形成钙质"雨"

钙质软泥   碳酸盐缺失带

800万亿吨。余下的碳酸盐则源自于陆地动植物遗体埋葬物。

由此看来，海洋生物就像是一个"泵"，把大气圈和表层海水中的二氧化碳泵入深海并储存。这个泵转得越快，大气圈中被移除的二氧化碳就越多，其速度由海水中营养物质的含量决定。海水中的营养物质减少就会使得"泵速"变慢，这时，深海中的二氧化碳会重新返回进入大气圈。

这些碳酸盐有一半又会重新转化成二氧化碳，然后主要通过热带上升流返回大气圈。所以，赤道附近大气圈中二氧化碳含量是最高的。如果没有这样的碳元素回返大气的过程，大气圈中的二氧化碳仅仅一万年就会被全部吸收进入地壳，如此一来，光合作用便会被迫停止，所有生物都会随之灭绝。

深海海水体积大约占海水总体积的90％，它的流动速度非常缓慢，周期大约为1，000年，而且，仅仅在两极的小部分区域与大气圈有直接的接触。因此深海海水对二氧化碳的吸收受到限制。深海中大部分的碳来源于沉积的生物残骸壳体和生物排泄物。

海底以及陆地的火山活动对于保存大气圈中的二氧化碳起着至关重要的作用。含碳沉积物在地球内部熔化形成新的岩浆，二氧化碳则从中溢出。这些熔融态的岩浆与水、二氧化碳等挥发一起上升，填入大洋中脊和火山之下的岩浆房。火山喷发时，二氧化碳从岩浆中析出进入大气圈，完成碳循环。

碳在陆地、海洋和大气中的循环决定着气候的未来变化。不断上升的二氧化碳浓度在全球变暖中到底扮演着怎样的角色，大气学家对此尤其感兴趣。研究者并不知道地球是怎样储存由人类活动所排出的二氧化碳的，也不知道地球对于这种气体的储存能力是否已经达到了极限。因此，关于碳循环的控制作用的任何进一步决议都需要更多的科学调查。

大洋盆地

大洋盆地（简称洋盆）是地球上地域最大、地势最低的部分。洋底低于海平面的深度远比陆地高出海平面的高度要大得多。如果将海水全部抽干，地球看起来就跟早已干涸的金星表面一样高低不平。干涸海床最深的部位比其周围的陆地要低好几英里（好几千米）。干涸的洋底上横亘着一些世界上最长的山脉，而周围则环绕着最深的海沟。空的洋盆将陆地分隔，使它们看起来像凸起的厚厚的层状岩石。

环绕陆地的绝大部分海水都位于南半球的洋盆里，这里的海水占总海水量的9/10。它往北开始分叉，分为北半球的大西洋、太平洋和印度洋海盆，而大部分的陆地都分布在北半球。太平洋是一个几乎完全被陆地环绕的海洋，仅仅通过狭窄的海峡与大西洋和印度洋相连。白令海将阿拉斯加（美国）与亚洲分隔，其最窄的地方仅有56英里（约90千米）（图55）。大约两亿年前，冰岛附近的一条山脊下沉，使新形成的北冰洋的冷水得以流入大西洋，由此才形成了今天的海水循环系统（表9）。

表9　海洋深部循环发展史

时间（百万年前）	地质事件
3	冰期笼罩北半球
3～5	北极大冰盖开始形成
15	德雷克海峡开始形成，环南极洋流形成；南极冰冻，海冰环绕南极，使之成为现代冰期中最主要的冰冻区域；南极底层水形成，雪线升高
25	南美洲和南极之间的德雷克海峡开始打开
25～35	气候稳定；南极区域形成局部环流；地中海与远东之间的赤道环流被中断
35～40	赤道海道开始关闭，地表以及南方的深层水急剧变冷；南极冰川延伸到海洋，大洋上出现冰川碎片；澳大利亚与南极之间的海道形成；冷的底层水向北流入大洋；雪线急剧下降
>50	海水在赤道附近绕地球自由流动；全球气候基本一致，即使是两极的海水都很温暖；深海海水比现在要温暖很多；只有南极存在高山冰川

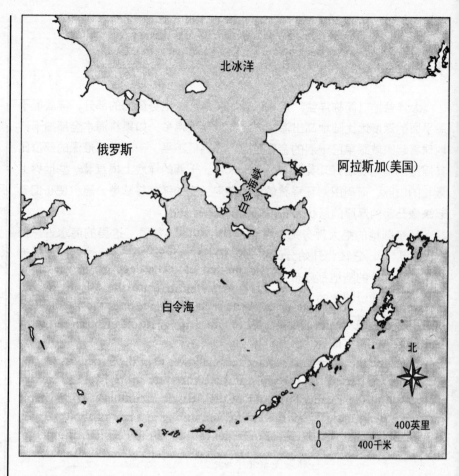

图55
阿拉斯加与亚洲之间
的白令海

　　海洋大约覆盖了地球表面的70%，总面积大约1.4亿平方英里（约3.6亿平方千米），而海水总体积多于3亿立方英里。地球的60%都被厚度为1英里（约1.609千米）以上的水覆盖。海水的平均深度2.3英里，洋脊处水深平均1.5英里（约2.41千米），而大洋底床距脊顶一般约3.5英里（约4.827千米）。太平洋海盆，全球最低的地方，海水深度可达7英里（约11.26千米）。

　　假若只有海洋沉积物，即使没有海底洋流冲刷海床，也仅仅只有一层薄薄的沉积物覆盖在火山岩洋底上。相反，河流提供了大量的陆源沉积物堆积到深海底床上。南美洲和北美洲最大的河流最终都注入大西洋，使得其河流来源的沉积物明显比太平洋要多。另外，生物来源物质的埋葬也有助于海洋储油层的形成。

　　大西洋与太平洋相比，面积小，海水浅，更有利于沉积物的埋藏和保存。因此其沉积物的堆积速度要比太平洋快得多，大约每2，500年就能堆积1英寸（约2.54厘米）。环太平洋海沟阻劫了被运移到其西部边缘的许多物质，然后将它们俯冲沉入地幔。

强劲的近底洋流将大西洋的沉积物进行重新分配，其规模要比太平洋大。深海风暴伴随强劲的洋流经常冲刷海底的沉积物，将其搬运到其他地方。海盆西岸，周期性的海底风暴环绕陆地，将巨型沉积物冲起搬运，强烈地重塑着海地。洋流对海床和其上厚厚的细粒沉积物堆积的冲刷，使得海洋的地质状况比仅有雨水冲刷的陆地沉积的状况复杂得多。

海底峡谷

大洋底部的崎岖地形比地球其他任何地方都要壮观。最大的陆地峡谷与洋底下普通的一个裂谷相比也会显得很小。罗曼彻破碎带（图56）是一条向

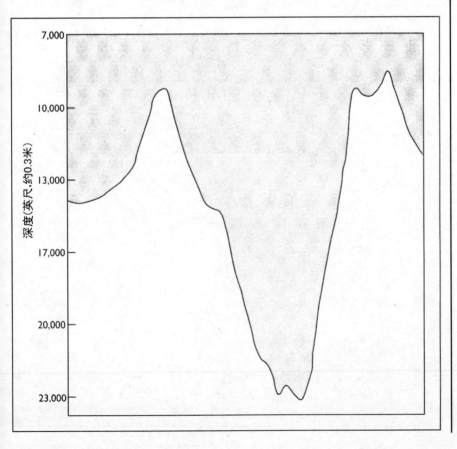

图56
罗曼彻破碎带纵剖面的示意图

东偏离大西洋洋中脊线600英里（约965千米）的大海沟。罗曼彻海沟位于海平面下5英里（约8.4千米）处，而海沟两翼最高的地方离海平面只有1英里（约1.6千米）。罗曼彻海沟的垂直深度相当于美国大峡谷的4倍。

　　注入海洋的河流切削海床，形成了许多的海底裂谷。冰期时，海平面急剧下降，河流便对暴露的海床进行剥蚀。在冰川作用最强烈的时候，大陆冰盖覆盖了陆地面积的1/3，体积相当于现在的3倍，储存着大约1亿立方英里（约4.2亿立方千米）的水。冰的聚集使得海平面下降了约400英尺（约122米），海岸线向大洋推进了数百英里（图57）。美国东部海岸线向东扩展了约600英里（965.4千米），相当于其大陆架的一半。海平面的下降使得连接大陆的"陆桥"暴露出海面。

图57
冰期极盛期时全球的海岸线

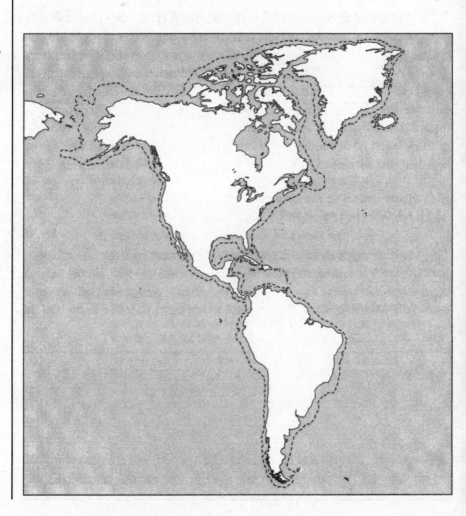

许多的海沟横切着阿拉斯加和西伯利亚之间的白令海下面的大陆架。大约7,500万年前，陆地活动使得宽广的白令海大陆架被抬升到距海底8,500英尺（约2,590.8米）的地方。冰期时，海平面下降数百英尺（100米左右），大陆架曾几次暴露成为干地，遭受陆地河流的切割。在末次冰期最末期，海水回填，大量的滚石和泥流剥蚀大陆架边缘的陡峭斜坡，冲蚀出约1,400立方英里（约5,831立方千米）的沉积物和碎石。

美国东海岸大陆架中一个形似海底悬崖的陡坎，有近200英里（321.8千米）长，似乎代表着冰期时的海岸线。该陡坎现在已经完全被海水淹没。曾经覆盖北半球许多部分的陆地大冰盖聚集了许多水，使得海平面下降了数百英尺（100米左右）。冰融化后，海水又回到了现在的高度。切入岩床200英尺（约60.96米）以上的海底大峡谷常可一直上溯到陆地河谷。

北美东部的大陆架和洋底被几条大洋裂谷切穿（图58）。大洋裂谷与陆地河流峡谷有着许多相似的特征，例如：高而直的谷壁、不断外扩的不规则的谷底等。大洋裂谷有时甚至可以与陆地上最大的峡谷匹敌。这些峡谷宽度可达30英里（48.27千米），长度更长，平均高度大约为3,000英尺（约914米）。有些大洋峡谷是当海平面比现在低很多时由普通河流侵蚀洋底而形成的。巴哈马大峡谷是全球最大的大洋裂谷之一，谷壁高14,000英尺（约4,300米），是美国大峡谷的两倍。

当海平面比现在低很多的时候，洋壳暴露出来，遭受河流侵蚀，就形成了一些现在的大洋裂谷。因此，许多大洋裂谷都有一端，地形特征与大河的入海口很接近。还有一些大洋裂谷深达2英里（约3.2千米）多，远远超过了陆地河流切割而成的峡谷的深度。它们是由海底滑坡形成的。

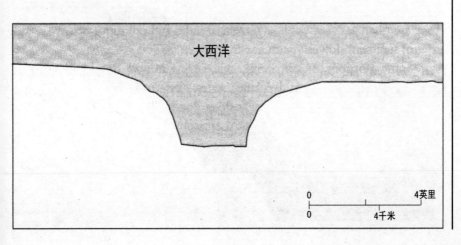

图58
纽芬兰盆地大洋中央的深谷

600万年前，由于直布罗陀海峡的抬升，大西洋与地中海隔离，地中海几乎完全干涸。它的洋底变成了一个比周围大陆高地低1英里（约1.609千米）多的沙漠盆地。河流流入这个干涸盆地，在上面冲刷出了深深的峡谷。法国南部的隆河在其进入地中海的入海口冲蚀出了一条长度超过100英里（约106.9千米）、深度大于3,000英尺（约914米）的深谷，其中填满了河流携带而来的沉积物。在尼罗河三角洲的沉积物之下，埋藏着一个1英里（约1.6千米）深的裂谷，一直延伸到阿斯旺水坝以南750英里（约1,200千米）的地方。其规模可以与地球上最大的峡谷相比。

海底滑坡物在陡峭的大陆斜坡上迅速下滑，其侵蚀作用对大洋深谷的形成有着重要的作用。大陆斜坡的表面主要被源自大陆架的细粒沉积物覆盖。海底滑坡物主要由一些比周围海水密度大的含砂浊水组成。这些浊水在海底迅速移动，剥蚀着底部的松软物质。这些泥泞的水，通常称作海底浊流。海底浊流在陡峭的斜坡上移动，对于改变深海沉积物的成分起着重要的作用（图59）。

大陆斜坡是浅海大陆架与深海的分界。它的倾角可以达到60~70度，向下延伸可达数千英尺（1,000米左右）。到达大陆架边缘的沉积物在重力作用下，像瀑布一样沿大陆斜坡滑下，剥蚀大量的沉积物，留下一些陡峭的大

图59
声纳装置测得的楠塔基特岛南部海域大陆架的剖面图，显示了从5,000英尺（约1,524米）到7,500英尺（约2,286米）深部海水碎屑物的减少（图片由美国地质勘探局的R.M.普拉特提供）

洋裂谷。它们像陆地上的滑坡一样具有灾难性，在短短数小时之内就可以移走大量的沉积物。

美国周缘的一些大陆斜坡十分陡峭，包括位于大西洋中线附近的一些区域、西佛罗里达、路易斯安那、加利福尼亚、俄勒冈等。西佛罗里达附近的大陆斜坡是最陡的，近乎垂直。这里的洋壳有一个如此陡峭的地形突变，是因为底层洋流不断地侵蚀着大陆斜坡下部的岩石，导致上方洋底坍塌。相反，新泽西州的大陆斜坡被许多窄的裂谷切割，使它呈现出山脉一样的地貌。而路易斯安那的洋壳则以其"炮弹坑"一样的外观而闻名，这是由于洋壳中埋葬的盐岩堆积剧烈喷发，使得这里的海床具有类似月球表面一样凹凸的地形。

微板块与陆块

早侏罗世盘古大陆刚开始分离时，太平洋板块仅仅比现在的美国大一点点，而现在它是全球最大的板块。大约1.9亿年前，太平洋板块刚开始形成，那时它还只是一小块位于两三个大板块之间的大洋地壳微板块而已。太平洋微板块扩张，吸收了许多其他不知名的板块，它们共同形成了今天的太平洋板块。因此，年龄早于侏罗纪的洋壳是不存在的。

一个与俄亥俄州差不多大的微板块，曾位于太平洋、纳兹卡以及南太平洋中南美洲以西2,000英里（约3,218千米）处的南极洲板块三者的交界处。板块之间边界带的洋底扩张作用为它们的边缘增添了新物质，使得它们彼此分离。洋底不同的扩张速度使得大洋中脊中心的微板块在过去400万年里像自行车辐条一样顺时针旋转了1/4周。其北部复活节岛附近的一个类似的微板块在过去300～400万年间就旋转了近90度，而大部分微板块的运动情况都与之相似。

纳兹卡板块、南极洲板块以及南美洲板块这三个岩石圈板块都与太平洋接壤，它们的连接形式是不同寻常的"三联点"。前两个板块在南美洲西海岸的一条常称为"智利脊"的板块边界线处分离扩散，扩散方式与美洲大陆同欧亚大陆和非洲沿大西洋中脊的分裂相类似。智利脊位于智利大陆架附近，深度大于10,000英尺（约3,048米）。岩浆沿其轴线从地球内部喷出堆积成垛，形成海底火山。

往东北方向移动的纳兹卡板块在秘鲁-智利海沟处沉入向西运动的南美洲板块之下。纳兹卡板块东缘在以每100万年50英里（约80.45千米）的速度下沉，大于其西缘的生长速度。这情形就好比一部电动扶梯的顶部向底部运动，中间的阶梯会不断地消失。事实上，智利海沟不断向智利中脊方向"吞噬"着板块，甚至智利中脊有一天也许也会消失。

在过去1.7亿年里，许多板块及其扩散中心曾几次消失在环太平洋大陆下部，这对于海洋地质有着重要的影响。事实上，所有环太平洋的山脉和岛弧，都是因为环绕太平洋海盆的强烈的地质运动形成的。与北美洲大陆碰撞的大部分陆块（漂移的地壳块体）都产生于太平洋。

陆块是异地形成的洋壳碎片，它们被切削到陆壳上并在地质拼合带聚集。陆块形状各异，大小不一，从很小的长条状块体到次大陆都有，比如：印度次大陆整个就是一个陆块。陆块地质特点与其周围环境的地质特点区别很明显，常常还有断层为界。陆块的物质组成与大洋岛屿或海底高地的物质组成差不多，有时，它也由压实的鹅卵石、砂、板块碰撞时聚集在海盆的地壳碎片物质等组成。

在大洋板块中产生的陆块，在与陆地碰撞时，形状会发生改变，常常会被拉长。印度板块插入南亚，造成喜马拉雅山的隆起，同时，持续的挤压也使得中国陆块在东西向上被拉长而表现为相应的面貌（图60）。麻粒岩陆块是在陆壳裂缝较深处形成的高温变质带，它们常常构成由陆壳碰撞而形成的多山地带的基底，例如阿尔卑斯和喜马拉雅多山带。

喜马拉雅造山带北边是一个蛇绿岩带，蛇绿岩带常常是大陆缝合线的标志。这套蛇绿岩是由于板块漂移而被切削到陆地上的洋壳片状体，年龄约为36亿年。陆块分界线也常常以蛇绿岩为标记，蛇绿岩由海洋沉积岩、枕状玄武岩、席状岩墙群、辉长岩和橄榄岩组成。

外来地体，由于其来源的外来性而得名，常被断层包围，与其周围的陆块和陆地有着明显不同的地质历史。它们的年龄不一，从小于2亿年到大于10亿年不等。外来地体在最终粘贴到陆地边缘之前，经历了很长距离的搬运。一些北美洲的外来地块源区远在西太平洋，也就是说它曾被向东搬运了数千英里。

事实上，陆块能够被搬运的距离具有很大差异性。贴附在俄勒冈州边缘的海山来自于离岸不远的海边。环绕加利福尼亚州旧金山的陆块与旧金山有着类似的岩石组成，然而却是经过了半个太平洋的搬运距离才来到这里的。这个城市本身就建造在三个明显不同的岩石单元上。以平均搬运速度来算，陆块每5亿年就可以环绕地球移动一周。陆块年龄的界定，常以其

图60
印度与中国边界线上的喜马拉雅山脉（照片由美国航空航天局提供）

中包含的不同的放射虫（图61）属种而加以确定，也常用放射虫属种来判别陆块的源区。放射虫是一种繁盛于5亿年前到1.6亿年前的具有硅质壳体的海洋原生生物。

北美西部的许多地方都是在北美洲板块西移的过程中，由海洋岛弧和太平洋板块碎片聚集而成的。直到2.5亿年前，北美洲西缘才扩展到了今天的盐湖城。最近2亿年间，北美大陆在一次大的地壳生长期间扩展了25%。加利福尼亚北部就是大约2亿年前聚集的地壳碎片的杂乱集合。怀俄明州的一片近乎完整的年龄大于27亿年的洋壳板片，就是由于板块漂移而被切削到陆地上的。

组成北美洲西部的许多陆块，已经被旋转了70度甚至更多，其中最老的

图61
放射虫是一种海洋浮
游原生动物

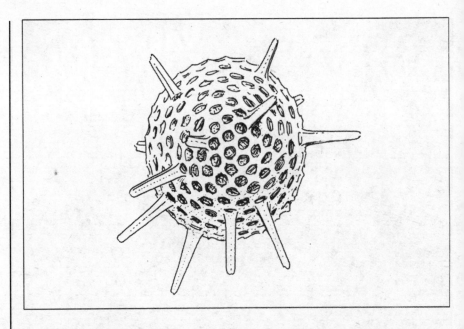

图62
险峻的布鲁克山脉中
的古生代岩层，位于
阿拉斯加北部安纳
可图弗可山路东部伊
提基里克河源头附近
（照片由美国地质勘
探局 J.C.瑞德提供）

陆块旋转角度最大。来自大洋板块的地块在碰撞黏附到大陆上之前，形状是基本保持不变的，之后，它们就只能任由地壳运动塑造其形状和尺寸。

　　阿拉斯加州是一个陆块集合体，这些陆块由太平洋板块形成之前的古海洋（也称为＂泛大洋＂）碎片组成。阿拉斯加中心部位的布鲁克斯中脊（图62）的陆块，由一个个很厚的地层叠覆而成。整个州则大约是50个陆块的结合体，这些陆块形成于过去1.6亿年来地壳板块的漂移和碰撞，这些板块的某些部分现在仍在向阿拉斯加南部漂移。西加利福尼亚已经向北漂移了数百万年，再过5,000万年，它将到达阿拉斯加州。

　　组成阿拉斯加大部分狭长地块的亚历山大陆块，在5亿年前曾是东澳大利亚的一部分。大约3.75亿年前，它从澳大利亚分离，横穿太平洋，在秘鲁海岸短暂停留，滑过加利福尼亚，带走部分金矿带主脉，在大约1亿年前抵

图63
南望美国加利福尼亚州卡利佐平原的圣安德烈斯断层（照片由美国地质调查局的R.E.华莱士提供）

达北美大陆。

这些黏附的陆块对汇聚型大陆边缘附近山脉的形成起着重要的作用。例如安第斯山脉可能就是因为海底高山黏附到南美洲大陆边缘而抬升的。北美洲西部山地地区的西北向的断层作用导致地壳滑移，从而使得地块被拉长。其中，加利福尼亚的圣安德烈斯断层（图63）就是这些断层之一，它在过去的2，500万年中滑移了大约200英里（约321.8千米）。

在讨论完洋壳活动之后，下一章我们将考察海底扩张和板块消亡的过程和影响。

4

洋脊和海沟

海底的高山和深谷

本章讲述海底主要的地质构造——洋脊和海沟。洋底高低起伏的地貌比地球上其他任何地方都要险峻和美丽，广阔的洋底山脉比陆地山脉远为壮观，连绵的大洋中脊系统环绕整个地球。尽管深埋于洋底，横跨大洋的洋中脊系统仍是地球上最显著的地表特征，它比所有陆地山脉的总和更加气势磅礴。

岩石圈向深海海沟的俯冲作用为塑造地球表层形貌提供了强大的地质营力，是全球地质构造的基础。陆地上的大型山脉和大多数火山都与岩石圈板块的俯冲有关，大洋地壳向地幔的俯冲在消没板块上产生强大的拉张效应，诱发了横扫海陆的强力地震。

大洋中脊

活动的岩石圈板块通过连续的地壳物质循环制造新的洋壳。俯冲的岩石圈在地幔中完成循环，并在环绕世界的十几条洋中脊中重新喷涌而出。洋底新生玄武岩的增长为驮覆大陆的岩石圈板块的生长供应了原动力。

这种地壳-地幔物质循环很大一部分发生在大西洋的中央部位，在那里，熔融岩浆从上地幔涌出，成为新的大洋壳物质。大西洋洋底的板块就像发源于地幔的两条反方向运动的传送带，从大西洋洋中脊向外不断运送大洋地壳。

扩张的大西洋洋中脊绵延分布在从南极点以北约1，000英里（约1，609千米）的博佛岛一直到冰岛的广大范围之中，并在冰岛附近出露地表（图64），同时形成像苏特塞岛（位于冰岛南7英里（约11.3千米）这样的火山海岛（图65）。大洋中脊本身是一条布满火山的海岭链，因为来自地幔的熔融岩浆在洋中脊汹涌喷出。深的海槽分布在洋中脊两侧，在海底刻画出了鲜明的裂缝。这些海槽可达4英里（约6.4千米）深、16英里（约25.8千米）宽，简直就是世界上最大的天堑。

深埋于海面之下的山脉和洋脊形成绵延46，000英里（74，014千米）的海底山链，是我们星球上已知的最庞大的地质构造，其规模超过陆地所有山脉的总和（图66）。这个"大型山脉"宽达几百英里（上千千米），高出海底10，000英尺（约3，048米）以上。从北冰洋出发，山链向南穿越大西洋，环绕非洲、亚洲和澳大利亚，伏于太平洋之下，终止于北美洲以西海域之下。

玄武岩是洋中脊峰顶洋壳的主要成分，同时也是地球表面最常见的岩浆

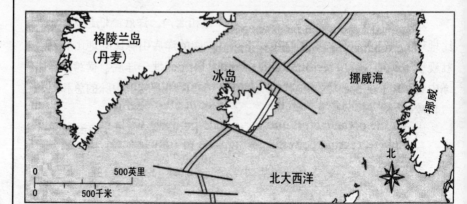

图64
冰岛跨骑于洋中脊之上

图65
1963年11月，一个新的岛屿——苏特西岛在冰岛以南7英里（约11.2千米）处生成（照片由美国海军提供）

岩。每年平均新生5立方英里（约21立方千米）的玄武岩大多来自扩张的大洋中脊。沉积物层由洋中脊峭顶向板块两侧，不断加厚覆盖在玄武岩之上。新生的板块由洋中脊向两侧扩张，来自软流圈的物质黏附在板块边缘形成新的岩石圈。岩石圈板块由洋中脊向两侧移动，并不断加厚，从而使板块更深地沉陷于地幔中，这也就是大西洋洋盆周围的大陆边缘地区比大西洋其他部位海水更深的原因。

　　洋中脊附近强烈的火山作用和地震，是地球内部热流汹涌的表现。熔融的岩浆自地幔流出，穿越岩石圈并在洋脊两侧的峭顶处堆积形成玄武岩。岩浆流越猛烈，海底扩张就越快，洋脊的消减就越慢。太平洋洋中脊扩张比大西洋快，因此被推升的幅度相对较小。快速扩张的洋脊的高度却比扩张慢的洋脊低，是因为涌出的岩浆没有足够的时间积聚成堆。深数英里（约十几千米）、宽达10～20英里（约16～32千米）的裂陷峡谷是慢速扩张的洋脊主轴

图66
由单个火山扩张中心
组成的洋中脊在全世
界大洋中的分布

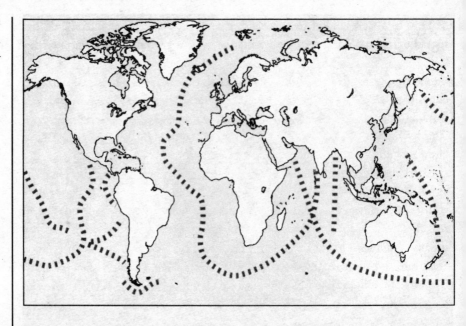

的主要特点。

　　大西洋热带区域洋底的一系列密集分布的断裂带把大西洋洋中脊横剖开，其中规模最大的当数罗曼彻断裂带（图67）。大西洋洋中脊主轴被罗曼彻断裂带沿东—西方向分隔600英里（约965千米）。罗曼彻海沟位于海平面以下5英里（约8千米）深处，而海沟两翼最高点则距海平面仅1英里（1.6千米），其高差是美国著名的大峡谷的4倍。

　　大西洋洋中脊最浅的部位被化石珊瑚礁覆盖着，说明其在约500万年前曾位于海平面之上。许多相似且同样令人印象深刻的断裂带跨越这一区域，其中最大的可达几百英里（上千千米）宽，断裂岩由海槽和横向洋脊组成，所形成的地形在规模和起伏程度上都远非世界其他任何地方所能比拟。

　　在太平洋，一条常被称为"东太平洋洋隆"的大洋中脊裂陷系统从南极圈到加利福尼亚湾纵贯6,000英里（约9,654千米），卧于太平洋板块的东缘，分隔了太平洋板块和可可斯板块。它是全球最大的海底山脉链的一部分，也可视为大西洋洋中脊在地球另一面的对应物。该裂陷系统是一个水深1.5英里（约2.4千米）的洋中脊网络，每一个裂陷都是一个狭窄的断裂带，海洋地壳板块以平均5英寸/年（约12.7厘米/年）的速率从其中分离，导致洋底地形消减十分微弱。洋中脊快速扩张形成的活动构造带常常十分狭窄，宽度一般小于4英里（约6.4千米）。

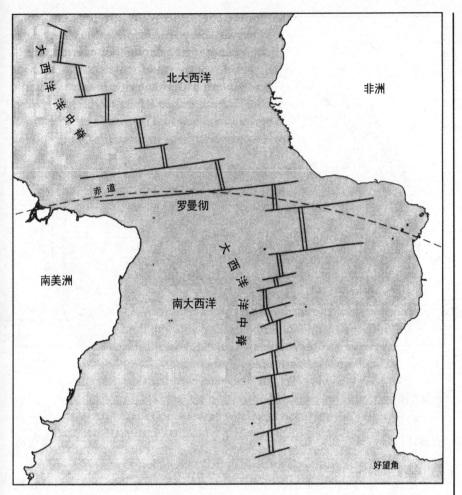

图67
罗曼彻断层带是大西
洋洋中脊规模最大的
断错构造

（图中标注）大西洋洋中脊　北大西洋　非洲　赤道　罗曼彻　南美洲　大西洋洋中脊　南大西洋　好望角

热引擎

　　一直以来持续不断地塑造着地球表面形态的地质活动是行星内部的巨大热引擎在地球外部的表现。地幔的对流循环运动十分缓慢，却能将地核的热量输送到地球表层（图68），因此成为板块构造运动的主要动力。所谓对流，是指液态介质中竖直方向上的温度差造成的介质运动。地核向地幔岩石输送热量，因此地幔岩石所受到的浮力增加，从而上升至地球表层。

　　地幔对流，以及地幔柱向岩石圈底部不断输送熔融岩浆的过程，是海洋和陆地上大部分火山活动的原因。大部分地幔柱发源自地幔之中。但是也有一些地幔柱源于地幔底部，因而形成一套贯穿整个地幔的巨大并且含有丰富

图68
地幔对流推动全球大陆运动

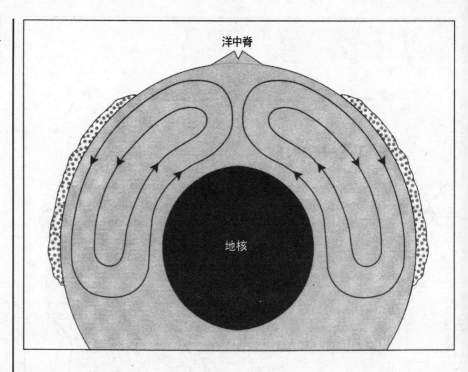

泡沫的熔融岩浆结构。

行星内部的热交换，使岩石熔融形成岩浆上升到地表。地幔中的流态岩石自地核吸收热量，上升到岩石圈并释放热量；继而沉降到地核附近接受再加热。地幔流动十分缓慢，需要几亿年的时间才能完成一次对流循环。

地球，自内部向表面的岩石圈，不断稳定地损失着热量。洋底扩张消耗掉了这些热量中的70%，其余的热量则大部分损耗于俯冲带的火山活动中（图69）。岩石圈在大洋中脊形成并在俯冲带消亡这一过程，是地幔流动的最终表现。

地幔的热量大部分源于其中的放射性活动，其余来自地核中储存的自46亿年前地球形成以来的热量。地幔与地核的温度差几乎达到1,000摄氏度。地幔物质可能会与液态的外地核进行物质交换，从而在核幔边界处形成显著的界限层。该界限层能阻绝地核向地幔传递的热量，并由此对地幔对流产生干涉作用。

地幔向岩石圈底下的软流圈传递的热量引起软流圈的对流。与大气对流的模式相似，熔岩流上涌将热量传导给岩石圈之后，降温下沉回到地幔中去。如果岩石圈板块上有裂隙或者脆弱部位，上涌的岩浆会使裂隙扩展，可能就会形成海底的大洋中脊或者陆地上的裂谷系统（图70）。地球内部向外泄漏的最大一部分热量，正是产生于岩浆在岩石圈裂隙处的这种外溢。

地幔岩石对流的循环圈尺寸极大，其运动也非常缓慢。它们每年只移动几英寸（十几厘米），与板块运动速率相当，保证地幔和板块之间几乎完全同步运动。地幔对流需要几百个百万年的时间才能完成一次。有些地幔对流环在水平方向上延展极广，这关系到与其相联系的板块的尺寸。比如说太平洋板块，其下的地幔对流环的跨度可达6，000英里（9，654千米）。

除了这些大尺度的对流现象，也存在小尺度的对流，其水平展布与410英里（约660千米）的深度相当，这也相当于上地幔的大概厚度。地幔之中的热物质上涌并在地球表面附近转为水平流动。其顶部约30英里（约4.8千米）厚的部分冷却形成刚性的板块，也就是地壳。最后，板块重新投入地球内部，完成地幔对流的过程。因此可以说它们是地幔对流的表层表现。

地球的自转对地幔对流的影响非常大。与地球自转对空气和洋流产生的科里奥利效应基本类似，这种影响主要表现为向极地方向流动的地幔熔岩偏向西行，向赤道方向的流动偏向东行（科里奥利效应的详细内容，请参见第六章）。尽管地球自转对地幔本身影响并不显著。地幔对流并非齐头并进式的，其中含有极多的涡旋流。因此其流动十分紊乱、复杂。另外，地幔热源并非只来自下部的地核，也受到其中发生的放射性衰变作用的影响，相似的情况在地壳中也发生着。这会使对流环的发展过程更加复杂化，并且会发生岩浆流的扭曲，因为对流环本身也并非完全被动。事实上地幔内部也负责提

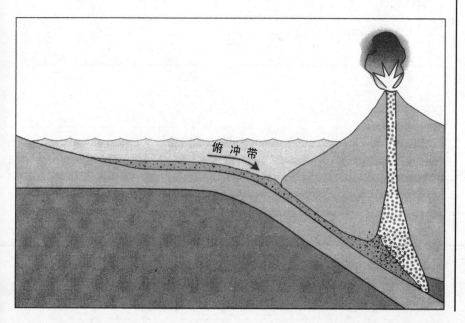

图69
岩石圈板块向地幔俯冲，为火山活动提供熔融岩浆

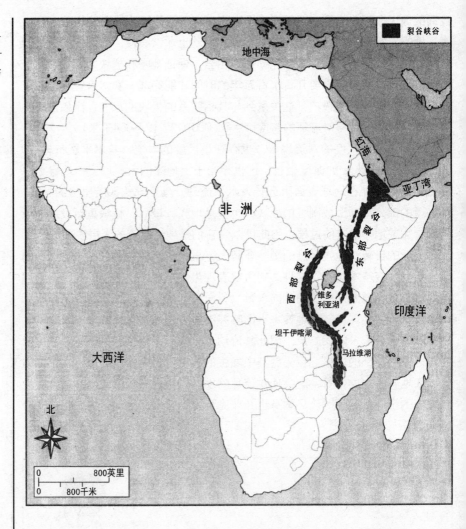

图70
非洲大陆上的裂谷系统，跨越红海、亚丁湾、埃塞俄比亚裂陷峡谷和东非大裂谷

供相当一部分的热能。

　　对流通过地幔物质的运动传递热量，同时也驱动板块运动。研究认为，地幔对流发源于地表以下410英里（约660千米）或更深，人们探测到的最深的地震也在这一层位。由于大地震基本上都是板块运动引发的，因此它们释放的能量也大多来源于驱动板块运动的巨大力量。板块边界处，也就是一个板块俯冲到另一个板块之下的地方，俯没板片运动到约410英里（约660千米）深处会受到相当大的阻力。因为这个深度是上地幔和下地幔分界的位置，俯冲下去的板片在此大量堆积。

　　然而，俯没的大洋板块往往能够冲破这一阻滞，一直冲降到距地表1，000英里（约1，609千米）的深处。地震波成像法对美洲西岸的研究显示，太平洋板块的一些俯冲板片能够深入到地幔底部。欧亚大陆南部下面的一个古老的俯冲板片被认为是特提斯洋——曾经存在于劳亚古陆之中并分隔开印度次大陆和非洲大陆的古大洋——的残余洋壳。此外日本、西伯利亚东部和阿留申群岛下面也都有大洋板块在向下俯冲。

如果板块俯冲真能达到下地幔底部那么深的位置，那么它们就可能是地幔柱——也称为"热点"——的物质来源。如果整个大洋地壳都能俯冲到如此深度，那么就相当于每10亿年有等体积的上地幔物质被推入到下地幔。因此，为了保证上、下地幔应有的成分差异以保持其稳定，好比油层浮于水层之上，需要下地幔向上地幔以某种形式返还熔岩流。热点地幔柱看上去就符合这种功能。

地幔对流圈同样也负责将一些岩浆喷上地表形成火山链，例如夏威夷群岛（图71）。可能还有一个强大的地幔流在夏威夷群岛下面横向流动，时不

图71

在太空船上南瞰夏威夷岛链的照片，主岛——夏威夷岛在照片上部（照片由美国航空与航天部提供）

时地让喷薄上涌的熔融岩浆柱间断一下。地幔柱本身也并非连续地竖直上升，一个一个被剪开的熔融岩浆包像风中的气球一样，一起向上爬行。每一个小的地幔柱制造出一连串的火山，指示出地幔运动的方向。这也可以解释为什么夏威夷火山链不是一条完美的直线，而且其岩浆岩成分也不尽相同。

软流圈物质在大洋中脊向外逃逸，另一部分黏附在岩石圈板块底部，因此软流圈在持续地损失物质。如果不是地幔柱不断地向软流圈供给物质，那么板块会因摩擦阻力而完全停滞。整个地球也就会在所有方面成为一个完全的"死星球"，因为所有的地质活动都将停止。

洋底扩张

洋底扩张活动在大洋壳扩张脊制造新的岩石圈。这一过程起始于源自地幔深部的地幔对流活动：在接触岩石圈底部之后，地幔岩石分散开来，在近地表处消散热量，继而冷却回降到很深的地球内部去，最后地幔岩石在深部吸收热量并重复循环过程。

板块受到巨大的持续压力，因而在岩石圈底部产生断裂和脆弱带。地幔对流在岩石圈断裂处向外散流，分开断裂两翼，增大断裂程度。反过来，断裂本身又能减弱岩石圈受到的压力，也使得地幔岩石通过断裂部位熔融上涌。

熔融的地幔岩石穿越岩石圈形成岩浆房，供给产生新岩石圈所需用的熔融岩石。地壳物质有时也会通过大陆边缘的俯冲或者板片刮擦供应给深部的岩浆源。这些熔融岩石集合成4英里（约6.4千米）厚、6英里（约9.65千米）高的蘑菇状岩浆库。向岩浆房供应的岩浆越多，它顶起的扩张脊也就越高。

岩浆自洋中脊峰顶之间的槽道中向外喷涌，给洋脊两翼增添玄武岩，制造出新生的岩石圈。有些熔融岩石经由喷发过程大量溢流到大洋底床上，生成额外的洋壳物质。而大陆板块，只是被动地骑覆于在扩张脊产生、在俯冲带消没的岩石圈板块之上。因此，驱动裂谷产生和演化从而导致大陆裂解、洋壳形成的动力引擎，归根结底来自于地幔。

新生板块自大洋中脊向两侧移动，软流圈物质也不断贴附在板块底部转化成新的大洋岩石圈物质，使得新生板块不断增厚。大陆板块的厚度差异极大，热流较高的年轻构造区域厚度较小，约25英里（约41千米）；而地盾区岩石圈厚度极大，可大于100英里（约161千米），但热流非常微弱。地盾如此之厚以致能刮擦到软流圈底部，产生的黏滞力拖曳着板块使它运动减慢，就像船下面拖着锚一样。

扩张脊也是地震和火山活动频繁发生的位置。整个洋中脊系统的作用就像是地球表面的一系列巨大缝隙，熔融的玄武岩岩浆从中喷薄而出倾泻在大洋底床上。洋中脊系统的绝大多数段落都有纵向的陡峭破裂（或称裂谷）深切其中央部位，强烈的热量流动活跃其中。岩浆自扩张脊和其两翼的横向断层中喷出，生成玄武质熔岩。这些横向断层常发育在岩石圈板块的边界位置，新生的洋壳也在这里分开。岩浆常从整个断层涌出形成巨大的熔岩池，凝固后封填住整个裂隙。

扩张中脊系统并不是一个连绵不绝的山脉链，而是分成一段段相对略小、走向笔直的扩张中心（图72）。扩张中心两翼新生岩石圈的活动形成一系列的破裂带，这些长而狭窄的线性区域由许多不规则的嵴和沟组合成的阶梯状地形所组成，其宽度常可达40英里（约64千米）。岩石圈板块相背运动，就像扩张脊那样，会形成几英里到几百英里（约十几千米到上千千米）长的转换断层。之所以称为转换断层，是因为其不同部位性质迥异，在洋脊轴部它是活动断裂带，而在远离洋脊轴的地方它就转换成了非活动性的断裂带。转换断层将洋中脊分割成一个个独立的洋脊段，每一个段落都有各自的火山物质源。

大西洋洋中脊的转换断层大致呈东西向，这是侧向断错作用的结果。沿大西洋洋中脊每隔20～60英里（约32～96.5千米），就会出现一个转换断层。较长的转换断层呈深沟状连接两段洋脊的顶端。另有一些转换断层，宽可达15英里（约24千米），可以连接若干个洋脊段的顶端，每段洋中脊的长

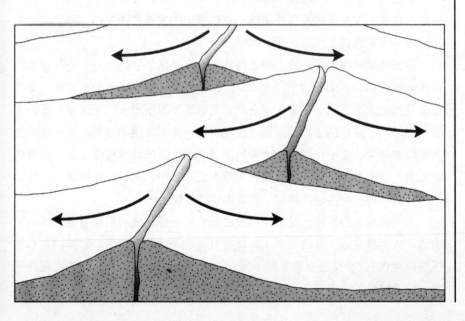

图72
海底的洋中脊被转换断层分割成段

度都在20～30英里（约32～48千米）。因此一段扩张中心和相邻的另一段洋脊之间都是错开的，有时洋脊段的顶端部位还会相对方向折曲。

转换断层产生的原因在于刚性的岩石圈板块在球形表面发生的侧向拉张应力。这一效应对大西洋洋中脊的作用要强于太平洋和印度洋，因为大西洋扩张脊更加陡峭不齐。大西洋洋中脊的转换断层，也要比太平洋洋中脊的曲皱得多。另外，东太平洋洋隆中发育的相对较宽的转换断层数量虽少，但其洋底扩张的速率是大西洋洋中脊的5～10倍。因此，相对于地形起伏较大的大西洋，太平洋洋底受转换断层作用的岩石圈板块更热、更年轻、刚性更弱。

玄武岩岩浆

地球表面的物质——无论海底或者海面以上——都来源于岩浆活动。大约80%的海洋火山活动沿大洋扩张脊发生，在这里岩浆自地幔涌出，堆积在大洋底床之上。大洋中脊峰顶的洋壳物质是由硬质火山岩组成的。不断扩张的结晶质板块通过岩浆固化加积其上而不断生长。扩张脊下面的岩浆大部分都是橄榄岩质（或称为铁镁质）的硅酸盐组成。

橄榄岩熔融经由岩石圈上涌，一部分转化成了流动性极强的玄武质岩浆。一般而言，全世界每年约有1平方英里（约2.6平方千米）的新洋壳产生，相应的，有5立方英里（约21立方千米）的玄武岩被喷出。但是，偶尔发生的洋底大型溢流喷发事件能够一次性喷出的玄武岩的体积，等于再给美国州际公路系统铺上10层沥青的体积。

喷出并聚积在大洋底盆上的地幔物质大多是黑色玄武岩——一种富含铁镁质硅酸岩的岩浆岩。世界上近600座活火山的成分都完全是玄武岩，或者主要是由玄武岩组成。能够生成玄武岩的岩浆发源于地表以下深度大于60英里（约96.5千米）的上地幔顶部，在此岩浆发生部分熔融作用。这一深度处的半熔融岩浆，由于比周围的地幔物质密度小，会向地表缓慢上升。随着岩浆上涌，压力减小，更多的地幔物质熔融汇入其中。另有一些挥发分，比如水和其他气体，也会融入岩浆，使其流动性更强。

上涌向地表的岩浆，注入距地表更近些的岩浆库或者岩浆管道，成为火山活动的直接来源。紧贴地表的岩浆房只存在于洋中脊底下，那里的岩石圈板块厚度仅有约6英里（约9.65千米）。大型岩浆房发育在岩石圈生成速率高、快速扩张的洋中脊之下，例如太平洋洋中脊；而慢速扩张、岩石圈增长缓慢的洋中脊下面则多发育相对小型的岩浆房，例如大西洋洋中脊。

随着岩浆房被熔融岩浆不断注入而不断膨胀，大洋扩张脊的峭顶也因受到岩浆的巨大推动力而不断长高。熔融岩浆供应量越大，其上覆洋脊段也被推得越高。沿着洋中脊，岩浆自狭窄的地幔柱上升，板块分裂造成岩浆压力被释放从而推动岩浆上涌喷出，这一过程就好比高压锅的顶阀被蒸汽推起来一样。但是需要注意，只有地幔柱中心部分才有足够的力量将地幔岩浆推出地表。假如整个地幔柱的岩浆全部涌出，足以堆积成整个太阳系最大的大型火山。

岩浆一旦到达地表，会喷出大量的气体、液体和固体物质。火山气体主要由水蒸气、二氧化碳、二氧化硫和氯化氢等组成。当岩浆上升到地表时，由于压力骤降，这些气体就被分解、释放出来。岩浆的成分决定了它的黏度和喷出方式，可以是安静的溢流，也可以是剧烈的喷发。如果岩浆流动性高，并且含有的可分解气体成分较少，它到达地表以后就会从火山喷口或者裂缝中喷出成为玄武岩。这种方式一般都是非常温和的，就像夏威夷群岛的火山（图73）。

图73
1960年1月21日，夏威夷群岛基拉维亚火山喷出的岩浆岩流入大海（照片由美国地质调查局的D.H.瑞彻尔提供）

图74
美国阿拉斯加州奈特岛上的枕状熔岩（照片由美国地质调查局的E.H.莫菲特提供）

与洋中脊相关的岩浆岩生成过程的主要形式有席状熔岩流、枕状熔岩流和管状熔岩流，这些过程都会形成枕状熔岩（图74）。席状熔岩流一般常见于快速扩张的洋脊段的火山活动带上。例如，在东太平洋洋隆，有些部位的板块分离速率可达每年5英寸（约12.7厘米）。这些熔岩流由厚度一般小于1英尺（约0.3米）的片状岩流组成。席状熔岩流中所包含的玄武岩的流动性太大，超过了建造枕状结构之所需。因此枕状结构的玄武岩在慢速扩张的洋中脊上更常见，比如大西洋洋中脊，这里的板块分离速率平均只有1英寸/年（约2.54厘米/年），而且其岩浆的黏滞性更高。这种新洋壳的建造方式，也能解释为什么在大西洋洋底才发育有更加奇异迷人的地貌景象。

葛尔达洋脊，美国西北岸外的一个深海海山，形成于两个大洋板块毗邻之地。当两个大洋板块背离运动时，裂缝被拉开，地球深部的岩浆也就得以涌上来。当年，美国海军为了跟踪潜艇而在太平洋中安装了洋底麦克风，结果被海洋地质学家们用来探听葛尔达洋脊火山喷发的声音。几天后，研究者们再访此地，目睹了洋底扩张造成的新洋壳产生的过程。他们发现在洋底扩张发生的过程中，洋脊之上出现了一大团热水，发生在海面下10，000英尺

（约3，048米）处。他们也拍下了新生玄武岩岩浆的照片，当然，所使用的相机是非常落后的。该次科学家们拍摄到的活动中的扩张中脊，是十分珍贵的科学资料。

环太平洋地震带

整个太平洋都被深海海沟环绕，在那里大洋地壳俯冲消没进入地球内部。岛弧附近和大陆边缘岸外，板片状的岩石圈板块在俯冲带中直插入地幔。因密集的地震活动而著称的环太平洋带，即太平洋周缘俯冲带存在的环状区域，正是板块俯冲的结果。

大多数地震都发生在板块边界上（图75）。宽波段地震是大陆板块边缘的标志，窄波段地震则代表大洋板块边界。最强力的地震一般都与板块俯冲——在俯冲带一个板块插入另一板块之下的过程——关系密切。地球上地震活动最密集的地方就是环太平洋区。在西太平洋区，环太平洋地震带与当地的火山岛弧合力，经常制造出世界上最强大的地震。

环太平洋地震带也因其强烈的火山活动而闻名于世。俯冲带的火山活动

图75
大部分地震发生在与板块边界联系密切的广泛地区

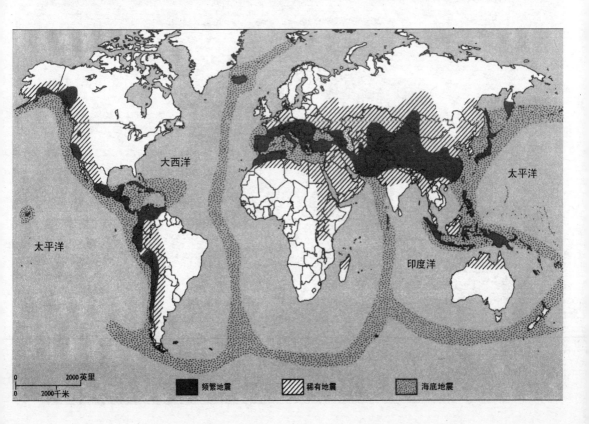

在海中建造出的大量火山岛弧，这些岛弧大部分都位于太平洋中；而陆地上也存在由俯冲带建造出的火山山脉。因此环太平洋地震带恰好与环太平洋火山链联合在一起。制造地震活动的大地构造营力也负责经营这些火山活动。这就解释了为什么世界上大部分的火山活动也发生在太平洋周缘。地震活动最强烈的区域，同时也是与深海海沟和火山岛弧关系密切的板块边界，正是大洋板块向大陆板块之下俯冲的地方。

若将新西兰设为起点，环太平洋地震带自横截新西兰的一个地震断层（图76）开始，向北越经汤加、萨莫阿、斐济、忠诚岛、新海布雷兹和所罗门群岛等诸岛后，折向西行通过新不列颠、新几内亚和莫鲁加斯等诸岛。除有一个分支继续西行穿过印度尼西亚，环太平洋地震带的主干指向北边的菲律宾群岛，并在菲律宾刻下一个纵贯整个菲律宾群岛的巨大断层带。地震带

图76
新西兰惠灵顿大断层
（照片由美国地质调
查局提供）

继续向北穿过屡遭大地震惨烈侵袭的台湾岛和日本列岛。例如1995年1月17日，日本神户发生里氏7.2级大地震，造成5,500多人死亡和上千亿美元的经济损失。

在西太平洋区，以马里亚纳为代表的一条内环带与环太平洋地震带近乎平行。这是一条火山岛弧链，同时也以其深可达30,000英尺（约9,144米）的大型海沟系统为特点。通过这一地区后，环太平洋地震带向北抵达地图上呈现的太平洋的顶端，即持构造运动持续而剧烈的库留诸岛（已被毁于1994年10月4日发生的一次里氏8.2级地震）、堪察加半岛和阿留申群岛。美国阿拉斯加发生的地震大多与地球上最大的岛弧——阿留申岛弧的活动有关。太平洋板块向大陆俯冲所产生的巨大张力积聚在舒马津海垭，一条200英里（约322千米）长的海沟附近，只有大型地震才能释放这些应力，使板块保持相对平稳。

到了太平洋洋盆东侧，地震带继续延伸到卡斯卡迪俯冲带（图77）。这一俯冲带自南向北通过不列颠—哥伦比亚地区的太平洋海岸线延伸到美国的加利福尼亚州。地质历史上这条活动带屡次摇撼太平洋东北部，并且与多次强烈火山活动有关。伏在北美板块下的胡安德富卡板块和葛尔达板块的运动是这些构造活动的原因。

圣安德烈斯断层是北美板块和太平洋板块边界的标志，但它也给加利福尼亚造成很大麻烦（图78）。这个断层长达650英里（约1,045千米），深20英里（约32千米），从美国和墨西哥边界向北穿过加利福尼亚州，从位于美国加利福尼亚州与俄勒冈州边境以南约100英里（约320千米）的门多西诺海岬进入太平洋。这一断层代表了北美洲板块与太平洋板块的界线，同时这两个板块还在相向运动，运动方向略偏右旋，速度约为2英寸/年（约5厘米/年）。当两板块相碰撞，并试图倾轧对方时，强烈的地震活动就会横扫整个圣安德烈斯断层地区。

墨西哥和中美洲，以及南美洲的安第斯山脉地区——尤其是智利和秘鲁，饱受大型毁灭性地震造成的灾害。1960年智利发生的里氏9.5级地震，是现代史上最大的一次地震，直接将一块面积相当于加利福尼亚州的地块抬升了近30英寸（约76.2厘米）。2001年6月，智利又遭受一次里氏8.1级地震，许多城市被毁，数百人死亡。上个世纪共有数十次里氏7.5级以上的大地震袭扰该地区。

南美洲岸外的一条侵入式俯冲带直接作用于南美洲西海岸地区。南美洲骑覆的岩石圈板块压迫纳兹卡板块使其屈曲并向南美洲板块之下俯冲，因此在板块深部产生了强大的张力。大洋底床向地幔俯冲，摩擦上覆相邻的板

图77
胡安德富卡板块在卡斯卡迪俯冲带向北美板块的俯冲作用造成美国西海岸卡斯德山脉的火山活动

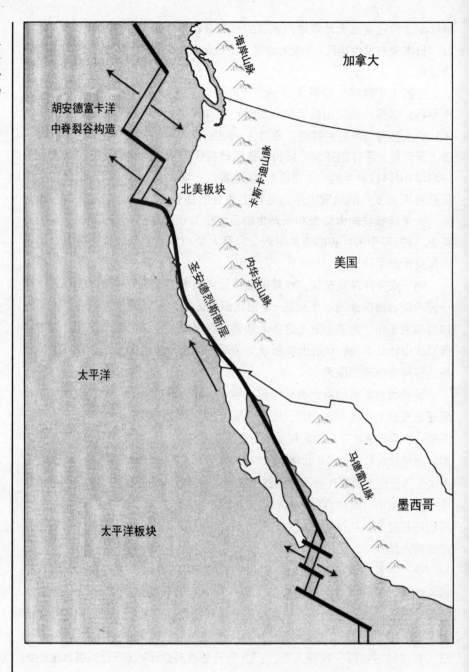

块，产生毁灭性的地震。一些岩石下冲进入地幔的同时，另外一些岩石则向表面堆积成安第斯山脉，使其成为地球上山脉增生速度最快的山区。这一过程最终使得大量张力积聚于这一整个俯冲带和山脉地区，随着张力积累、地

图78
1989年10月17日，洛马普利耶塔地震后，美国加利福尼亚州圣弗朗西斯科市马里那区倒塌的建筑物（照片由美国地质调查局的G.普拉夫克提供）

壳开裂，强力地震也就不可避免地发生了。

深海海沟

　　岩石圈地壳在洋中脊处不断增生，与之相应，老的板块也会在俯冲带消没而毁灭（图79）。深海海沟一般存在于大陆边缘或火山岛弧沿线，标示出向海倾斜俯冲带边界。当岩石圈板块向地幔俯冲时，就会在俯冲带沿线建造出一条深海海沟。太平洋板块向西北漂移，其前缘潜冲入地幔，形成了世界上一系列最深的海沟（表10）。西太平洋地区的马里亚纳海沟是地球的最低点。它自马里亚纳群岛的瓜姆岛起始向北延伸，最深处可达海平面下7英里（11.3千米）。

　　俯冲带，是冷而致密的岩石圈板块潜没入地幔的地方，这里热流值较低，而重力值却很大（相对于地表平均重力，俯冲带处的地心引力强大得多）。相应的，与之常相伴生的岛弧，由于其广阔的火山活动，以高热流值和低重力值为特征。深海海沟是火山作用强烈的区域，多发育有地球上喷发最猛烈的火山。冠于海沟周缘的岛弧系，具有与海沟相似的弧线形状和火山物质来源。大洋底床的几何形态决定了这些岛弧多呈圆弧状，如阿留申岛弧。岛弧这样的分布于海沟外缘的弧形形态特征，决定于一个平面切入一个球面时产生的几何样貌，即刚性的岩石圈板块俯冲入圆球形的地幔中时产生的地表形貌。

海沟也是地震活动密集发生的地方，在这些平均深2英里（约3.2千米）的"地球之肠"里，地震几乎终年持续发生。板块俯冲在消没板片上产生了强大的张力，因而会催生板块边界沿线的深源地震。西太平洋新几内亚北部一个海沟形成早期时的标志，就是当地麦克罗内西亚地区一系列浅源地震的集簇性发生。同时当地的重力值也较普遍值低，这与大洋地壳下陷产生的预期效应一致。另外，该区域南部有一部分地壳发生隆起，说明了太平洋板块的一个板片边缘在这里开始俯冲进入地幔。由于海沟常会向太平洋板块中心退移，因此单个的板块俯冲过程并不会延续5～10个百万年那么长的时间。

新西兰以南的海床正在经历因为太平洋板块的俯冲作用而建造深海海沟的过程的早期阶段。太平洋海床上的一个名叫"麦克夸雷海岭"的"地质伤疤"（图80）正在进行着建造海沟的工作。这个海岭是自新西兰向南延伸的一条海底山脉–海槽链。它是相背运动的太平洋板块和澳洲板块的边界，其中澳洲板块相对太平洋板块向西北方向漂移。1989年在麦克夸雷海岭发生的里氏8.2级地震就是这两个板块的相对运动造成的。

图79
世界上的俯冲带，在此岩石圈板块进入地幔，形成全球最深的海沟

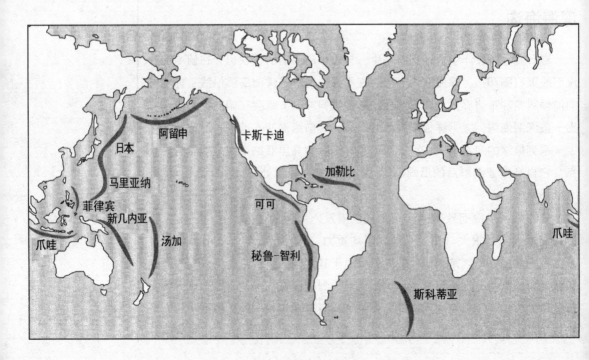

表10 世界大洋中的海沟

海沟	深度（英里）	宽度（英里）	长度（英里）
秘鲁-智利	5.0	62	3,700
爪哇	4.7	50	2,800
阿留申	4.8	31	2,300
中美洲	4.2	25	1,700
马里亚纳	6.8	43	1,600
库叶-堪察加	6.5	74	1,400
波多黎各	5.2	74	960
南桑德韦奇	5.2	56	900
菲律宾	6.5	37	870
汤加	6.7	34	870
日本	5.2	62	500

　　澳大利亚板块与太平洋板块间存在相对滑动，在沿滑移面的竖直断层处会发育破裂构造，伴生大的滑移地震。当两个板块部分重叠时，沿倾斜的断层面，两板块受到强大的挤压应力，因而发生压性地震。麦克夸雷海岭的这种活动，说明了这里的板块俯冲才刚刚开始。但是，沿海岭侧翼的那些断层倾面尚并未能连接成一个完整的大型断层面，换句话说，俯冲作用的起始步骤还尚未开始。

　　在大洋板块在洋中脊形成并逐渐扩张离开洋中脊的过程中，板块底下软流圈物质向板块底部的黏附作用——学术上常称为"地壳底侵"——会使岩石圈板块不断增厚并变得致密。因此板块离开洋中脊之后的沉降深度因板块年龄而异：岩石圈板块越老，通过底侵作用得到的玄武岩就越多，板块也就越厚、越重、沉降越深。

　　最后，板块不断变重，超过了软流圈所能提供的浮力，而沉入地幔。俯冲过程发生的一线，制造出极深的海沟，清晰地定义了俯冲带的位置，冷而致密的岩石圈板块在这里一头栽入地幔中去。板块的俯冲部分插入地幔，这些俯冲板片可能还驮覆着某个大陆；而板块的其他部分则显然承受着强大的拖曳力——仿佛一列火车被火车头牵动。因此板块俯冲可能提供了构造运动

图80
新西兰南部麦克夸雷
海岭的地理位置

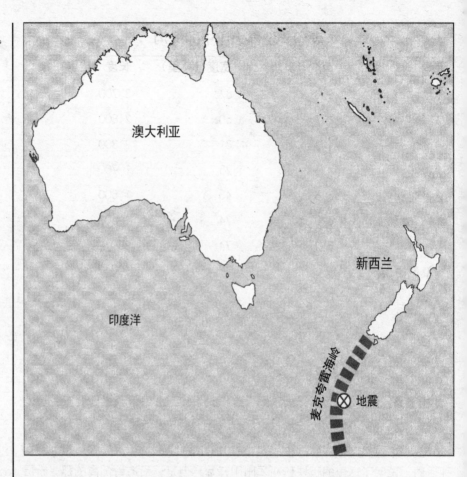

的主要动力，而俯冲带的拖曳力对全球表层大陆漂移的作用，可能比扩张中脊的推动力更为重要。

　　大西洋和东太平洋的洋底扩张产生的新生大洋壳，以及太平洋沿岸老洋壳的俯冲消灭，共同提供给新洋壳以生长的空间。但这两种作用是相抵触的。因为大洋中脊的洋壳增生速率与俯冲带的板块消没速率并不完全相同，另外大洋中脊还经常发生侧向移动，因而扩张增生作用和俯冲消灭作用也并非完全相互抵消。绝大多数的俯冲带位于西太平洋，使得大多数的洋壳年龄小于1.7亿年。

　　俯冲带的地震活动同样非常密集。条带状的地震富集带标志着俯没岩石圈板块的边界（图81）。当两个板块沿俯冲带彼此相对滑移时，强烈的毁灭性地震就会发生，这种大地震常袭击日本、菲律宾等与俯冲带联系紧密的岛国。

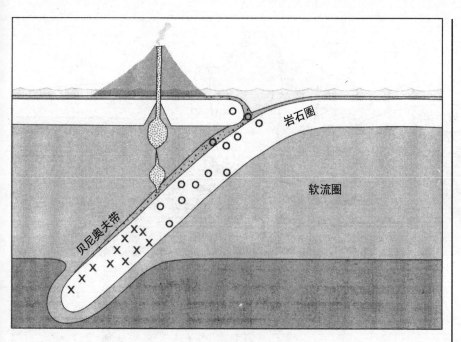

图81
下倾的岩石圈板块断面，〇代表浅源地震震源，X代表深源地震震源

俯冲带的火山活动也十分强烈，制造出了我们这颗行星上喷发最为剧烈的火山。到达地表的岩浆喷出到海底，形成新的火山岛。但是大部分火山并不会生长到海面以上，而是成为独立的水下火成构造——海山。相比大西洋和印度洋，太平洋火山的活动性更强，海山数量也更多。俯冲带火山的岩浆中的挥发分和水分含量更高，这些物质到达地表之后逃逸猛烈，因而喷发更为剧烈。这种形式的火山岩喷发方式常被称为"安第斯型"，得名于南美洲西岸火山喷发活动强烈的安第斯山脉。

板块俯冲

人们曾经一度认为洋中脊扩张造成的大洋地壳增生足以提供板块在俯冲带向地幔俯冲的推动力。但是板块基底受到的拖曳可以极大地阻滞板块运动。因此需要有其他额外的能量来驱动板块运动。可以提供克服板块拖曳阻力的驱动动力，可能正是板块自身的重力。因此地球表面驱动板块移动最强大的动力，是俯冲沉降板片对整个大洋地壳的拉拽力。

俯冲板片受地幔对流驱动而产生的对板块其他部分的拉力，是帮助板块抵消板块拖曳阻力的一种驱动力。此种拉力的大小取决于俯冲带的长度、俯

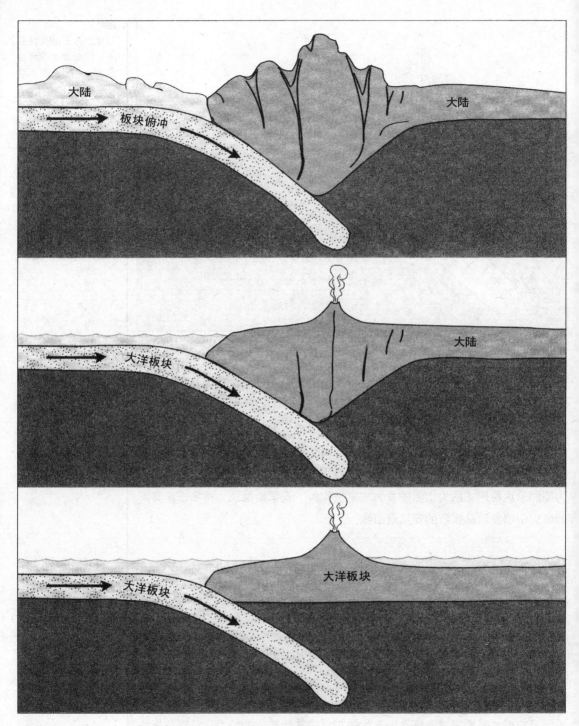

图82
板块碰撞的不同模式：大陆板块相碰撞（上图），大陆和大洋板块相碰撞（中图），大洋板块相碰撞（下图）

冲速率以及海沟抽汲力的大小。实际上在这些力的作用下，板块甚至可以无需海底扩张的推动而有效驱动其自身的运动。因此，大洋扩张中脊的岩浆上涌可能是对板块受俯冲作用拉脱效应的一种简单被动反应。

携带大洋地壳的刚性岩石圈板块消没进入地球极热的内部圈层后，会逐渐瓦解、熔融。几百万年之后，这些物质会被完全吸纳进入地幔循环。板块俯冲进入地球内部，它所携带的水分也随之深入地幔，成为岩浆挥发分的主要成分。俯冲板块也给主要分布在太平洋周缘的火山提供了熔融岩浆，为这颗行星循环再生各种化学元素。

俯冲板块消耗的物质量是巨大的。自1.25亿年前大西洋和印度洋洋盆张开，开始形成新的大洋地壳时起，与整个世界大洋的洋壳物质面积相等的岩石圈已经从地表消失进入地幔。这意味着约有50亿立方英里（约209亿立方千米）的结晶质和岩石圈物质被销毁。以现今大洋的俯冲速率，1.65亿年以内，地幔就足以将面积相当于整个行星表面的物质全部消灭。

岩石圈板块的汇聚驱使薄而较致密的大洋地壳伏于厚但密度较小的大陆地壳之下。当两个大洋地壳相撞时，年龄较老的致密板块就会跑到年轻板块之下（图82）。一条深海海沟标志着初始俯冲发生的板块界线。俯冲板块的倾角最初是比较小的，但由于板块俯冲的垂向速率（一般典型的为每年2～3英寸（约5～7.6厘米））大于水平方向的运动速率，板块倾角逐渐增大到45°。

大陆地壳运动进入俯冲带后，受到的巨大浮力阻止了它被拖曳进入地幔的趋势。当两个大陆板块相撞后，总有一个消没板块，其地壳被刮擦并积聚到另一个被驼覆板块之上，这就是两个大陆地壳相融聚的过程。同时，俯冲下行的岩石圈板块——此时已经卸载掉了其上覆的地壳——继续潜入地幔，挤压大陆地壳成为山脉隆起。

许多俯冲带，例如在雷瑟安第勒斯，大洋地壳上的沉积物和其中所含的流体成分受刮擦和底侵作用而自洋壳搬移出来形成增生楔。增生楔是附生在海沟向陆一侧的大洋沉积物楔状体（图83）。其他比如日本和马里亚纳海沟，则没有或很少发生沉积物增生现象。因此，可以依据被搬移到增生楔的沉积物数量，显著地区分不同的俯冲带类型。大部分情况下，至少有一部分沉积物和水分被俯冲作用带入地球深部去。

大陆地壳因为地壳物质增生而下沉更深，同时使浮力增加而推动山脉上隆。4,500万年以来印度次大陆撞击欧亚板块而造成喜马拉雅山隆起，就是

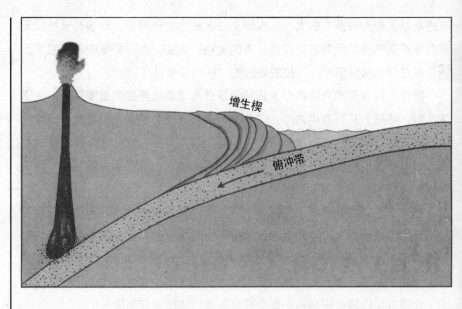

这样的过程。印度以南大洋地壳的一系列东西向的奇怪褶皱，印证了印度板块仍然在以每年3英寸（约7.6厘米）的速度向北推移，持续挤压着亚洲大陆。碰撞线以远的地方也在发生着更多的压缩和变形，形成表面富集火山的高的台地，与世界上最大的台地——青藏高原相似。

　　当大陆和大洋板块相碰撞时，相对致密的大洋板块会潜入相对较轻的大陆板块之下，并因受压而更趋向于向深部运动。两板块上的沉积物都被挤压，在大陆地壳前缘积聚膨胀而形成褶皱山脉带，例如阿巴拉契亚山脉。当消没板块俯冲到大陆以下足够深部，温度也就变得十分高。这时俯冲板块的上部就会熔融形成岩浆，上升到表层，为大陆火山供给新的熔融岩石。

　　在讨论了大洋中脊、海沟和其他主要的海底地质构造之后，下一章我们将窥探洋底火山的秘密。

5

海底火山

洋底火山喷发

本章我们来考察一下在大洋底床上喷发的火山。大海的汹涌波涛之下掩藏着数量巨大的火山，而地球表面（包括海洋和陆地）的岩石80％以上源自火山。塑造地球表面地貌的大部分火山活动都发生在大洋底床这个分布着全球绝大多数的火山的地方。它们与板块边界处的地壳活动，尤其是板块在大洋中脊的分离和在俯冲带的汇聚过程，有着密不可分的关系。

海底火山也正是地球上爆发性最强烈的地区之一。许多曾经为人熟知的岛屿业已消失，而很快又有新的岛屿出现来替代它们，几乎全世界所有的岛屿都起源于海底火山。火山不断地喷发在海底持续堆积火山岩，最终使得火山破水而出，成为岛屿。这些岛屿实际上就是高出海底上万英尺（几千米）

表11 火山类型对比

特征	俯冲带	裂缝带	高热区
产生区域	深海海沟	大洋中脊	板块内部
所占比例 （活火山）	80%	15%	5%
地形	高山、岛弧	大洋中脊	高山、间歇喷泉
实例	安第斯山、 日本岛	亚速尔群岛、 冰岛	夏威夷岛、黄石国 家公园
热源	板块摩擦	地幔对流	核部热量上涌
岩浆温度	低	高	低
挥发分含量	高	低	低
硅含量	高	低	低
喷发类型	喷出	流出	二者皆有
火山产物	火山碎屑岩	火成岩（熔岩）	二者皆有
岩石类型	流纹岩、安山岩	玄武岩	玄武岩
火山锥类型	混合型	火山裂缝	火山盾

的海底火山，因为它们是从大洋最底部开始堆积起来的，因此它们也就成为世界上最高的山峰。

火山链

　　地球上绝大多数的火山活动与岩石板块边缘的地壳活动有着密切的关系，板块间的相互作用同样也会导致地震的发生。几乎连续的环形火山活动带（图84）分布在太平洋的边缘，与环太平洋地震带大致吻合，因为产生地震的构造运动过程同样也会导致火山喷发。全球最大的构造活动就发生在与深海海沟有关联的板块交界处，而这些深海海沟常常是沿着火山岛弧和大陆边缘分布的。

　　火山链与环绕太平洋海盆的俯冲消减带完全吻合，而这条俯冲带几乎吞噬了泛大陆分离以来所产生的全部洋底。最老的洋壳位于东南日本海的一个小地块上，年龄大约有1.7亿年。而其他洋壳的平均年龄仅有1亿年左右。洋壳沉入地幔熔化，为深海海沟边缘的火山喷发提供了熔融岩浆。这就是为什么全球600个活火山绝大多数都位于太平洋，仅西太平洋区域就占据了其中的1/2。

俯冲带的火山作用在于，在陆地上形成了火山活动带，在海洋中则建造出了岛弧。在汇聚型板块边缘，一个板块插入到另一个板块下，下沉洋壳中的轻质成分熔化，形成岩浆，岩浆上涌便形成了岛弧，如此形成的岛弧包括印度尼西亚群岛、菲律宾群岛、日本岛、千岛群岛、阿留申群岛等，其中最长的达3，000多英里（约4，800多千米），从阿拉斯加一直延伸到亚洲。

火山链，从距离阿拉斯加不远处的阿留申群岛的西角开始，沿着排列成线的阿留申群岛延伸（图85），这些群岛是太平洋板块插入阿留申海沟而形成的。然后，火山带转向南穿过加拿大北部的不列颠−哥伦比亚、华盛顿、奥尔良等地区，也就是由胡安德富卡板块沉入卡斯卡迪俯冲带而建造出的卡斯卡迪山脉地区。接下来，火山链穿过美国加利福尼亚州、墨西哥的西南角——也就是帕里库廷火山（图86）和厄尔契孔火山所在的地区。帕里库廷火山喷发也许可称得上是20世纪最奇怪的火山喷发，因为它是从一块种植玉米的农田中开始爆发的。厄企控火山喷发，是20世纪最脏的一次火山喷发，

图84

火山链是环绕在太平洋一周的俯冲带

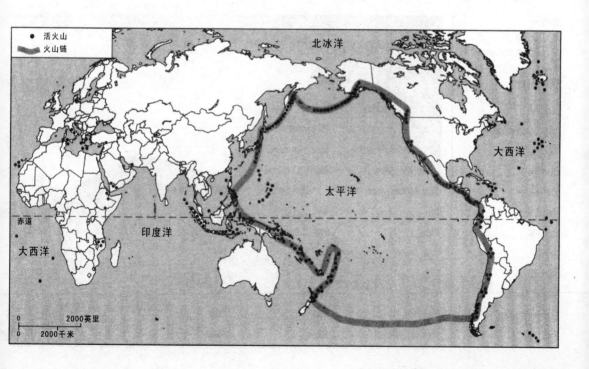

图85
斯特金火山，位于阿拉斯加州阿留申群岛的斯特金岛（图片由美国地质勘察局 F.S 西蒙提供）

图86
火山碎屑锥形堆，
1943年7月25日帕里斯
库廷火山喷发形成，
位于墨西哥（图片由
美国地质勘察局W.F
佛沙葛提供）

表12　20世纪主要的火山灾难

年份	火山或区域名称	死亡人数	备注
	拉·索弗里耶	15，000	
1902	丕丽火山（马提尼克岛）	28，000	
	圣·马瑞亚火山（危地马拉）	6，000	20世纪最致命的火山爆发事件，总死亡人数高达35，000万
1919	克鲁伊特火山（印度尼西亚）	5，500	死亡原因主要是火山泥流
1977	乃依雅贡嘎火山（扎伊尔）	70	
1980	圣·海伦斯火山（美国）	62	美国历史上最严重的火山灾难
1982	加仑冈火山（印度尼西亚）	27	死亡人数相对较小，但财产损失及人民所受灾难巨大
1983	厄尔契恐火山（墨西哥）	2，000	墨西哥历史上最严重的火山灾难
1985	尼瓦多德尔瑞兹火山（哥伦比亚）	22，000	哥伦比亚历史上最严重的火山灾难
1986	耐克.尼欧斯火山（喀麦隆）	2，000	
1991	尤潛火山（日本）	37	火山喷发迫使3，000多人背井离乡
1991	频纳土波火山（菲律宾）	700	菲律宾历史上最大的一次火山喷发，死亡人数相对较少
1993	马荣火山（菲律宾）	75	火山喷发产生大量火山碎屑飘尘，被迫疏散人口高达6万人

其火山灰被高高地喷射到大气层之中。

接着，火山链穿越有许多活火山锥的中美洲西部。例如，哥伦比亚的尼瓦多德尔瑞兹火山就位于这条火山带上。1985年11月该火山的一次喷发，产生了大量毁灭性的熔岩流，导致25，000多人丧生，这是20世纪最大的火山灾难之一（表12）。1700年以来，大约有20座火山因为其杀人数量过千而受到人们特别的重视。这之后，火山链沿着南美洲西缘的安第斯山脉延伸，这里也因为纳兹卡板块在此沉入智利海沟而经常发生频繁而剧烈的火山活动。

继而，火山带转向南极，依次经过新西兰岛、新几内亚岛及印度尼西亚等。坦布拉火山和喀拉喀托火山这两座现代史上喷发量最大的火山便位于印

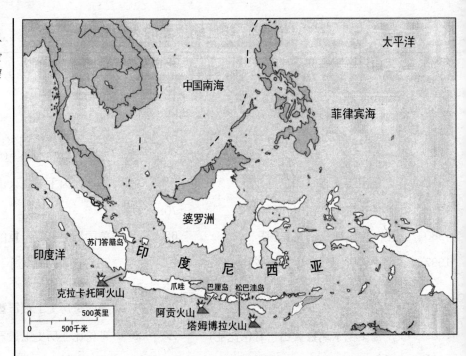

图87
印度尼西亚的火山分布（图片由美国国家航空和宇宙航行局提供）

度尼西亚。它们的喷发是由于澳大利亚板块插入爪哇海沟引起的。火山带继续向北穿越菲律宾，这里的频纳吐波火山是由于太平洋板块插入菲律宾海沟而形成的，1991年频纳吐波火山一次性喷出了大量的气体，极大地影响了气候状况。接下来，火山带穿过日本——雄伟庄严的富士山的所在地，最后抵达亚洲北部火山活动剧烈的堪察加半岛。

像西太平洋和印度尼西亚（图87和图88）这样的俯冲带的火山活动是全球最具爆发性的火山活动之一，它们的喷发常常会将整个岛屿完全毁灭。最具代表性的就是1883年喀拉卡托亚火山的喷发，它几乎把印度尼西亚岛完全毁灭，36,000人在其中丧生。这些火山活动强烈的爆发性是由于熔融岩浆中富含硅酸盐和挥发分（挥发分即指水和其他气体物质），它们源于沉入地幔而发生重熔的大洋地壳上的沉积岩。当熔融岩浆到达地表时，压力减小、挥发分迅速扩散使得熔岩发生破碎，大部分的火山岩就是在这个过程中被破坏的。

在陆地上，板块俯冲形成了一些狭长形的火山活动链。太平洋西北部的卡斯卡迪中脊就是一条与北美洲大陆下的俯冲带有关的火山带，而南美洲的安第斯山脉则是与一条与南美洲大陆下的俯冲带相关联的火山活动链组成的。当岩石圈插入地幔时，巨大的热量使得下沉板片及与之相连接的岩石圈板块熔化。上升的岩浆则为一连串的火山提供了原料。

上升的岩浆

从陆地冲刷下来并在海洋中堆积而成的沉积岩，在俯冲带被带入地幔深处，成为深海海沟边缘火山岩浆主要的物质来源。另外一些岩浆则来自于下沉板块顶部受剪切作用而半熔融的大洋地壳。下沉板块和大陆板块交界处压力较小，大洋地壳物质熔化，软流圈的对流使这些熔融物质上升。岩浆向地表上升，进入被称作底辟构造的巨大腔室内。在到达岩石圈下部以后，底辟

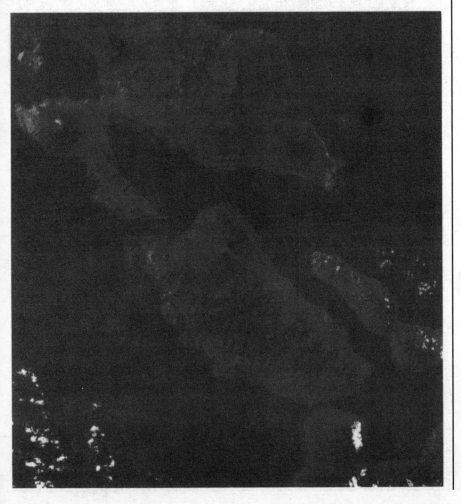

图88
印度尼西亚安多拉瓦岛的火山喷发，其灰烬飘移了长达30英里（约48千米）的路径（照片由美国航空航天局NASA提供）

体的热量使得地壳产生孔洞，熔岩则得以继续熔化上升。

底辟构造向着地表上升，形成岩浆房，为接下来的火山活动提供了直接的物质来源。到达地表后，岩浆随着火山活动源源不断地在洋底喷出并堆积，最终形成新的火山岛（图89）。岩浆中常常含有大量的挥发分和气体，它们会从岩浆中强行逸出，因此，一些火山活动是极具爆发性的。

与俯冲带的火山作用相关联的岩石类型是灰色的细粒安山岩（表13）。它含有大量的深源硅酸盐（可能达到地下70英里（约113千米）深处）。安山岩得名于安第斯山，这里的火山喷发极具爆发性，因为其岩浆中含有大量的挥发分。岩浆上升到地表，压力下降，挥发分在巨大的作用力之下逃逸，使得火山岩像大炮中的炮弹小球一样喷射而出。

慢慢涌上地表的地幔物质常常是玄武岩，最常见的一种火山岩。大洋底部几乎全被玄武岩层覆盖，海底火山的喷出物大部分都是玄武岩，甚至全部是玄武岩。形成玄武岩的岩浆产生于地表下60多英里（约100千米）的上地幔半熔融带。这个深度的半熔融熔岩密度较小，比周围的地幔物质要轻，向地表的上涌常常较为缓慢。

图89

底辟构造为火山和大洋中脊的活动提供岩浆

岩浆上升后，压力减小，更多的地幔物质得以熔化。岩浆中溶解的水和气体等挥发分的存在使岩浆具有更好的流动性。在大洋中脊下建造新洋壳的地幔物质的主要成分是橄榄岩——一种富含铁镁的硅酸盐岩石。在通向地

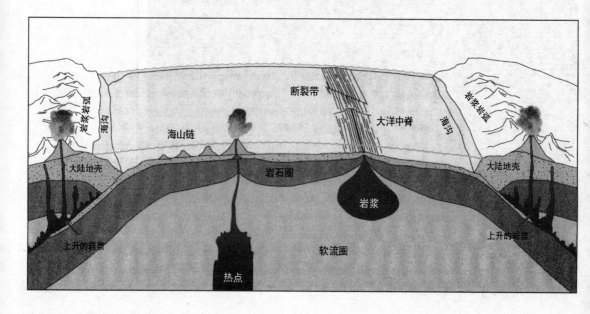

表13　火山岩类型

性质	玄武岩	安山岩	流纹岩
硅含量	最低，约50%，碱性岩	中等，约60%	最高，大于65%，酸性盐
暗色矿物	最高	中等	最低
特征矿物	长石	长石	长石
	辉石	闪石	石英
	橄榄石	辉石	云母
	氧化物	云母	闪石
密度	最高	中等	最低
熔点	最高	中等	最低
熔岩表面黏度	最低	中等	最高
火山岩含量	最高	中等	最低
火成碎屑含量	最低	中等	最高

表的过程中，橄榄岩熔化，其中部分变成了流动性较高的玄武岩。

　　岩浆的成分暗含着许多信息，可以指示其来源物质的性质以及生成位置的地幔深度等内容。地幔岩石半熔融的程度、富集硅的半结晶作用的程度以及不同地壳岩石相互融合的同化作用的程度等，都会影响岩浆的成分。喷发岩浆在通往地球表面的过程中，一直在和许多不同的岩石发生反应，因而成分也会不断改变。岩浆的成分决定了它的黏性以及最终的喷发方式。

　　如果岩浆流动性好并且气体含量少，它到达地表后常会形成玄武岩，其喷发方式也非常温和。相反，如果岩浆到达地表时含有大量的挥发分，则其喷发方式常常是爆发性的甚至是毁灭性的。水大概是熔融岩浆最重要的一种挥发分，当岩浆到达地表时水分迅速扩散形成的气流决定了岩浆喷出洋壳时爆发性的强弱（图90），这种火山作用常常会在洋底形成新的岛屿。

图90
日本伊豆岛的明神礁
火山在海底喷发（图
片由美国地质调查局
提供）

岛弧

　　几乎所有的火山活动都发生在岩石圈板块边缘，大陆边缘或者火山岛弧沿线的深海海沟通常标志着俯冲带靠海方向的分界线。在汇聚型板块边界，一个板块下沉到另一个板块下，下沉板片中的轻质成分熔融并向地表上涌，形成新的岩浆。当上升的岩浆喷出洋底时，便形成了岛弧，这些岛弧的大部分都产生在太平洋。

　　世界上最长的岛弧是太平洋板块下沉到北美洲板块之下而形成的阿留申岛弧，从阿拉斯加到亚洲一直延伸了3,000多英里（约4,800多千米）。阿留申岛弧以南的千岛群岛组成了另一条长的岛弧链。日本岛、菲律宾群岛、印度尼西亚群岛、新海布里地群岛以及那些从帝汶岛到苏门答腊岛之间的群岛，它们同样也构成了一些岛弧。这些岛弧有着相似的弯曲形态和地质构成，它们都同板块俯冲带有关。岛弧的曲率源于地球本身的曲率。球体被削掉一部分会形成一条圆弧，同样的道理，当刚性的岩石圈板块下沉入球形的地幔也就会产生一条圆弧形的地质构造。

　　洋壳在深海海沟处的板块俯冲下沉过程中插入地幔深处并熔化，生成岩浆。随着岩石圈板块沉入地球内部，大洋地壳也慢慢地破碎并熔化。在上百万年的时间内，它被吸收进入地幔循环，甚至可能一直下沉到地核顶部，最后又被巨大的上涌力量推动着到达表面，完成一次地幔对流。

　　俯冲下沉的板块片段为火山岛弧提供了直接的岩浆来源（图91）。火山岛弧的后面一般发育有边缘盆地或者弧后盆地，这是受板块俯冲消减作用而形成的洋壳沉降地带。陡峭的板块俯冲带，如西太平洋的马里亚纳海沟，一般会形成弧后盆地；而浅海海沟，例如南美洲西海岸的智利海沟，则不会形成弧后盆地。日本海是一个典型的弧后盆地（图92），它位于中国大陆和由大陆碎片组成的日本群岛之间。随着日本海向亚洲板块的碰撞，它最终会完全消失。

　　弧后盆地是一个热流值很高的区域，因为它位于地幔对流和地幔物质上涌所带来的热源物质之上。岛弧区域，由于密度较大、温度较低的岩石圈板块的下沉，则是一个低热流区；而临近岛弧的区域因其密集的火山活动也通常是高热流区。

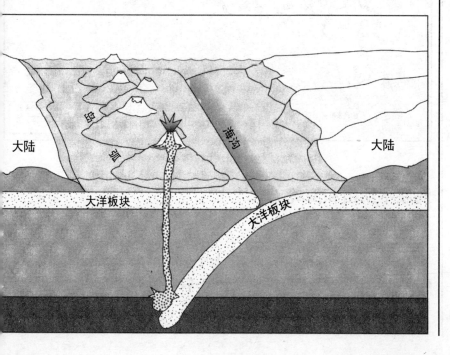

图91
火山岛弧的形成是由于岩石圈板块下沉

图92
日本海

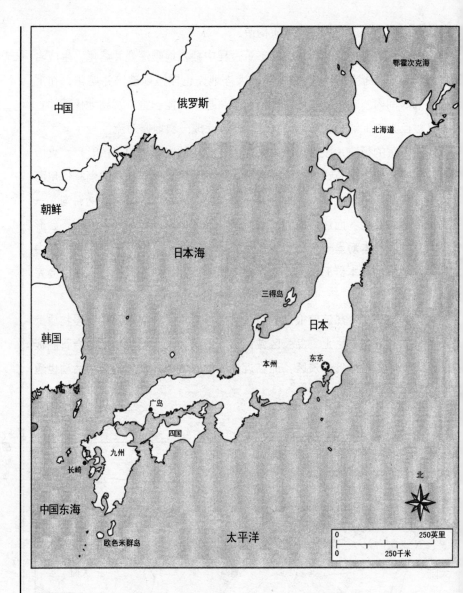

海底平顶山和海岭

　　与大洋中脊有关的海底火山上升到海面，便形成火山岛弧，世界上绝大多数岛屿都起源于海底火山。岩浆不断地喷发使得火山岩层越堆越高，最后破水而出，其顶部伸出到海平面。火山灰变成肥沃的土壤，当火山岛屿冷却后，由海水、风以及各种飞鸟等带来的种子很快使它成为热带的"绿色天堂"。当然，这些生命也必须忍受来自地球深处的震动，甚至仅需一次大地震就可以彻底毁灭一个这样的岛屿。

然而，大部分的火山岛屿却是在海水的不断冲击下平静地结束自己的生命的。位于太平洋的被称作海底平顶山的海底火山，其顶部曾经位于海平面以上。然而，持续的海浪作用将它们侵蚀到海平面以下，使其顶部的山锥看起来好像被平整地削掉一样。这些火山被搬离距火山活动带越远，它们的年龄就越老，其顶部也就越平整（图93）。这就意味着，这些海底平顶山及载着它们的板块沿海底漂离了其原本的产生地点。总体上这些岛屿系列基本呈线性分布，每一个岛屿都自洋底之下的岩浆房漂离开了一段连续的距离。

夏威夷最古老的岛屿——考艾岛上的火山由于受到持续不断的海浪侵蚀作用，已经大都潜藏于海平面之下了。在火山锥受侵蚀而形成的平顶山上生活的珊瑚虫建造出的礁体，称为环礁，例如中途岛周围的浅滩。环礁（图94）是中心地区封闭形成泻湖的环状珊瑚礁岛，由跨径达几英里的一些暗礁组成。许多环礁是在已经沉到海面下的火山锥上形成的，环礁生长的速度与火山下沉的速度相适应。这些岛屿西北走向的分布特征是与一条叫做帝王海山（图95）的海底火山链相关的。据猜想，这些火山岛形成于同一个热点，然而一个热点如何可以持续7,000多万年的时间，却仍是未解之谜。

图93
海底平顶山曾经是活火山，在从其岩浆源移开之后则不再活跃并渐渐在海底消失

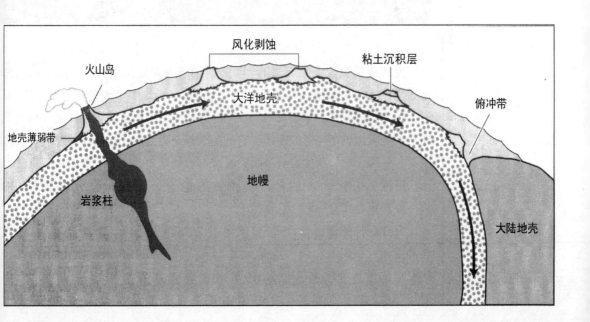

图94
吉尔伯特岛塔拉瓦环
礁和阿拜昂环礁（图
片由美国航空和航天
局提供）

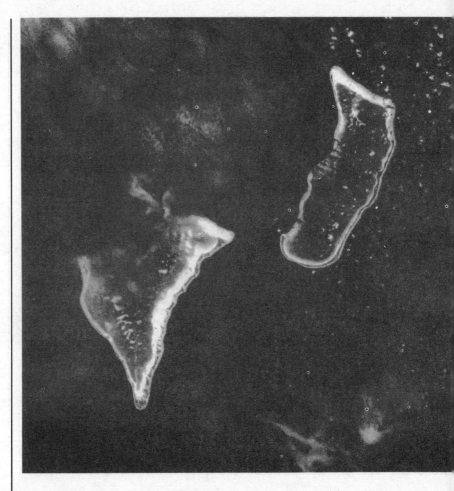

大部分海底火山永远都不会上升到海洋表面成为岛屿，相反，它们作为孤立的水下火山留在海平面下，称为海山。地表以下60多英里（约100千米）的上地幔岩浆上涌，集中到狭窄的管道内，这些岩浆喷到洋表，构建不断长高的火山构造，形成海山。它们通常都是孤立的，在板块内部呈链状排列。一些海山与伸展的裂缝有关，岩浆沿着裂缝处的一个主要的火山管道上涌，形成相互叠伏堆积的火山岩。最高的海山位于西太平洋的菲律宾海沟附近，顶部距海底有2.5英里（约4千米）。

大洋底部的海山数目有一万个以上，然而，只有少数像夏威夷群岛这样的海山，试图长出海水表面。太平洋底部地壳的火山活动性比大西洋和印度洋的更高，因此，其海山的密度也更高。海底火山的数目还随洋壳年龄和厚度的增长而增加。太平洋海山的平均分布密度是每5，000平方英里

（约12,940平方千米）有5~10座火山，远比陆地火山的分布密度要大。

有时，海山的山顶部会有一个坑，岩浆便沿着这个坑涌出。如果坑的直径超过1英里（约1.6千米），通常称其为喷火山口，其深度从坑的边缘算起往往达1,000英尺（约304.8米）。岩浆房内的岩浆喷空，成为一个空的洞穴，上部的火山锥因为失去支撑而下塌，形成一个类似于夏威夷火山口（图96）那样的宽的凹陷地带，即喷火山口。沿海底喷火山口外围分布的出烟孔为火山口提供新的岩浆，使其呈现出平顶的外貌。其他的海底火山没有一个下塌的火山口，相反，其顶部由几个高达1,000英尺（约304.8米）的独立的火山山峰组成。

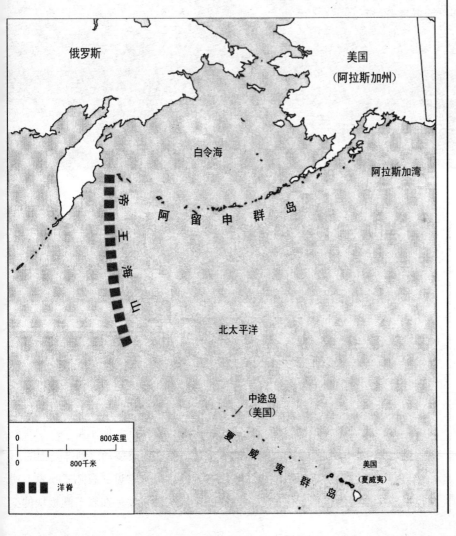

图95
北太平洋的帝王海山和夏威夷群岛，代表了太平洋板块上一个热点的移动

图96
夏威夷群岛哈勒茂茂火山渣锥中的地壳大凹陷及因其形成的火山河（图片由美国地质勘探局G.A 麦克唐纳提供）

裂谷火山

海洋火山活动有3/4以上发生在大洋中脊处，玄武岩岩浆由于洋底扩张而在此处上升并喷出洋底。深海山脊形成于大洋中脊沿线的火山喷发，其覆盖了地球表面面积的60%～70%。岩石圈板块犹如巨型岩石层沉入地幔，并随着地幔柱中的热岩浆在大洋中脊上升到地表。一系列相距数英里的地幔柱为大洋中脊的扩散部分提供物质来源。

在大洋中脊的峰顶，洋壳几乎全部由坚硬的火山岩组成。大洋中脊系统沿中脊纵向被一条狭窄的裂缝或破裂所分隔，而这分隔带也正是剧烈火山活动的中心。大洋中脊是频繁地震和火山喷发的位置所在，似乎整个洋中脊系统就是地壳中一系列的大破裂，而熔岩正是沿着这些破裂涌出到洋壳上的。

与洋中脊裂陷系统相关的火山喷发方式通常是最常见的裂隙式喷发，由此也形成了典型的锥形火山构造。洋底的裂隙式喷发发生在岩石圈板块的交界处，刚性的地壳在此处由于洋底扩张而分离。形成于洋中脊及其附近的火山随着洋底扩张远离中脊轴线，常常会发展为一个个孤立的山峰。

在裂隙式喷发过程中，岩浆沿着洋中脊脊顶之间的槽内裂隙和水平断层裂隙喷到洋底。这些断层通常发生在岩石圈板块交界的地方，大洋地壳在此处由于板块分离而相互水平滑移。沿着所有裂隙上涌的岩浆最终形成一个大的岩浆池，与宽广的盾形火山中的岩浆池类似。

大洋中脊喷出的熔岩形状有层流状、枕状、管状和流纹状。层流状熔岩在快速分离的中脊附近的火山活动区相对常见，例如东太平洋洋隆的火山活动区。它们通常由厚度不大于8英寸（约20.32厘米）的平板状玄武岩构成。形成层流状熔岩的岩浆的流动性远比形成枕状熔岩的岩浆好。枕状熔岩看起来似乎是岩浆从洋壳中被挤出而形成的，它通常被发现于慢速分离的中脊附近，例如大西洋洋中脊，而且其岩浆黏稠度更高。枕状熔岩表面通常有形似于褶皱和山脊样的构造，它们指示了其形成时的流动方向。枕状熔岩常常最终会形成从洋中脊顶部绵延而下的被拉长的小型山脉。

与大洋中脊相关的海山若长到海平面以上，便成为火山岛屿。厄瓜多尔西部的加拉帕戈斯群岛（图97）就是与东太平洋隆起有关的火山岛屿。而与大西洋洋中脊有关的火山岛屿则有：冰岛、亚速尔群岛、西非海域的卡纳瑞和佛德角群岛、阿森松群岛和特里斯坦·德·库恩哈岛。

组成亚速尔群岛的北大西洋中部岛屿全是由地幔柱或者热点产生的，这个热点曾经位于纽芬兰的下面，而后由于大西洋洋中脊的分离而随着洋壳向西漂移。赤道北侧大西洋中部的圣彼得群岛和圣保罗群岛并不是起源于火山，相反，它们是由圣保罗转换断层和大西洋洋中脊交叉点附近的上地幔碎片抬升而形成的。

冰岛是一块广阔的火山岩高地，此处的大西洋洋中脊在1，600万年前开始抬升到海平面以上，据推测，当时它的地理位置与现在差不多。冰岛是裂隙带热点火山活动最不可思议的实例，岛下的岩浆柱几乎一直延伸到地幔最底部，距地面大约1，800英里（约2，900千米）以下。冰岛跨居在大西洋洋中脊上面，大西洋海盆及其附近的陆地板块在此处分离，这使得冰岛在全世界独一无二。这个被异常抬升的地体沿着洋中脊延伸了900多英里（约1，500千米），1/3以上的高地位于海平面以上。在冰岛南部，宽广的高地逐渐变细，形成了通常意义上的大西洋洋中脊。

一条两边陡峭的V字形峡谷由南向北穿越整个岛屿，成为陆地上为数不

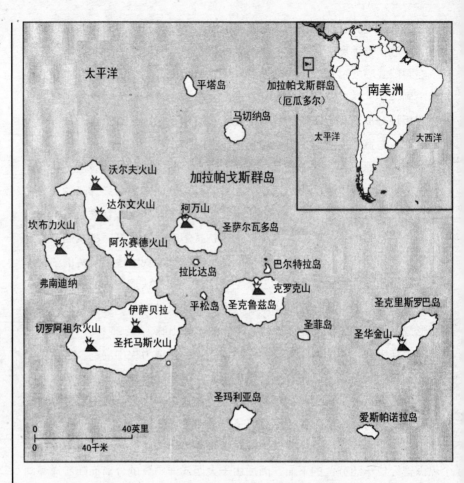

图97
厄瓜多尔西部的加拉
帕戈斯群岛

太平洋

平塔岛

马切纳岛

加拉帕戈斯群岛
（厄瓜多尔）

南美洲

太平洋　　　大西洋

沃尔夫火山

达尔文火山

加拉帕戈斯群岛

坎布力火山

柯万山

圣萨尔瓦多岛

阿尔赛德火山

弗南迪纳

拉比达岛

巴尔特拉岛

克罗克山

圣克里斯罗巴岛

伊萨贝拉

平松岛

圣克鲁兹岛

圣菲岛

圣华金山

切罗阿祖尔火山

圣托马斯火山

圣玛利亚岛

爱斯帕诺拉岛

0　　　　　　40英里

0　　　　40千米

多的大洋中脊裂谷地貌。大量的熔岩从裂谷中涌出，使冰岛成为全球火山活
动最活跃的地区之一（图98）。由于地幔深处强劲的物质对流作用，冰川覆
盖下的火山山峰高达1英里（约1.609米）以上。1918年一次冰盖下的火山喷
发导致了洪水暴发，它造成的冰融水流量大于世界第一大河亚马逊河流量的
20倍。1996年，冰岛遭遇了另一次冰下火山喷发，冰融水和冰山洪水冲出海
岸远达20多英里（约32千米多）。12世纪，冰岛人就已经知道了这种冰融水
突然暴发的现象，并称之为冰川溃决洪水事件。

　　大洋中脊其他部分的火山活动更是十分常见，深水下的火山喷发每年
可能多达20次。在大洋中脊上或者附近形成的火山，由于洋底扩张逐渐远
离大洋中脊中轴线，并发展成为一个个独立的火山山峰。随着新生洋壳漂
离洋中脊中轴线的距离增加，洋底逐渐加厚，影响了洋底上火山的高度。
因为洋底厚度越大，其所能承受的重量也越大。而洋壳在海山的重压之下

则会像橡皮垫一样发生弯曲，例如夏威夷下面的地壳就向下凸入多达6英里（约9.654千米）。

在大洋中脊处形成的火山，在逐渐远离洋中脊的过程中，除非有持续的岩浆补给，否则其质量是不会增加的。有时，在切断岩浆来源后，洋中脊上及其附近形成的火山会形成岛屿，然后侵蚀作用使其不断变矮，最后，沉入海平面下。

热点火山

大约有100个孤立的火山活动小区被认为是热点火山，它们遍布全球

图98
1973年5月冰岛韦斯特曼纳迦港岸外亥美伊火山爆发，海水泼溅到熔岩流上（照片由美国地质调查局提供）

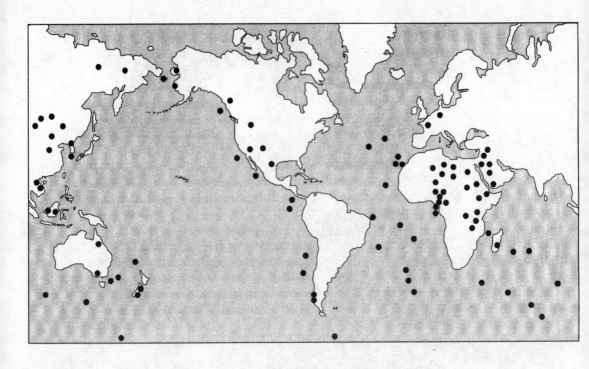

（图99）。这些热点为热量从地球核部传输到地表提供了"管道"。然而，这些热量管道并不是横穿地幔的一条条连续的热量流，相反的，它们是相互分离的一个个的斑点泡状的热的熔岩。当这些泡状物到达地幔顶部以上的洋底，便形成了一系列的火山岛。

上升的地幔柱可以将整个区域抬起，例如，当几个热点喷发形成玻利尼西亚岛的时候，南太平洋洋底的一个宽3，000英里（约4，827千米）的区域被抬升。类似的事情也发生在北太平洋的夏威夷岛链、北大西洋的冰岛和南印度洋的克格伦岛上。最活跃的现代热点位于夏威夷岛和马达加斯加以东的雷尼昂岛。

与绝大多数其他活火山不一样，热点起因的火山很少位于板块交界处，相反，它们常远离板块边缘而位于岩石圈板块内部（图100）。热点火山大都远离正常的火山和地震活动中心，以其地质独立性而著称。热点火山的岩浆与俯冲带和大洋中脊的岩浆有明显区别。热点火山岩浆具有明显不同的成分，说明其岩浆来源并不是普通的地幔对流物质。

组成热点火山的玄武岩岩浆含有更多的钾、钠等碱性矿物，表明其物质来源与板块边缘无关。相反，热点的岩浆可能来自地幔深部，甚至接近地核顶部的地方。热点的岩浆也可能来自地幔对流中心的停滞区域或该区域以下，地幔对流的搅动将这些深部熔岩带到地表。

　　地幔柱到达软流圈，其中挥发分含量高的部分向地表上升，为热点火山提供了物质来源。地幔柱尺寸不一，不同的尺寸表明了其物质来源深度不同。它们不一定是连续的地幔流，也可能是由在泡状构造或挤入状构造中上升的熔岩组成。假如没有上涌的地幔柱源源不断地向软流圈供应地幔物质，板块就会彻底破碎。

　　地幔柱的寿命一般为几亿年，有时热点逐渐消失，在其消失的地方又会形成一个新的热点替代它。由于地幔对流位置的摆动，热点的位置也会轻微的摆动。因此，地表的热点轨迹并不总是一条直线。然而，与板块运动相比较，地幔柱的位置可以看作是十分稳定的。因为热点的位移量非常微小，它们为测定板块运动方向和速率提供了一个很好的参考点。

　　板块在热点上的移动通常会留下一连串的火山痕迹，它们的连线则反映了板块移动的方向。这使得火山构造的排列方向斜交于相邻的大洋中脊，而

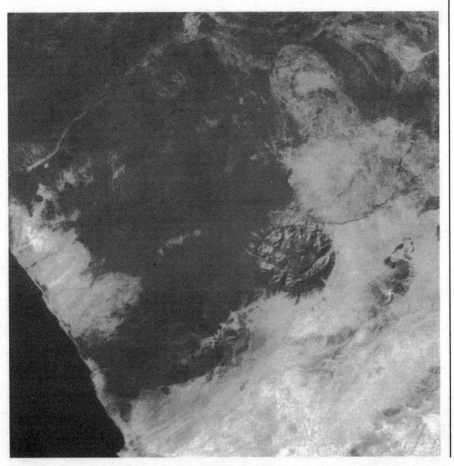

图100
西南非洲纳米比亚克劳斯角附近的布兰德堡构造是受上涌岩浆的作用而形成的地壳薄弱带（照片由美国航空航天局提供）

不是像裂谷火山那样平行于大洋中脊。热点的移动轨迹可能是一条连续的火山山脊，也可能是火山岛屿链或从周围洋底高高隆起的海山链。热点轨迹也可以削弱洋壳，它像地质"喷灯"一样切割着地壳。

夏威夷群岛是最突出、最容易辨识的热点火山（图101），它也是全球同类型火山中最大的。最年轻、火山活动最强烈的是岛链东南端的夏威夷岛，岛上的开罗伊火山（图102）也是全球火山作用最强烈的地方之一。每天都有数十万立方码（几十万立方米）的熔岩从火山侧面的裂缝带涌出，当这些熔岩流到山底，进入海洋时，便给岛屿增添数英里的新土地。这里的火山活动物质来自一条源于地球深处的贯穿太平洋板块的地幔熔岩柱，这些熔岩形成了组成夏威夷大岛的五个岛屿。

夏威夷最老的火山——库哈拉火山，位于岛屿最北部，最近一次喷发是在6万年前。如今，它已经被剥蚀和破坏，蔚为壮观的峡谷在其东北部被深深地切割。它南面就是地球上最高的山峰之一，从洋底隆起的高达6英里（约9.654千米）多的毛纳克亚山。毛纳克亚山西北边的华拉莱火山，最后一次喷发是在1801年，现在依然有所活动，正在为下一次的喷发积蓄力量。华拉莱火山东南边的毛纳罗阿山是全球最大的火山地盾，由24，000立方英里（约99，960立方千米）的岩浆组成，熔岩流一次又一次地流到缓慢倾斜的土墩上，使它成为全球体积最大的山脉。最年轻的火山——开罗伊火山形

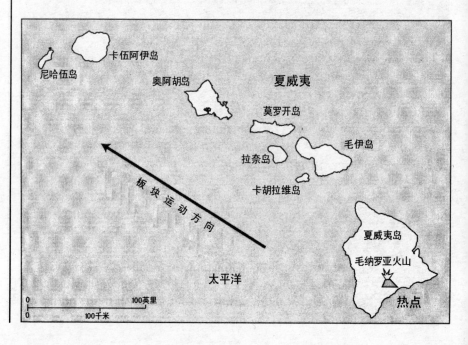

图101
太平洋板块漂移经过一个热点形成夏威夷群岛

图102
1955年3月28日，夏威夷岛开罗伊火山喷发的岩浆流流入海洋（照片由美国地质调查局G.A.麦克唐纳德提供）

成于毛纳罗阿山的侧面。从19世纪80年代初期开始，岩浆就沿着毛纳罗阿山的裂缝带不停地喷发，随着时间的流逝，它将大大超过火山主峰。

夏威夷岛以南约20英里（约32.18千米）处的罗伊亥火山是一座沉于海下的火山，其山顶高出海底8，000英尺（约2，438米），但依然处于位于海平面下3，000英尺（约914.4米）的地方。也许再过5万年，它将长出海面，成为夏威夷岛链中最年轻的成员，而其余的火山则在逐渐变老，并且明显在向西北方向慢慢移动。

夏威夷岛链的物质明显源自一些地幔深部的岩浆，在岛链形成的过程中，地幔上部的太平洋板块向着西北方向漂移。这些岛屿不断地喷出堆积到移动的洋底，就好像堆积到传送带上一样。最西北的岛屿形成时间最长，离热点的距离也最远。太平洋中还有着许多其他类似的火山岛链，它们同夏威夷岛链一样，走向大致都是西北—东南向的（图103）。这就表明太平洋板块在沿着这些火山岛屿连线的方向滑动。与夏威夷群岛平行的是澳大利亚海脊和土阿莫土海脊。这些岛屿和海山是在太平洋板块西北向移动的过程中由同一个火山热点喷发形成的。

然而，板块并不总是沿着一个方向移动。大约在4，300万年前，太平洋板块曾改变运动方向，朝着一个更偏北的方向移动。变向的原因也许是由于印度板块与亚洲板块的碰撞，在外观上则表现为火山热点轨迹的明显弯曲。

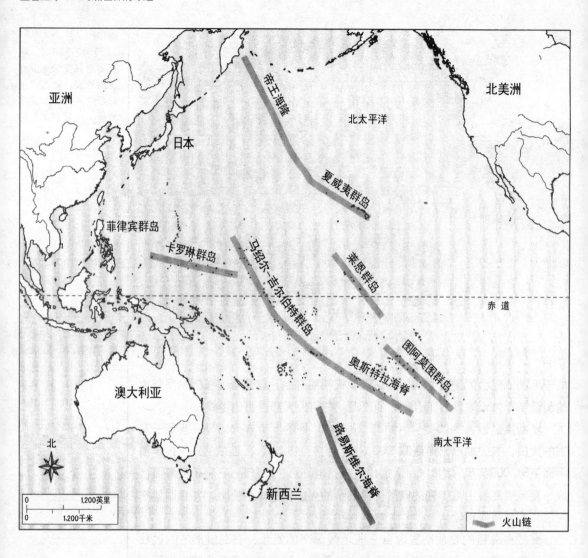

亚洲

日本

菲律宾群岛

卡罗琳群岛

马绍尔-吉尔伯特群岛

帝王海隆

北太平洋

夏威夷群岛

莱恩群岛

北美洲

澳大利亚

奥斯特拉海脊

图阿莫图群岛

路易斯维尔海脊

南太平洋

新西兰

赤道

北

0   1,200英里
0   1,200千米

火山链

图103
*太平洋板块上火山岛
的移动方向具有线性
特征*

　　加利福尼亚北部的门多西诺破碎带的突然拐弯，更加确定了太平洋板块漂移
的大转向时间同印度板块碰撞亚洲板块的时间一致，这个时间同样和北美洲
板块与太平洋板块碰撞的时间相一致。从这些观察中，地质学家得出结论：
用热点来确定板块运动，是一种行之有效的方法。

　　大西洋西部的百慕大海隆看起来则与这个规律相矛盾，它的走向大体是东
北方向，与美国东海岸的大陆边缘走向基本平行。百慕大海隆起长度约1，000英
里（约1，609千米），高出周围的海底约3，000英尺（约914.4米），它最后
一次火山喷发大约发生在2，500万年以前。较弱的热点不能烧穿北美洲板块，
显然，它必须利用大洋底部先前已经存在的地质构造薄弱点，这就是火山链

走向与板块运动方向有一个右向夹角的原因。

博威海山是向加拿大西海岸西北部移动的海底火山中最年轻的一个，为其提供物质来源的是一条位于洋底以下400英里（约644千米）、直径近100英里（约191千米）的地幔柱。这条地幔柱不像其他的地幔柱一样位于海山的正下方，而是位于火山以东100英里（约191千米）的地方。造成这一现象的原因可能是因为这条地幔柱在上升的过程中有一定程度的倾斜，或者海山相对于热点有一定的位移。

当大洋中脊漂移经过热点上方的时候，地幔柱中来自软流圈的熔岩的量就会增加以形成新的洋壳。因此，热点上方的地壳会比大洋中脊其他地方的地壳要厚，形成一片高出周围洋底的高地。东经九十海脊，因其位于东经90度的位置而得名，是一条在孟加拉海湾南面延伸3，000英里（约4，827千米）的连续火山岩层。1.2亿年前，当印度板块向亚洲板块移动滑过一个热点的时候，在印度留下了一片广阔的火山岩区域，被称作拉赫马哈尔暗色岩区。

在世所未闻的强烈板块构造运动的作用下，陆地的移动比今天要快很多，这种活动导致了火山玄武岩洪流式的喷发（图104）。大约1.2亿年前，一次空前绝后的海底火山喷发袭击太平洋洋盆，在大洋底部堆积了大量的火山岩浆。一系列几乎同时形成的海底火山高地也证实了这段火山活动˝痉挛期˝的存在。这些高地中最大的是澳大利亚东北部的翁通爪哇海台，其面积大概相当于整个澳大利亚陆地面积的2/3，含有大约900万立方英里（约3，750万立方千米）的岩浆，足以将整个美国覆盖在15英寸（约

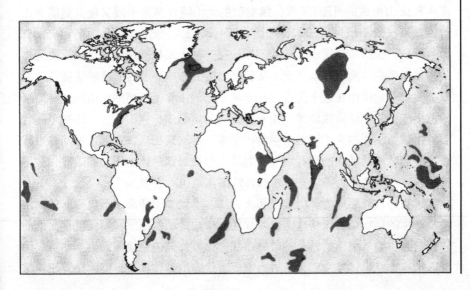

图104
洪流式玄武岩火山活动的主要区域

38厘米）厚的熔岩之下。

　　大约6，500万年前，印度西缘出现了一条巨大的裂缝，体积巨大的熔岩涌出地表，形成德干高原洪流般的玄武岩堆积。这条裂缝使得塞舌尔海岸从陆地分离出来，形成了塞舌尔群岛。4，000万年前，在印度板块继续向北朝着亚洲南部漂移的过程中，克格伦群岛追随于塞舌尔群岛之后。

　　克格伦高地是全球最大的海底平原。大约5，000万年前，印度洋中一块巨大的海底平原一分为二，现已相距大约1，200英里（约1，930千米）。9，000万年以前，在南极洲板块同澳大利亚板块分离时，一系列的火山喷发使得大量熔岩涌到大西洋板块上，形成了这片海底高地。

　　在接下来的几百万年间，一条长长的裂缝横切板块，将这片海底高地一分为二。北侧部分插入印度板块，开始了其向北漂移的长途旅行；同时，南边的部分则继续向南移动。现在，原始的高地，一半位于澳大利亚西海岸，即布洛克海脊；另一半位于南极洲北面，即克格伦高地。埃克斯慕斯高地是位于澳大利亚大陆凹陷部分的沉降地貌，在所有陆地集中成为泛古陆时，它曾与印度板块相连。

火山活动

　　火山喷发岩浆成分不同，导致火山形状大小不一。火山主要有四种形态类型：锥形火山、复合式火山、盾形火山和圆顶形火山。锥形火山是最简单的火山构造，它们由一些火山微粒堆积而成，并且组成它的岩浆从同一个出口喷发并凝聚。北白令海100英里（约161千米）长的圣劳伦斯岛就是由许多锥形火山构成的（图105）。爆发型的火山喷发常常形成又矮又陡的火山锥，高度一般不超过1，000英尺（约304.8米）。锥形火山是由落到火山侧面的浮石、火山灰和火山岩碎片不断地往外往上堆积而成的。火山爆发通常的事件顺序是：火山喷发、火山锥和火山坑的形成、最后才是岩浆流。

　　复合式火山由在数千英寸（几十米）高的山体上凝结的火山残渣和熔岩建造而成，它们通常很陡峭，由对称分布的熔岩流、火山灰、火山残渣和岩石块组成。山顶的火山坑常常包含一个或一群岩浆出口。在喷发期间，堆积于火山口喉部的硬化的岩石由于受到其下部被封锁气体的压力而破碎，被压抑的气体产生的压力将这些熔岩和碎片高高地抛入空中。

　　这些碎片随后成为火山残渣和火山灰，落到火山侧面。渐趋平和的火山喷发产生的层状熔岩流将这些碎片加固，形成陡峭的顶部和倾斜度很大的山体。熔岩也会从火山坑壁上的破碎点和火山锥外侧的裂缝中涌出，使得火山不断长高。结果，复合式火山成为世界上最高的锥体构造，但因常毁于灾难

图105

白令海的圣劳伦斯岛，在库库利吉特山的西北部显现出其火山锥（照片由美国地质调查局H.B.阿伦提供）

性的火山崩塌，使其不能成为世界上最高的山脉。

盾形火山是地球上最宽广、最大的锥形体，其侧面坡度仅有几度，山顶坡度也不超过10度。它的熔岩几乎全部是从一个中心火山口喷出的玄武岩。高流动性的熔岩从火山口喷出或涌出，形成火山岩地基中心（图106）。

火山岩浆建造其中心，同时向着各个方向流动，形成一个形状酷似倒转的餐盘一样的构造。岩浆向外扩散，覆盖一个很大的区域，此区域有时能达到1,000平方英里（约2,588平方千米）。岩浆如果太黏稠或者太重而不能远流，就会环绕出口堆积，形成圆顶形火山。圆顶形火山通常会形成与大型的复合式火山相似的火山坑口，由岩浆不断地背负式堆积而形成。

火山喷发产生的岩石类别多样，从硅含量高的流纹岩到硅含量低但富含镁钾的玄武岩等等，均可在火山喷发过程中发育。玄武岩是最重的火山岩，也是最常见的岩浆涌出地表而成的火山岩。浮石则是最轻的火山岩，事实上它甚至可以浮在水面上。例如1883年8月27号，喀拉喀托火山喷发期间，几

英寸（几厘米）厚的浮石浮在水面上，使得该区域的行船受到很大威胁。

　　火山灰这个词源于希腊语，它包括所有在火山喷发过程中进入大气的固体颗粒，可以分为很多类，从大岩石的碎片到粉尘级别的悬浮颗粒。火山灰源自溶有气体的熔岩，这些气体随着火山导管上升，在接近地表时，迅速分散到液体和泡状物之中。因为压力急速减小，泡状物体积迅速增大。如果减压分散事件发生在火山喷口处，泡状物向外扩散，分散到火山岩石之中，就

图107
美国爱达荷州沐恩国家地质遗迹公园瑟普莱斯洞附近火山口外的绳状熔岩（照片由美国地质调查局H.T.斯特恩斯提供）

会形成浮石。如果这个过程发生在火山喉口深处，这些气体则会冲击周围的液体，使这些岩浆成为碎片。这些火山碎片在气体迅速扩散产生的压力的作用下向上搬移，最终高高地喷出火山口。

火山物质的横向喷发产生热气，使得火山碎屑和火山灰上升，形成"火山云"。火山碎屑和火山灰所构成的"火山云"沿着地表的流线型构造流动，也可能沿着河谷以每小时100英里（约161千米）的速度流动数十英里（1英里≈1.6千米）。最有名的例子就是1902年马提尼克岛的马特·佩里火山喷发，它产生了时速100英里（约161千米）的火山灰流，在短短几分钟内就夺取了圣·皮埃尔地区3，000多人的性命。火山灰冷却并凝结形成的火山凝灰岩堆积物，可以覆盖1，000平方英里（约2，588平方千米）甚至更大的面积。

火山熔岩是指在火山口喉部、火山裂缝喷口或者地表流动的熔化状态的岩浆。形成熔岩的岩浆要远比形成火山灰的岩浆流动性好，其挥发分和气体的扩散性更强，因此，其喷发过程更加宁静温和。这种火山喷出岩是一种斑驳的火山岩，它们是在黏稠度较高、流动性较低的火山岩向下的压力的作用下，被迫沿着厚层的破碎地壳移动时形成的。这种类型的熔岩有一个夏威夷名字——"Aa"，发音近似"啊哈"，正是表示赤脚在这些岩石上行走时所发出的痛苦的声音。岩浆流动，给上覆地壳以向上的压力，使其破碎成为粗糙的、锯齿状的岩石。它们或受压继续破碎，或随岩流被拖移，使熔岩流呈现出一种无规则状态。

绳状熔岩，顾名思义，即外形酷似绳子的火山岩（图107），它是由流动性很高的玄武岩形成的。在流动的过程中，熔岩表层最先冷却，形成一层薄薄的塑性外壳，而下面的熔浆继续流动，重塑着表层的外形，使其呈翻腾状或绳状。当岩浆最终冷却时，岩石表层受来自岩石下部的压力作用，保持着原来的形状。如果表层的岩浆冷却并固结成为地壳，而下部的岩浆继续流动并最后流走，这样就会形成洞窟或者管道，称为熔岩管。长的熔岩管通常是表层熔岩冷却时下部的熔岩收缩形成的。在极少数情况下，它们可以在熔岩内延续几千米。

一次火山喷发所喷出的火山熔岩和火山碎屑从几立方码（若干立方米）到多达5立方英里（约23立方千米）不等，裂隙式火山喷发年喷发量约25亿立方码（约19亿立方米），主要是海底玄武岩流。俯冲带火山每年则产生10亿立方码（约7.6亿立方米）的火山碎屑物。而热点火山年产量则为5亿立方码（约3.8亿立方米），在陆地上主要是火山碎屑和熔岩流，而在海洋里则主要是玄武岩流。

在讨论了海下火山之后，下一章我们将会考察大洋洋流在地球上所扮演的角色。

6

深海洋流

大洋环流

本章我们主要讨论深海洋流、潮汐和波浪。海水荡漾，永不停息，将水和能量带到世界的每个角落（图108）。从功能上讲，海洋就犹如一个巨型的循环机，维持着地球气候的平衡。深海洋流有着十分规则和固定的运行程式，它们就像是环绕地球的传送带，输送着大量的海水。海洋风暴则将沉积物堆积到海床，塑造深海洋底。

太平洋海盆海水的剧烈晃动，导致了厄尔尼诺现象的产生，使得全球气候发生异常。海浪和潮汐不断地改变和塑造着全球的海岸线。洋底地震和火山喷发所引发的海啸则是最具毁灭性的海浪形式，给海岸居民造成毁灭性的灾难。

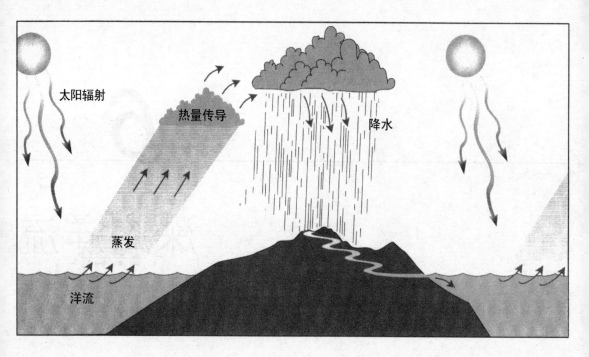

深海河流

　　海洋上层区域的洋流（图109）被风驱动，风力是海洋表层水运动的动力来源。然而，洋流运动方向与风向并不完全相同。由于科里奥利力的影响（图110），洋流流向在北半球会右偏（或者说偏向西北），在南半球则会左偏（或者说偏向西南）。这是由于地球表面靠近赤道的点离地球自转轴更远，因此其线速度比靠近两极的点要大，在相同的时间内低纬地区比高纬地区运动经过的距离也更大。这就造成表层海水向两极运动时速度减慢而偏向东行，向赤道运动时速度加快而偏向西行的现象。

　　洋流在热带获得能量，成为暖流，将热量带向高纬度地区；自高纬地区返回热带时，又给热带区域带来寒流。这种热量交换调节着海岸区域的温度，使得日本、北欧等地区比根据其纬度推测出的气候要温暖许多。墨西哥湾流以顺时针方向绕北大西洋海盆蜿蜒13，000英里（约20，917千米），将热带暖流带到北方。

　　北大西洋就像是一个巨型的"热量泵"，使得全球气候周期性地冷暖，有时可强化温室效应，有时也与温室效应相抵触。另外还有一条与北大西洋的墨西哥湾流相似的大洋流，叫日本洋流。这条洋流携带着热带区域的热水，涌向北边的日本，穿过上面的太平洋，然后向南转向温暖的北美西海岸。南太平洋最重要的洋流是洪堡洋流或称为″秘鲁洋流″，它沿南美洲西海岸向北流。

　　无论是暖流还是寒流，伴随洋流的移动总会产生一些涡流，酷似海底龙卷风。某些涡流尺寸巨大，覆盖的海面宽达100英里（约160.9千米）甚至更多，深度可达3英里（约4.8千米）。当然，大部分涡流的覆盖范围都不超过50英里（约80千米），一些甚至还不到10英里（约16千米）宽，例如阿拉斯加附近北冰洋中的涡流便是如此。涡流，犹如一个巨型的″打蛋器″，对海洋水体的均匀混合起到重要的作用。

　　涡流，就像是在洋流主支上形成的分支，在大气圈高压系统作用下，它

图109
洋流

寒流　　　　　暖流

1.加利福尼亚寒流　　1.北太平洋暖流　　12.西风漂流
2.洪堡寒流　　　　　2.北赤道暖流　　　13.季风暖流
3.拉布拉多寒流　　　3.赤道逆流　　　　14.赤道暖流
4.卡内瑞易斯寒流　　4.南赤道暖流　　　15.南赤道暖流
5.班加拉寒流　　　　5.西风漂流　　　　16.莫桑比克暖流
6.福克兰寒流　　　　6.墨西哥湾流　　　17.西风漂流
7.西澳大利亚寒流　　7.北大西洋暖流　　18.日本暖流
8.鄂霍次克寒流　　　8.北赤道暖流　　　19.北赤道暖流
　　　　　　　　　　9.赤道逆流　　　　20.赤道逆流
　　　　　　　　　　10.南赤道逆流　　　21.南赤道暖流
　　　　　　　　　　11.巴西暖流　　　　22.东澳大利亚暖流

143

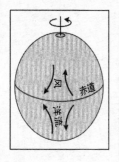

图110
科里奥利力，由地球自转而产生，使流向赤道的洋流向西偏转，而流向两极的洋流向东偏转

在北半球顺时针旋转，而在南半球则相反。生活于涡流中的海洋生物，跟随其移动，常常会经历完全不同的生存环境。只有当涡流中持续出现适宜的水体时（也许需要持续几个月），物种才能生存其中。

海水在极地被冷却到只有几摄氏度的低温，冰冷的海水覆盖着两极的海洋表面。极地附近的高密度冷水下沉便形成稳定而强劲的深海洋流（图111），流向赤道。伴随这些洋流的是位于洋盆西侧的强劲涡流，它们甚至会比洋流主体本身要强劲上百倍。

极地区域的海水温度低、盐度高，因此其密度也比其他地区的海水要高。极地海水的高盐度，一方面，源于流向极地的海水沿途被不断蒸发，另一方面，部分海水结冰析出的盐分也对盐度的提高起着重要作用。高密度的寒冷海水沉入洋底，并沿着洋底向赤道扩散。而地球由西向东自转产生的科里奥利力使洋流向西偏转。陆地分布和洋底地貌（山脊、峡谷等）同样也会影响洋流循环的轨迹。

地球上最冷的海水位于南极周围，温度常在零度以下。这是因为环南极洋流形成的温度阻隔带阻碍了外部海洋暖流的进入。南极海域每年至少有10个月的时间被海冰覆盖，而其中有4个月是处于绝对黑暗之中的。这片冰海在许多地方被海岸冰穴和大洋冰穴分隔，因而支离破碎。冰穴是由于暖流上涌融化海冰而形成的开阔水域。海岸冰穴是十分必要的海冰生产基地，因为它们与结冰较晚的开阔海域相连，从而使得海水结冰过程得以持续进行。

南极对全球气候环境的影响比北极更大。由南极向赤道流动的深海寒流在科里奥利力的作用下向左偏转，冲刷大西洋、太平洋以及印度洋海盆的西

图111
大洋传送带，将暖水与冷水运送到全球各地

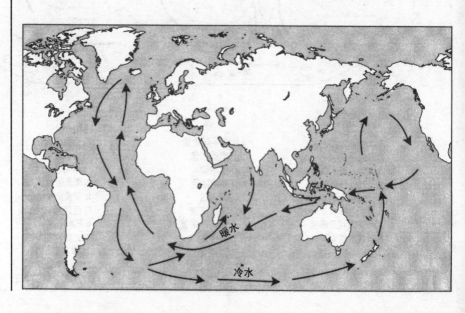

暖水

冷水

侧。狭窄山谷中的溪流速度总是很快，同理，洋流在朝向陆地流动时也会加速。由于气候的原因，南极附近表层水沉降补充深部海水的速度同一个世纪前相比已经大为降低。更剧烈的变化发生于11，000年前的一个极冷期，此外还在持续约500年的"小冰期"中也出现过相似的情况，"小冰期"大约结束于公元1880年。

看似简单的沿洋底轻快流动的洋流，至今依然存在许多有关其规律的谜题。一条产生于南极的深海洋流在"旅行"了7，500英里（约12，067.5千米）之后，突然转向，横扫新斯科细亚（加拿大的一个省）南部的深海平原边缘。全球最大的深海水团——大西洋底层水，产生于南极附近海洋表层并沿着洋底北流进入北大西洋西部。

在汇入北大西洋与当地水体混合以及再重新散流之前，许多洋流都因地球向东的自转而偏向西行。在科里奥利力的作下，一些洋流在进入大西洋前就已经改道，涌入深海平原边界处的陆隆低缘。洋流伴随着底层的强劲涡流，影响着墨西哥湾流，它们可以卷起新斯科细亚南部以及向南一直到巴哈马群岛地区的近2，000英尺（约609.6米）深海的底层泥沙。墨西哥湾流所诱发的深海涡流可能会使其自身变得更加强劲，从而产生携带大量泥沙的海下风暴。

印度洋与北极区域几乎完全隔绝，因此其底层冷水基本上全部来源于南极区域，这在所有大洋中是独一无二的。而大西洋和太平洋则既与南极相连，也同北极相通。分隔阿拉斯加和亚洲的白令海峡既窄且浅，它阻碍了北冰洋的深海冷水输入太平洋。与南极相比，北极区域海水的冰冻程度要大一些，此处近表水盐度并不很高，因此密度并不十分大，不能立即下沉。这就最终导致了北冰洋的广阔海冰的形成。

因为河流盐分输入的缘故，大西洋海水盐度比太平洋海水盐度要高。大西洋主要有两个高盐水源，其一是墨西哥湾流，另一个则是来自地中海的深部洋流。地中海区域气候温暖，水分蒸发使得海水盐度升高，这些高盐海水西行通过直布罗陀海峡，在大西洋下沉到4，000英尺（约1，219米）下的深海。这些水源使得北大西洋表层水的含盐量大大提高，远高于北太平洋的含盐量。

北大西洋的表层水北行便进入了挪威海，并在此处被冷却到零度以下。然而，由于含盐量高，这些寒冷的海水并不会冰冻，只是下沉，并在到达洋底前反向运动通过海下山脊间的狭窄深槽返回大西洋。这些海下山脊连通格陵兰、冰岛和英格兰。这条深海洋流，即北大西洋深层水，流量巨大，是全球地表河流流量总和的20倍。

北大西洋深层水携带的大量水体在南行的过程中向右偏行，冲刷北美洲的东部大陆边缘，形成西部边界流。这条洋流沿着北美洲东海岸每年运送的海水体积约为2万立方英里（约8.33万立方千米）。这些深海洋流移动十分缓慢，完成一个从极地到赤道再返回极地的旋回需要上千年的时间。相比而言，表层洋流的速度要快得多，它们围绕海盆完成一个旋回的时间仅需十几年。

海洋各地上升流的总体积与极地区域下沉流的总体积是相当的。来自两极区域的寒流在热带的某些区域上涌，形成一个有效的热量传输系统。风力作用同样可以造成上升流，通常，离岸风会形成上升流，而向岸风则形成下降流（图112）。陆地海岸以及赤道附近的上升流是海底营养物质的主要来源。现代渔民常通过追踪上升流区域来捕鱼，因为这里通常是鱼类聚集区。

稳定的向岸风同样会形成激流。通常，海浪的浪高并不是均一的，往往在接近海岸线时达到最大值。海水沿着波浪两侧下滑，形成平行于海岸的水流。水流相遇时，海水转向海洋方向，在狭窄通道中流动，形成表面看起来方向紊乱且水体浑浊的激流。这些激流能够将游泳的人推向远海，遇到这种情况，游泳者应该先平行海岸线游出激流区，然后再游回海岸，方能脱险。

热带海洋上层海水由于受阳光照射而变得温暖，下层海水则因受到寒流作用而寒冷。这种交互作用便形成了赤道−两极热量传输系统。海洋和大气

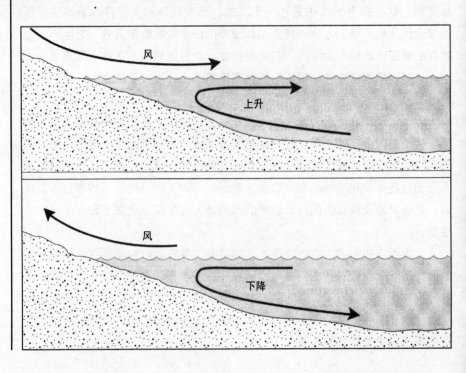

图112
离岸风和向岸风引发海洋上升流和下降流

凝结作用

降水作用

水循环

蒸发作用

表层径流

次表层水

图113
海洋与陆地之间的水循环（图片提供：美国国家地址勘查局）

圈层之间的交互作用对水循环（图113）也有着很重要的作用，它使得海水源源不断地进入陆地，而后又返回海洋。这些交互作用使得海洋成为一个巨型的热量引擎，让能量在全球传递。

厄尔尼诺

大洋洋流对气候有着举足轻重的作用。洋流系统的任何改变都可能会引发全球气候的异常，例如厄尔尼诺（图114）就引发了许多气候异常事件。厄尔尼诺是指赤道区域的东太平洋海水异常变暖的现象，具有一定的周期性：间隔时间从2年到7年不等，持续时间常常为2年。厄尔尼诺现象在过去20年尤为活跃，其持续时间和强度均超过往前的120年。1991～1993年以及1994～1995年更是连续出现异常的厄尔尼诺现象。1997～1998年，厄尔尼诺现象十分强劲，低纬太平洋海水前所未有地暖化，导致气候极度异常，全球有23,000人因此丧生，造成的经济损失高达330亿美元。当年海水温度比正常值高出5℃，而在一般厄尔尼诺出现时海水温度仅比正常值高2℃。

南太平洋大气压的异常变化——常称为厄尔尼诺与南方涛动现象，会导致西行信风的减弱。随着东太平洋复活节岛附近海域的气压上升，西太平洋澳大利亚达尔文岛海域的气压便相对下降。然而，当一个大的厄尔尼诺现象发生时，东太平洋大气压会下降而西太平洋大气压会上升。厄尔尼诺结束后，两个区域的气压差会发生翻转，从而形成一种气压差的"跷跷板效应"。

厄尔尼诺现象还会破坏西行的信风。西太平洋的温暖海水被风卷起，然后向东回流，造成南太平洋洋盆海水的剧烈动荡。东太平洋的暖水层变厚，温跃层（暖水层和冷水层的分界）位置下降，阻碍了下部冷水的上涌。这种现象会暂时阻碍营养物质的上涌，从而大大地影响当地海洋生物的生存。

1982～1983年厄尔尼诺事件期间，异常的海洋地质条件对太平洋厄瓜多尔岸外加拉帕戈斯群岛造成了巨大的影响。环绕这些岛屿的洋流十分复杂，它们受赤道潜流的影响很大。此处的赤道潜流是东行的次表层洋流，厚度约600英尺（约183米）。海洋表层发生异常高温期间，环绕加拉帕戈斯群岛的浮游植物群落会重新分布，这可能是导致那些生活在加拉帕戈斯群岛上的海鸟和哺乳动物繁衍失败的最主要的原因。

与太平洋中厄尔尼诺现象常同时发生的，是印度洋出现的相似的海水变暖现象。当沿着非洲东海岸产生的变暖海水顺着赤道移入大洋中部时，印度洋厄尔尼诺便开始了。这些异化的印度洋洋流的产生几乎与赤道太平洋自西向东的热流的重新分布是同步的。太平洋中厄尔尼诺现象成熟后，中央印度洋的暖流也已经向东南流入分隔澳大利亚和印度尼西亚的帝汶海。在非常接近非洲大陆的地方也发现了印度厄尔尼诺，这也许可以解释其所造成的一

图114

厄尔尼诺期间太平洋中央地带变暖时，北方冬季温度和降水的典型分布图（阴影代表干旱，点代表湿润，圆圈代表温暖）

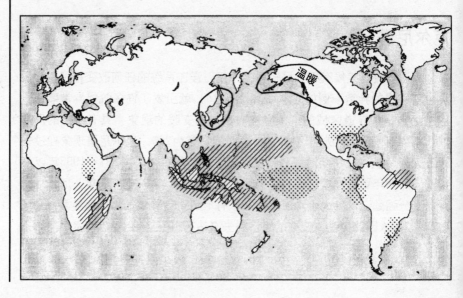

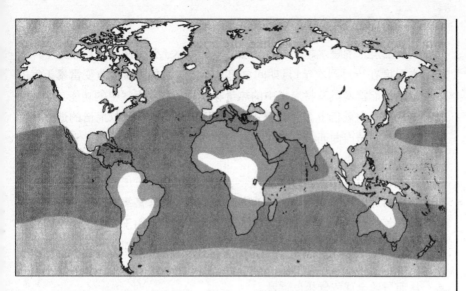

图115
全球降水-蒸发平衡
浅色区域，降水量大
于蒸发量；深色区
域，蒸发量大于降水
量

系列远程影响，例如印度和远在地球另一半的南非等地发生的旱灾。

反过来，太平洋表层水变冷时，全球许多地方的降水量都会高于平均水平，这便是"拉尼娜"现象。1988年，太平洋中部海水温度直线下降，达到一个异常寒冷的水平。这便标志着气候由厄尔尼诺型转向了拉尼娜型。变化的气候严重地影响了全球的降水-蒸发平衡（图115）。这一年，印度和孟加拉国遭遇了强烈的季风气候，而澳大利亚则被暴雨侵袭。这次拉尼娜现象也许还是1988年美国大干旱，以及次年全球显著降温事件的诱因。1993年，拉尼娜尤其强劲，美国中西部的广大地区遭遇洪水侵袭，损失的惨重程度为美国史上之最。2000～2001年间，既没有厄尔尼诺现象也没发生拉尼娜现象，然而全球许多国家却因此遭遇了前所未有的寒冷。

在南美洲西海岸，东南信风驱动秘鲁洋流推动表层水向远离海岸的方向运动，使下部营养丰富的冷水得以上涌。信风的西向推力一直可作用到太平洋东部和中部。海洋表面的残余应力使西太平洋海水堆积，从而使其暖水层厚度增加，大于东太平洋暖水层的厚度。二者温跃层深度差异甚大，西太平洋温跃层在水下约600英尺（约183米）处，而东太平洋的则位于水下约150英尺（约45.7米）。南美海域温跃层接近海洋表层，其上升流尚能保持较低的温度。

在一次10月份开始的厄尔尼诺事件期间，信风受阻停止，西太平洋厚厚的暖水层无法维持原有的稳定，遂向东回流，在海洋表层形成所谓的开尔文浪，历经两三个月即可到达南美海岸，从而造成南太平洋海水的大回流。开尔文海浪形成的洋流将西部的暖水运送到东部，使东赤道太平洋的温跃层变深，从而阻止当地冷水的上涌。

从西部流入的暖水越来越多，加之下部冷水上涌受阻，使得东太平洋表层海水温度在12月到次年1月期间显著升高。暖水的扩展会改变雷暴天气的发生位置，而雷暴具有将海水中的热量和水分转移到大气中的功能，全球气流的流动路径也就因此发生显著改变（图116）。随着厄尔尼诺的进一步发展，信风开始转而向西行，开尔文海浪的作用更加强烈，而南美洲西海岸的温跃层会进一步变深。

秘鲁寒流沿着南美洲西海岸北行，并不会因为厄尔尼诺而明显减弱。它一如既往将深层水推涌到海表，然而此次上涌的并非富氧富营养的寒流而是缺氧寡营养的暖水，这便使得当地的鱼类大大减产。由于开尔文海浪向东的推力作用，南美洲赤道海域附近西行的洋流减弱，不仅如此，当地的表层水温也比往常要高。它使得表层暖水沿着赤道向西扩散。正常的信风模式被翻转，从而导致全球气候极度混乱。

如果大气中二氧化碳含量加倍，地表温度就会上升，这将极大地影响全球的降水模式，在厄尔尼诺期间更是如此。厄尔尼诺出现频率的增加也许正是温室气体过量排放、全球变暖的征兆。在厄尔尼诺期间，海洋可以吸收更多的二氧化碳，而陆地则排放更多同类的温室气体，二者似乎可以达到一种平衡。

20世纪初至今，由气候引发的自然灾害的数量已经成倍增加。

图116
厄尔尼诺期间的气流变化：虚线代表正常的气流路径

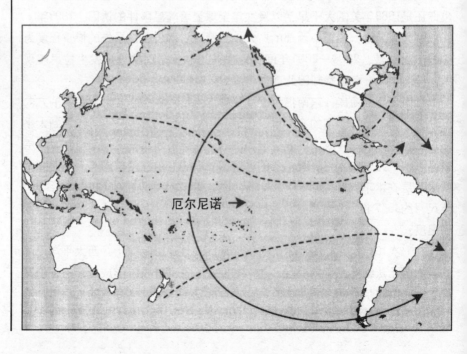

厄尔尼诺 →

1988～1999年，美国发生了38次重大的气候灾害。仅1998年便达7次之多，创下了单年重大自然灾害次数的最高纪录。1998年也是1860年来全球最温暖的一年。再加上1997～1998年出现了史上最强劲的厄尔尼诺，太平洋海水温度足足比正常值高出了5℃。

为了考查温室气体是否真的导致了全球变暖，科学家们决定以声波在海水中的传播速度为研究对象。因为声波在暖水中的传播速度比在冷水中快，长期测定便可以判定全球气温的变化。科学家们的设想是：在一个发射塔发出低频声波，然后在分布全球的几个接收塔接收该声波信号。声波信号传送到接收塔需要几小时的时间。因此，如果在5～10年的时间内，声波传输时间缩短几秒，便说明全球确实变暖了。

深海风暴

人们曾经认为：黑暗的深海是一片几乎绝对宁静的区域，沉积物如细雨飘落，十分缓慢，历经两千年的时间也只能堆积约1英寸（约2.54厘米）厚。最新的发现却表明：沉积物在洋底经历长时间的沉寂之后，常常会为海底风暴所改变和重塑。强劲的底层洋流偶尔会铲起上层沉积泥，抹去动物活动遗迹，形成与风成沉积或河流沉积相似的沉积纹理结构。

在洋盆西侧，海底风暴环绕陆隆底部运动，搬运大量的沉积物并在极大程度上塑造着洋底地貌。海底风暴冲刷着洋底的某些部分，又把大量的泥和砂堆积到洋底的其他地方。高能量的洋流以约每小时1英里（约1.609千米）的速度前进，虽然速度不快，但考虑到海水的高密度，其对洋底的侵蚀作用十分显著，效果相当于时速45英里（约72千米）的飓风对近岸区域的风蚀。

洋底沉积物上的犁沟（图117）表明深海风暴的行进遵循着特定的路径。海床所受的侵蚀作用以及厚层的细粒沉积物堆积使得海底地貌变得复杂。深海沉积物被周期性搬运，创造出了类似浅海暴风作用形成的层理——沉积物按粒度分层的现象。

堆积到洋底的沉积物包括碎屑物质、生物贝壳以及微体生物壳体等。碎屑物一般指陆缘沉积物或腐烂的植物碎片；而贝壳和微体生物一般来源于表层海水到海面下300英尺（约91.44米）的区域，该区域是有阳光直射而生物富集的水体范围。生物壳体的沉积速率也会受到海水深度的影响。一般而言，水深越大，壳体沉入洋底经历的路径越长，在沉入洋底前被高压冷水溶解的可能性也就越大。因此只有快速埋藏，才能使生物壳体免遭海水腐蚀而保存下来。

　　陆源碎屑被河流带到大陆边缘，并进一步被冲刷到大陆架上，然后才被海洋洋流运送到远海大洋中去。碎屑物质被运送到大陆架边缘，由于重力作用而跌落到陆隆底部。每年，大约有250亿吨陆源物质被搬运到河口，其中大部分最终都会堆积在河口附近和大陆架上。仅有数十亿吨的陆源物质能最终到达深海。除了河流以外，亚热带地区强劲的沙漠风暴也会向海洋运送大量的陆源物质。风成沉积物中含有大量的铁，这是一种促进浮游生物繁盛的关键元素。海洋中有许多营养物质丰富的区域，这些区域本应成为生命绿洲，但是因为缺乏铁元素而始终荒芜。

　　海洋生物每年可以在洋底堆积约30亿吨的沉积物。生物生产力是决定生物沉积速率的主要因素，它主要受大洋洋流影响。寒流上涌的有光带，营养丰富、阳光充足，因此微生物十分繁盛。高生产力和高沉积速率的区域通常位于大洋边缘地带，例如南极洲的周边海域。另外，大型洋流路径两侧通常也是高沉积速率区，例如顺时针环绕北大西洋海盆的墨西哥湾流，以及顺时针环绕北太平洋海盆的黑潮暖流（或称日本暖流），其路径两侧生物生产力都很高，因而生物沉积速率也非常快。

　　全球体积最大的细粒沉积物堆积和最强劲的海底洋流都位于大西洋西侧的高纬海域。这些水域最有可能生成重塑洋底地貌的海底风暴。这里也是全球最大的沉积物漂积带的所在地，该漂积带长达600多英里（约965千米）、

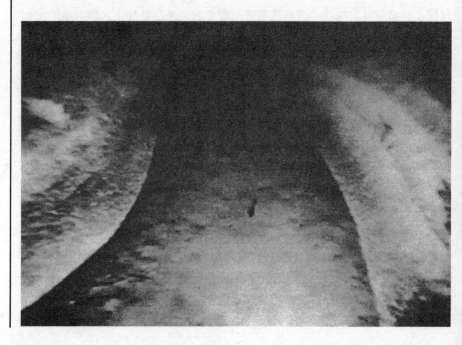

图117
大西洋海床上宽阔平坦的犁沟（图片提供：美国地质勘查局N.P 埃德加）

宽100千米、厚度则大于1英里（约1.609千米）。位于海下2～3英里（约3～5千米）深处的深海洋流对于北美和南美东海岸外陆隆面貌的重塑有着最重要的作用。在其他区域，例如非洲、南极洲、澳大利亚、新西兰以及印度，底层洋流也会使其边缘的细粒沉积物重新分布。

人们利用深入洋底的观测仪器可以考察底层水的流动及其对沉积物运移的影响（图118）。在深海风暴发生期间，底层洋流的流速从每小时0.1英里（约160米）上升到每小时1英里（约1.609千米）多。大西洋中深海风暴的能量似乎来源于墨西哥湾流诱发的表层涡流。深海风暴所到之处，水中悬浮沉积物的重量可增长10倍有余，洋流可以在1分钟内搬运成吨的沉积物。移动的悬浮沉积物团看起来就像是一条持续约20分钟的连续的浊流河。而风暴本身的持续时间则从几天到数星期不等，最后，洋流速度减慢到正常值，悬浮的沉积物沉降堆积。

并不是全部的沉积物搬运工作都是由深海风暴直接完成的。深海洋流所携带的物质同样覆盖了洋底的广阔区域并重塑其面貌。深海风暴的主要效应是搅拌洋底的沉积物，而远距离搬运沉积物的功能还是得由深海洋流来完成。深海水循环并没有明显的季节性，因此深海风暴的出现仍难以预测，常常是每2～3个月在某一地点出现一次。

潮汐流

潮汐是由太阳和月球作用于海水的万有引力而引起的。月球沿椭圆形的轨道绕着地球旋转，其对地球的吸引力在近地点时比远地点要大。两侧的万有引力值相差约13%，这就使得地-月系统的重力中心变长。每天，月球的万有引力作用会在地球上产生两个潮汐膨胀。随着地球的自转，海水涌入潮汐膨胀部分，一个朝向月球，而另一个则背向月球。而潮汐膨胀之间区域的海水变浅，使得地球整体呈鸡蛋状。大洋中部海水上升并不明显，即使在最高潮期也不过2.5英寸（约6.35厘米）左右。然而，由于液体晃动效应以及海岸线形状的影响，海岸附近区域的潮高常常是大洋中部潮高的好几倍。

地球本身的自转，使得地球上每一点每天都会经历两次潮汐膨胀的产生和消退过程。随着地球潮汐膨胀的产生和消退，海水每天也会有两次涨潮和两次退潮。月球绕地球旋转的方向与地球自转的方向一致，但却比地球自转的速度要快。当地球表面的某个点转过180度时，潮汐膨胀已经随着月球前移，这个点需要移动更长的距离才能赶上潮汐膨胀的节律。因此，实际的潮

图118
用于监测洋底海水运动和沉积物运移的设备（图片提供：美国地质勘查局 N.P.埃德加）

汐周期要长于12小时，约为12小时25分钟。

如果没有陆地对潮汐运动的阻滞，任一海岸每天都会经历两次高潮和两次低潮，而且潮高和周期都应该完全相同。这种潮汐称为半日潮，它出现在北美和欧洲的大西洋海岸。然而，由于陆地的阻碍作用，潮汐浪常常受阻、破碎，便出现了潮汐类型的多样化。正是由于这种阻碍作用，才形成了潮汐完整的浪顶和浪谷序列，它们常常相距数千英里（数千到上万千米）。在某些区域内，潮汐浪和大体积水体的波动常常交互作用，结果使得这些区域，例如墨西哥湾沿岸，每天仅有一次潮汐，称为全日潮，其周期约为24小时50分钟。

太阳对地球的万有引力作用同样会引发半日潮和全日潮，其周期分别为12小时和24小时。因为日地距离比月地距离要大得多，太阳所引发的潮汐浪高比月球所引发的潮汐浪高要小得多。而综合的潮汐振幅（高潮位与低潮位之间的差值）则取决于太阳潮汐和月球潮汐之间的相互关系。它由太阳、地球、月亮三者之间的位置关系控制（图119）。

潮汐浪高每月会出现两次极大值，分别是新月和满月时，即所谓的"朔、望"。朔、望分别指中国农历的初一和十五，这两天是每月的春潮期，"春潮"这个词来自于撒克逊语，与春天没有任何关系，意思仅指"海水猛烈地上涨"。上弦月和下弦月时，潮汐浪高会出现最小值，即所谓的低潮。这时，地球、月亮、太阳三者处在一个合适的位置上，使得太阳潮汐和月球潮汐方向相反而作用相抵。

混合潮汐是全日潮和半日潮结合的结果，北美洲太平洋沿岸发生的潮汐便是这种类型。此种类型的潮汐表现为每天会出现四种不同的潮汐类型：高高潮、低高潮、高低潮和低低潮。在美国西海岸，某些大型船舶必须要等到高高潮出现时才能借助海水浮力离岸。地球上有些地方是几乎不出现潮汐的，它们处在稳定点上，其周围的潮汐波浪已经停滞，例如塔希提岛便是如此。

通常，人们称浪高超过12英尺（约3.66米）的高潮为"大潮"。它一般出现在各地海岸的海湾或港湾处。大潮的出现与否及具体的浪高都取决于海湾或河口的形状，因为它们能够限制海浪前进的轨迹，使潮汐变窄而浪高增大。一般说来，潮汐浪高很大的地方，潮汐洋流也会很强劲。实际上，河口附近的潮汐盆地常常会同高涨的潮汐流之间产生共振。这会使潮汐盆地一侧的海水在涨潮初期上升很高，而后稍有降低，涨潮末期又转而升高。涨潮将

图119
海洋潮汐受太阳和月球万有引力的影响

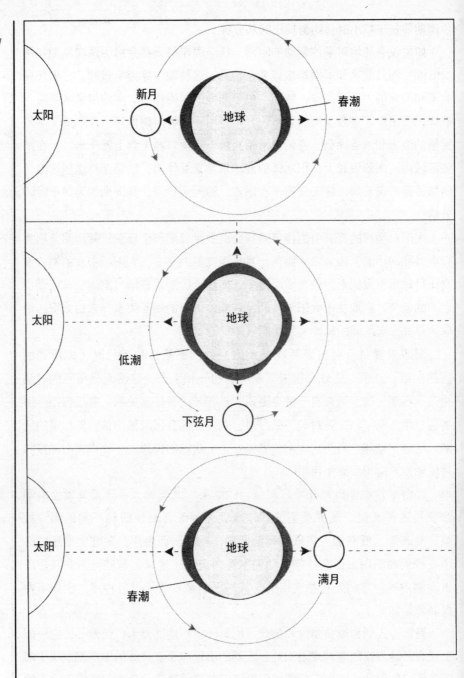

太阳　新月　地球　春潮

太阳　地球　低潮　下弦月

太阳　地球　春潮　满月

海水带入海盆，并使得海水在海盆中前后波动。潮汐流一边震动，一边向河口推进。这会影响海盆中的潮汐流，使得高潮更高而低潮更低。

　　怒潮（表14）便是海盆内一种特殊的潮汐流震动的产物。它们通常是

表14　主要怒潮

所在国家	潮汐海盆	潮汐水体	已知怒潮点
孟加拉国	恒河	孟加拉湾	
巴西	亚马逊河	大西洋	
	卡平河		卡平河
	多诺提运河		
	瓜马河		
	托卡廷河		
	阿瑞挂日河		
加拿大	裴缇科迪克河	芳迪海湾	邝克通
	沙门河		楚罗
中国	钱塘江	中国东海	海宁–杭州
英国	瑟雯河	布里斯托尔海峡	富兰米罗得–格洛斯特
	潘瑞特河		桥水
	威仪河		
	墨西河	爱尔兰海	利物浦–瓦瑞通
	迪河		
	特仑特河	北海	岗尼斯–甘斯波若
法国	悉尼河	英伦海峡	瓜迪北克
	奥尼河		
	库爱桑河	圣马罗湾	
	维莱尼河	比斯开湾	
	罗伊尔河		
	吉荣德河		
	多多吉尼河		拉考尼–布鲁茵
	甘荣尼河		波迪奥西–侃迪拉克
印度	纳马达河	阿拉伯海	
	霍菲利河	孟加拉湾	彼得霍菲利–卡尔库塔
墨西哥	科罗拉多河	加利福尼亚湾	科罗拉多三角洲
巴基斯坦	茵杜斯河	阿拉伯海	
苏格兰	索尔威湾	爱尔兰海	
	福斯河		
美国	图拉根湾	库克茵内特	安克雷奇–颇特奇
	克尼克湾		

一些单体浪，在新月或满月时携带潮汐溯流而上。全球最大的怒潮发育于亚马逊河，潮高25英尺（约7.62米），宽数英里，溯流而上500英里（约804.5千米）。虽然任何高潮水体都可能形成怒潮，然而仅有一半的怒潮能在潮汐海盆中产生共振效应。而潮汐能量及其与海盆的共振效应正是怒潮的能量源泉。

河流入海口通常都会有潮汐作用。河口处的潮汐流一般是对称的，持续时间大约为6小时，包括涨潮和退潮。涨潮和退潮指的是与潮汐相关的水流状况。退潮时，河水和近岸海水外流入海；而涨潮时，水体则由海洋逆流入河。随着水体溯流而上，河水流动影响潮汐，潮汐流速度减慢，由低潮到高潮之间的时间间隔变得比由高潮到低潮的要短，潮汐变得越来越不对称。怒潮的这种不对称尤其明显，因为它是流速很大的单体浪。

潮汐流就好比是波长极大的海浪，移动速度很快。进入海盆后，海盆侧壁和盆底将潮汐流限制在一个相对狭窄的海湾之中，正是这种漏斗效应使得其振幅增大。怒潮的移动速度必须比河水的流动速度要快，才能溯流而上，否则，就会受迫折返海洋。

大洋波浪

海洋风暴发生期间，强劲的海风刮过海洋表面，便形成了海浪（图120）。风区长度是指海风刮过海表的距离，它取决于风暴的规模以及海洋水体的宽度。为了使波浪达到成熟海浪的状态，风区长度必须达到某一阈值。当风速为20节时，风区长度至少要达到200英里（约321.8千米）；当风速为40节时，风区长度至少要达到500英里（约804.5千米）；而当风速为60节时，风区长度则至少要达到800英里（约1，287.2千米）。节是一种速度单位，表示哩/小时，即1.15英里/小时（约1.85千米/小时）。

海浪高度取决于风速及其持续时间。比如，当风速为每小时30英里（约48.27千米）时，达到成熟海浪的状态需要24小时，而浪高可达20英尺（约6.1米）。浪高达到最大值，即出现最佳的海浪状态，这通常需要稳定暴风吹拂海面3～5天的时间。如果稳定暴风的时速达到60英里（约96.54千米），海浪成熟后浪高可达60英尺（约18.3米）多。

浪高，是指从浪尖到浪谷的垂直高度，通常小于20英尺（约6.1米）。偶尔也会发现浪高30～50英尺（约9.14～15.24米）的风暴浪，但是并不常见。特大海浪则更是十分罕见的。1933年，美国海军油轮在太平洋上发现过

一次浪高高达100英尺（约30.48米）的特大海浪。另一次特大海浪则出现在1945年西太平洋的海啸中，其巨大冲力扭曲了美国军舰班宁顿号的飞机甲板（图121）。

　　波浪的形状（图122）常常因水深而异。水深大于1/2波长的水域，为深水区，反之，则为浅水区。深水区波浪一般是对称的，具有平滑的波顶和波谷；浅水区波浪则一般不对称，波顶尖锐而波谷平滑。

　　海浪波长（图123），是指海浪两个相邻浪顶之间的距离，主要由风暴的位置及强度决定。风暴浪的平均波长从300～800英尺（约91.44～243.84米）不等。海浪离开风暴区域后，波长较大的海浪传播速度快，形成远距离传送的涌浪。在开阔海域，波长1,000英尺（约304.8米）的涌浪是十分常见的。大西洋中涌浪的波长最多可达2,500英尺（约762米），而在太平洋则可达3,000英尺（约914.4米）。

　　海浪周期，是指一个波浪完整地通过某一点所需用的时间，即两个相邻波峰通过同一点的时间间隔。不同海浪的波浪周期差异很大，最短的不到一

图120
开阔海域的波浪，以及维吉尼亚州诺福克东150英里（约241千米）处的神秘天气（俗称"海烟"）（图片提供：美国海军）

159

图121
1945年6月西太平洋台风中被扭曲的美国军舰本宁顿号飞机甲板（图片提供：美国海军）

秒，而最长的则可大于24小时。周期小于5分钟的波浪，称为重力浪。冲刷海岸的风成浪通常就属于重力浪，其周期一般在5～20秒之间。海底地震或滑坡形成的海浪，其周期一般在15分钟左右，而波长则可长达数百英里。

　　周期在15分钟到20小时之间的波浪，称为长浪，通常由风暴造成。另外，大洋不同海域之间大气压差的季节性变化也可能形成长浪。海浪的传播周期越长，速度越快；其传播速度与其波长的平方根值成正比。短波长的海

图122
海浪破碎机制：水深决定波浪形状

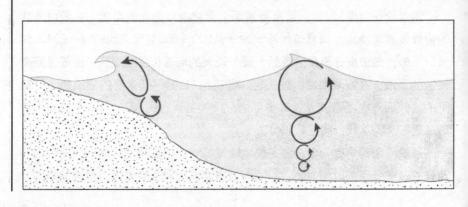

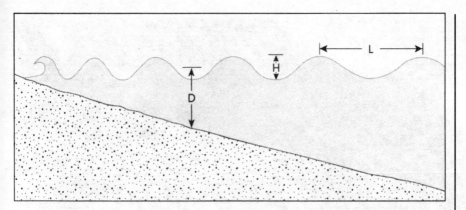

图123
波浪参数：（L）波
长；（H）浪高；
（D）浪深

浪相对陡峭，小船行驶其中十分危险，因为可能出现船头在波顶船尾却在波谷的情形而容易倾覆。

地震海浪

海底地震或近岸地震常常会引发毁灭性的海浪。人们称这种类型的海浪为地震海浪，或者海啸。"海啸"一词源于日语，意为"海港波浪"，大概是因为当地的海港经常出现这种类型的海浪。虽然这种海浪被归为潮汐浪，但其实它同潮汐完全无关。地震期间，海床的垂直运动所引发的海啸是最具毁灭性的，海啸的能量与地震烈度成正比。地震在海面激起的巨大海浪，犹如平湖投石。

在开阔海域，海浪峰脊长度可达300英里（约482.7千米）而高度通常不到3英尺（约0.9米）。这种海浪的向下作用可达数千英尺（几百米），直至洋底。波长则在60～120英里（约96.54～193.08千米）之间，这便使得海啸海浪的坡度极小，可以轻易经过船只而不引起注意。海啸的移动时速在300～600英里（约483～965千米）之间。到达浅水海域后，海浪不断发展，成为一堵水墙，通常高数十英尺（约几米），而已知最大的海啸浪高达200英尺（约60.96米）。

海啸进入港口或海湾的浅水海域后，由于洋底的阻力，其速度迅速减慢到每小时100英里（约160.9千米）左右。波浪之间的距离缩短，甚至相互叠覆，从而使得浪高增大。海啸的波浪能量巨大，它对海岸的打击也常常具有毁灭性。沿岸建筑顷刻间灰飞烟灭，船只像玩具般被抛起并被冲向陆地（图124）。

图124
1964年3月27日阿拉斯加地震时发生的海啸将许多船只抛到了科达克岛的中心（图片提供：美国地质勘查局）

全球90％的海啸发生于太平洋，其中85％为海底地震的产物。1992～1996年间，环太平洋区发生了17次海啸，共有约1，700人丧生。夏威夷群岛几乎是大海啸的必经之地。1895年至今，这些岛屿已经遭受了12次大海啸袭击。其中最大的一次海啸发生于1946年4月1日。当日北部阿留申群岛发生强烈地震引发海啸，希罗岛上159人因此丧生。

1964年3月27日，阿拉斯加发生了北美大陆有史以来最大的地震，给安克拉治港及周围区域造成了巨大的灾难。9.2级的地震给5万平方英里（约13万平方千米）的土地带来毁灭性的打击，50万平方英里（约129万平方千米）范围内的人都感觉到了震动。海底地震激起了浪高30英尺（约9.14米）

的海啸，袭击了阿拉斯加港周围的村庄（图125），107人丧生，科达克岛遭受破坏。绝大多数的渔港被毁，海啸将许多渔船抛到了陆地上。首普湾附近许多高大的云杉树都被连根拔起，海啸能量之大可见一斑。

海底地震发生时，洋底被突然抬高或降低，海床地形瞬间改变，从而激起海啸。无论洋底升高还是降低，都会激起大量的海水，使其从洋底涌上海表。由于上涌而高于海平面的海水在重力作用下，自然会快速崩塌下跌。上涌海水的面积可达10,000平方英里（约25,880平方千米），具体取决于受到抬升的大洋底床的面积。交替上涌和下跌的海水在海洋表面激起同心圆状的向外扩散的波浪。

与火山岛屿的产生和消亡有关的爆发型火山活动同样可以诱发毁灭性极强的大海啸。在海啸中丧生的生命大约有1/4是死于火山引发的海啸。海浪将火山的能量传递到火山自身难以企及的范围。大量的火山熔岩流涌入海洋，火山诱发的滑坡体坍塌入海，这些都会诱发海啸。海岸或洋底的沉积物滑坡也可能引发大海啸，给邻近岛屿带来灾难。最好的例子就是1958年一次大滑坡激起的海浪损毁了什罗塔夫岛和利图亚湾南岸（图126）。

阿拉斯加州的圣奥古斯丁山（图127）的一大块山体坍塌入海，引发了大型海啸。过去2000年里，巨型滑坡撕裂山体不下10次。最后一次滑坡发生在1883年10月3日一次火山喷发时，火山侧面的碎石滚落，进入库克海湾。

图125
1964年3月27日地震所诱发的地震海浪造成的毁坏（图片提供：美国地质勘查局）

图126
1958年大滑坡所引起的什罗塔夫岛及利图亚海湾南岸灾害（图片提供：美国地质勘查局 D.J 麦勒尔）

此次滑坡激起浪高30英尺（约9.14米）的海啸，给54英里（约86.89千米）外的格雷厄姆港造成灾害，船只被毁坏，房屋被淹没。

过去，人们完全无法监测洋底地震。海啸发生的唯一警告信号只有海岸潮水的快速退却。海啸多发地带的沿岸居民一旦发现海水快速退却，便会往高处跑以躲避海啸。他们知道：海水退却几分钟后，便会出现巨型涌浪，快速向陆地推进数百英尺（约几十米）。通常涌浪会连续出现，而且海水的上涌和快速退却总是相间出现的。某些地方，海啸在到达海岸前便已耗尽能量，这些地方通常具有海床坡度极缓的特征或受到暗礁带的保护。而另一些地方，海啸浪会特别巨大，例如深海火山岛屿附近（如夏威夷群岛）和深海海沟附近的海湾处等。

大地震引发的毁灭性海啸能够穿越整个太平洋。1960年的智利9.5级大地震将面积相当于加利福尼亚州的一个地块抬升了30英尺（约9.14米），引发海啸。海啸波及5,000英里（约8,045千米）外夏威夷的希罗岛时，浪高仍有35英尺（约10.67米），导致当地61人丧生和2亿美元的经济损失。当传递到10,000英里（约16,090千米）外的日本时，海啸仍未完全消退，给本州和冲绳两岛带来灾难，导致108人丧生或失踪。受该海啸影响，菲律宾有20人丧生，新西兰的海岸区域也遭受破坏。几天后，海啸通过太平洋海盆的反弹再度经过希罗岛时，依然可以监测到海浪的强力震动。

由美国国家气象局主持修建的海啸报道站遍布太平洋的各个区域，全球大部分的海啸都是由其监测报道的。太平洋海域一旦发生7.5级以上的地震，这些报道站可以很快测出其震中和震级。一次海啸监测需要不同的站点网络配合工作。海啸发生时，相关国家都会接到相应通知。海啸通过某一站点时，该站点要侦测和报道海浪情况，通过综合各站点报道的海啸情况研究人员可以推测其路径，并确定太平洋海域的可能受灾区。

不幸的是，因为海啸本身的不可预知性，常常会有海啸的误判和误报发生，有时会导致一些不必要的撤离。久而久之，海岸居民开始对海啸预报麻痹大意熟视无睹。1986年5月7日，阿留申群岛发生了7.7级的地震，预报认为，海啸将会袭击美国西海岸，然而，由于某种原因海啸最终却并未如约到达。1960年，希罗岛的居民却因为对类似地震预报的疏忽大意而付出了生命的代价。目前，人类还完全没有能力阻止海啸灾害的发生。如果可以准确地

图127
阿拉斯加州库克港湾区域的圣奥古斯丁山（图片提供：美国地质勘查　C.W 普瑞通）

对海啸做出预警，海岸区域的居民便可及时撤退，至少可以将生命损失降到最低。

　　全球最容易遭受海啸袭击的是环太平洋带，因为这里地震多发、火山喷发频繁。海底地震引发的大海啸可以横穿整个太平洋，并可在海洋中回荡好几天的时间。源于阿拉斯加的海啸，6小时便可到达夏威夷群岛，9小时后可到达日本，14小时后则已抵达菲律宾。而产生于智利的海啸则能在15小时之内抵达夏威夷，22小时后抵达日本。这就给了太平洋沿岸的居民以足够的时间来采取必要的安全措施，从而减少生命和财产的损失。

　　在讨论了大洋洋流及其相关现象后，下一章我们将考察它们会给海岸地区带来怎样的影响。

7

海岸地质

活动的海岸线

本章我们将考察海岸地貌的塑造过程。沉积物不间断地在地表被搬运、在洋底沉积，使地球面貌不断随时间改变。暴风雨期间，海水猛烈拍打海滨，海岸遭受侵蚀，伴随暴风雨而来的猛浪侵蚀着海岸沙丘和悬崖。而持续的海浪则不断地摧毁着阻碍海洋扩张的一切障碍。

曾经的沙滩，现在已经沉于海浪之下。保护美国东海岸和德克萨斯州海岸的岛屿和沙洲，也在以惊人的速度消失。海崖已经被侵蚀到了加利福尼亚地区，豪宅被摧毁。防护措施诸如沿海岸修建的阻碍海岸遭受侵蚀的海墙（图128），也常常在海浪无情的作用下以失败告终。

图128
维吉利亚海滩在风暴
和潮汐作用下的毁坏
（图片提供：美国
农业部土壤保持局
金·瑞斯）

沉积物

在流水和波浪等复杂活动的作用下，地球是一颗不断演变的星球。河流为海洋带来大量的陆地沉积物，不断地建造着海滨区域。不同的海岸，在地形、气候和植被方面差异颇大。它们位于海陆交界的地方，陆地和海洋的活动共同影响着它们的一切，因此，海岸地形变化迅速且无法避免。滨海沙漠，更是因其位于海洋和沙漠的交汇区域而独一无二（图129）。

大部分的物质沉积发生在大洋最深处，速率缓慢。大陆是遭受侵蚀的主要区域，而大洋则主要接受沉积，因此海洋沉积物其实主要是由陆源物质组成。大部分的海洋沉积岩形成于大陆边缘或者内陆海盆之中，例如那些在中生代侵入南美洲、北美洲、欧洲和亚洲的内陆海盆。沉积速率高的区域经常会形成数千英寸（相当于几米）厚的堆积物。在它们暴露到地表的地方，一个沉积岩床就可延伸数百英里（成百上千千米）。

当山脊被侵蚀变矮，碎屑物被河流携带着奔向大海的时候，沉积岩的形成就开始了。这些沉积物是暴露在地表的岩石被风化的产物。风化作用的产物类型多样，从极细的沉积物到巨大的漂石不等。暴露于地表的岩石，受到化学风化作用成为黏土和碳酸盐，在物理风化作用下，成为泥沙、粉砂以及砾石。

由风、雨水、冰川等侵蚀而形成的沉积物被运送到溪流，这些松散的沉积物顺流而下，直入大海。沉积物颗粒的棱角标志着短距离搬运，而磨圆度很好的沉积物颗粒则表明它曾经在搬运过程中、在溪流的反复作用下

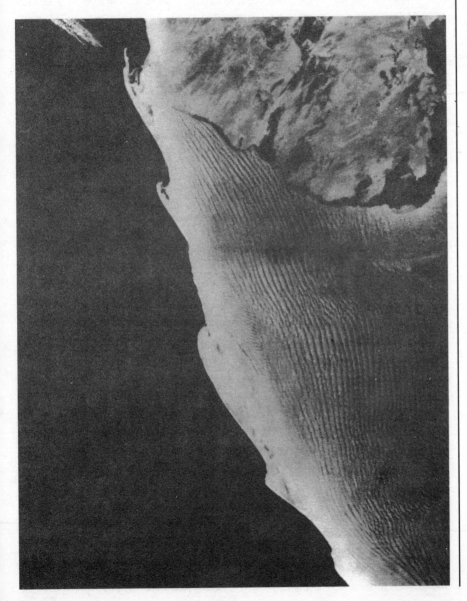

图129
非洲纳米比亚北部的线形沙洲（图片提供：美国地质勘察局E．D．麦克）

或者在海滩波浪的反复冲刷下被强烈地磨圆。事实上，许多砂岩曾经都是海滩堆积物。

每年，大约有250亿吨的沉积物随流水进入海洋，堆积到大陆架上。高耸入云的喜马拉雅山脉是其中最主要的物质来源。流过该区域的河流，尤其是恒河和雅鲁藏布江，将占全球沉积物总量40%的物质堆积到孟加拉湾，使这里的沉积层厚达3英里（约4.83千米）。

南美洲的亚马逊河与北美洲的密西西比河，运送了大量的来自于各自陆地内部的沉积物。世界第一大河亚马逊河，由于其源头的大规模森林砍伐和强烈的泥沙流失，含沙量很大。另外，丘陵地带的森林被破坏使得沉积物毫无阻滞地直流入海，妨碍了珊瑚暗礁的生成。密西西比河及其支流则统治了从落基山脉到阿巴拉契亚山的美国中心地带，所有流入密西西比河的支流都有着各自的流域，它们各自都是这个大盆地的一部分。

每年，密西西比河都要搬运数以亿吨计的沉积物到墨西哥湾，加宽密西西比三角洲（图130）并慢慢地建造出路易斯安那以及周围其他各州。海湾里的各州，从东德克萨斯州到佛罗里达州的狭长地带，都是由密西西比河和其他河流搬运来的内陆沉积物建造而成的。富含沉积物的河流在其蜿蜒入海的过程中，其河床总是被不断拓宽。入海时，河流流速急剧降低，于是悬浮的沉积物沉降下来。同时，河流带来的化学物质在海浪和洋流的作用下，与海水完全混合。

图130
密西西比河口三角洲的沉积物堆积：左图，1930年；右图，1956年（图片提供：美国地质勘察局P.H.盖）

到达海洋中后，河流携带的沉积物开始沉降，降落的位置则因沉积颗粒大小而异。粗粒的沉积物在动荡的海岸便开始堆积，而细粒的沉积物则在远海的静水环境中沉降。海退期间——即海岸线向着海洋方向移动期间，无论是受海岸沉积物堆积带拓宽的影响，还是因为海平面下降的原因，沉积物颗粒向上逐渐变粗，即细粒的沉积物颗粒将会逐渐被更粗粒的沉积物颗粒所覆盖；相反，海进期，海岸线向着陆地方向移动，沉积物颗粒则会向上逐渐变细。

海退和海进期间沉积速率的变化使得砾石、沙子和泥在沉积岩层的纵剖面上不停地反复出现。沙子由石英颗粒组成，粒度同海滩上的沙子差不多，而暴露在美国西部的深海砂岩，曾经就沿古代海洋的海岸堆积。深海砾石一般是相当少的，它们通常是因为海底滑坡从海岸滑落到深海的。在经常发生沙尘暴的干旱地区，细沙会在风力作用下被抬升并被吹远。这些来自陆地内沙漠中的风成沉积物在海洋中沉积形成了深海缓慢堆积的红层沉积，而它的颜色也表明了它的陆源性质。

硅、钙等物质的胶结作用以及上覆沉积层的巨大压力将沉积物压实成岩形成坚硬的岩石，这就形成了石灰岩、页岩、粉砂岩、砂岩循环出现的沉积岩地层柱（图131）。磨蚀作用使得所有的岩石最终成为黏土质的颗粒物，黏土颗粒很小，因而沉积十分缓慢，它们通常只能在远离海岸的深海宁静海水中沉积。上覆地层的重压使得沉积物颗粒之间的水被挤出，从而黏土岩化成为泥岩或者页岩。

沉积岩层的颜色常常可以帮助确定其沉积环境的类型。通常，若沉积物呈现出不同程度的红色或棕色表明它是陆源的，而绿色或灰色则表明它是形成于深海。单个沉积物颗粒的粒度也会影响沉积岩颜色的明亮程度，通常颜色暗淡说明颗粒较细。

沉积岩层的厚度反映了它们沉降时的堆积环境，每个岩层交界面都标志着一种类型的沉积过程结束而另一种沉积开始。厚厚的砂岩层中可能会夹杂一层薄薄的页岩层，这就表明：在海退和海进过程中，粗粒物质沉积期常常会被细粒物质沉积期所打断。

在同一套沉积层序中，粗粒物质沉积在岩层底部而细粒物质沉积在顶部，这便是沉积粒序。这种粒序沉积岩层形成于流速很快的河流进入海洋时不同粒度的沉积物颗粒的快速堆积。由于沉积速率的差异，粗粒物质率先沉积，而其上则覆盖着逐渐变细的沉积物颗粒。岩层同样也会产生横向的粒序，形成水平方向上的由粗到细的颗粒粒径变化。

石灰岩通常产于海洋和大型湖泊的底部，此外也可以形成于珊瑚礁区。石灰岩是最常见的岩石之一，它覆盖了地球表层的10%，主要由生物成因的碳酸钙组成。石灰岩中含有的丰富生物化石可以有力地证实其生物成因。介壳灰岩是一种几乎完全由生物化石及其碎片组成的石灰岩。而另外一些石灰岩则是由海水或者淡水湖泊中化学物质的沉淀堆积而直接形成。常年蒸发的盐水池中也可以形成少量的蒸发岩堆积物。

白云岩是一种柔软多孔、渗透性很好的碳酸盐，其最大产地位于英国的多西特岛白垩岩海崖。此处地层的松散固结使其在海岸风暴期间被强烈侵蚀。白云岩，与石灰岩十分相似，只是其中原始的钙离子的一部分被镁离子替代，这种化学替代会导致晶体体积的减小从而在岩石中产生孔洞。意大利东北部阿尔卑斯山的一段白云质山脉，就是古代海洋底床上堆积的白云岩遭受抬升而形成的。

大陆架（图132）通常可以延伸100英里（约160.9千米）甚至更多，厚度则可高达60英尺（约18.29米），也是沉积物大量堆积的地方。世界上大部分地方的大陆架几乎是完全平坦的，每千米范围内的高度变化大约仅为10英尺（约3.05米）。大陆架以外便是平均高度大于2英里（约3.2千米）的大陆斜坡，其坡度较大，常有几度，与陆地上山峰的坡度相当。

图131
沉积于灰岩基底上的砂岩、粉砂岩和页岩组成的一个地层序列横断面图

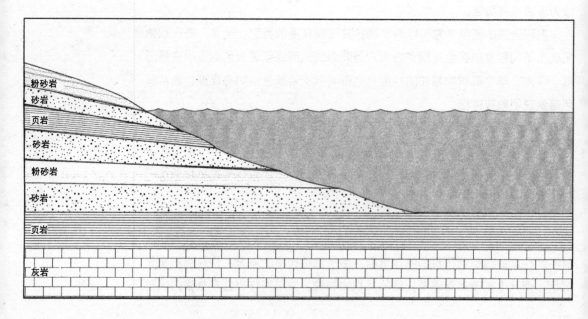

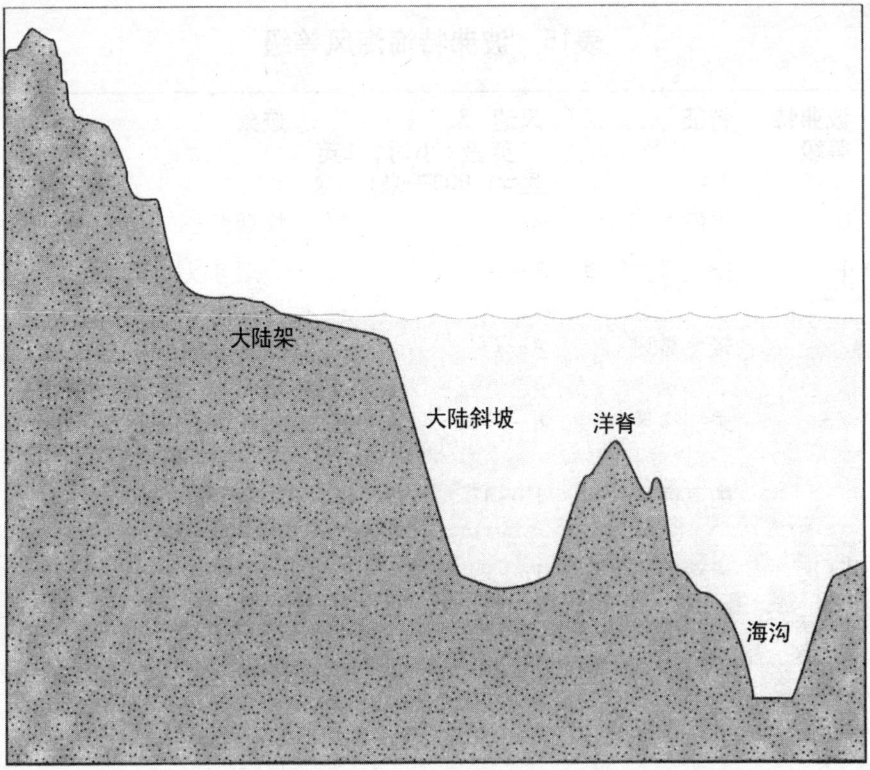

图132
洋底剖面示意图

大陆架

大陆斜坡

洋脊

海沟

到达大陆架边缘的沉积物在重力作用下沿着大陆斜坡下滑。通常受重力作用坠落的大量沉积物会在大陆斜坡上刮出深深的海底峡谷。它们对于大陆斜坡及其下平坦洋底的建成起着重要的作用。

风暴潮

海上风暴常常会造成气流的变化，形成强劲的海风卷起海浪。在高潮期期间，还可能形成巨大的洪流。绝大部分的潮汐洪流是由强劲海风和周期性潮汐的交互作用产生的，尤其是当地球、太阳、月球位于同一条直线上时。涨潮时波浪从高潮区的最高点向上波动，强劲的向岸风卷起海水猛烈地拍打着海岸。而当低潮期海风刮离海岸时，则会产生相反的情况，海平面明显下降，有时甚至会使某些海港暂时干涸。

绝大部分的大浪和海滨侵蚀都发生于海岸风暴发生期间。雷暴和暴风雪是最强烈的风暴形式。它们在中纬度地区最为常见，常常会产生猛烈短暂的

表15 波弗特海海风等级

波弗特等级	特征	风速（英里/小时，1英里=1.609千米）	迹象
0	平静	<1	炊烟直上
1	空气微微震动	1～3	炊烟可以指示风向，风向标不能指示风向
2	轻度微风	4～7	微风拂面，树叶沙沙作响
3	柔和微风	8～12	树叶和小树梢保持运动，小旗招展
4	中度微风	13～18	灰尘升空，水汽散开，小树枝移动
5	清新微风	19～24	小树摇曳，陆地水波形成
6	强微风	25～31	大树枝移动，电话线蜂鸣
7	接近大风	32～38	树被整体移动，逆风行走受阻
8	大风	39～46	树梢被吹断，过程缓慢
9	强烈大风	47～54	大树枝断裂，建筑物轻度毁坏
10	暴风	55～63	树被连根拔起，建筑毁坏程度较大
11	强烈暴风	64～75	大面积毁坏
12—17	飓风	>75	毁灭性破坏，飓风海浪摧毁海边区域

大风、冰雹、闪电，使海水动能急速增加。单个雷暴单元的生命周期常常不超过半小时，一个雷暴消失，在相同位置又会产生一个新的雷暴。

　　锋面风暴形成于冷锋的最前缘。冷锋通常覆盖有明显的深灰色圆柱状云团，这些云团看似要从地平线一端到另一端席卷整个天空，而暴风雪线则位于冷锋前方。暴风雪线以25英里/小时（约40.23千米/小时）的速度前进，风速则已高达每小时60英里（约96.54千米/小时）。然而，这一过程持续的时间一般很短，通常不到15分钟。暴风雪一旦来临就会激发出几英尺（若干米）高的浪。因为风暴持续时间很短，海浪形成后又会马上消失。二者几乎同时发生。

飓风和台风产生的风暴浪是最具毁灭性的（图133）。由于风暴向前的运动和旋转运动而产生的飓风，时速高达100英里（约160.9千米）以上，可以猛烈地将其前沿的海水吹起。在飓风中心，超低的气压也使海水隆起高达几英尺（若干米）。当飓风横穿大洋且速度与波浪速度相当时，它们之间就会产生共振，使得浪高大大增加。据报道，有些飓风中的浪高足有60英尺（约18.29米）。

当飓风抵达海岸时，风卷起的海水和由飓风中心的低气压引发而隆起和膨胀的海水，可能会与周期性的潮汐相互作用而产生共鸣，对海岸造成毁灭性的打击。结果往往造成巨大的洪流肆虐，以及沿岸居民生命和财产的重大损失。

图133
加利福尼亚北部的哈特瑞斯海岬在一次巨型风暴浪中被淹没（图片提供：美国地质勘察局 R.多兰）

　　陆地上的倾盆大雨、飓风产生的潮汐洪流以及台风三者如果共同作用，所造成的生命和财产损失比其他任何形式的暴雨所造成的损失都要大。热带暴雨——由其自然特性决定——会带来在一天之内就足以覆盖大面积区域的大量降雨。河流无法容纳暴雨所带来的雨水，洪水便会在河流的自然流域内泛滥。

　　潮汐洪流是在海洋与湖泊或者河口交界的海岸区域内发生的洪灾。海滨陆地，包括沙洲、岛屿和三角洲，保护着陆地免遭海洋侵蚀或降低受侵蚀的程度，就像河漫滩保护河岸陆地以减轻河流的侵蚀一样。海滨洪流通常是涨潮、大风浪、风暴巨浪或海啸作用的结果，也可能是它们相互共同作用的结果。当飓风与暴风降雨相结合形成巨浪时，也会出现潮汐洪流。

　　洪流可以沿海岸线延伸很远，其持续时间常常很短，具体取决于海潮的高度。涨潮时，促使大浪产生的外力可以增大涨潮期的最大浪高。产生大浪的海风与高潮相结合，会产生最强大的潮汐洪流，造成严重的损失，海岸线也会被侵蚀而向陆地方向移动。

海岸侵蚀

　　海崖下部被波浪侵蚀继而掏空，因而上部会逐渐悬空甚至大面积垮塌坠入大海（图134），这便是海滨山崩。海崖退却是海洋和非海洋因素，包括海水侵蚀、风力作用和矿物溶解等共同作用引起的。海崖侵蚀的非海洋因素可以分为化学作用和物理作用，包括地表流水、降雨等等。反复地冻结、融化岩石裂缝中的水是物理侵蚀的一种方式，它会使得原本就存在的裂缝不断增宽。岩石受气候因素的作用会发生碎裂或者表层的剥落、碎裂。生物活动破坏松软岩石，同样也会影响海崖的侵蚀过程。

　　地表径流和风输送来的雨水会进一步侵蚀海崖。沿海岸降下的过剩雨水会润滑沉积层，同样使大块岩石滑落入海。沿悬崖边缘的流水和受风力作用流过的雨水也会在崖面上刻下凹槽。悬崖中流出的水会使得岩石表面产生裂缝，裂隙延伸也会破坏上覆岩层。岩石中水含量的增加还会减小沉积岩所能承受的最大压力，从而降低抗剪强度。如果岩层界面和破裂裂隙这些薄弱面向海倾斜，海水沿着这些脆弱地带流动会造成岩石滑移。夏威夷岛的一些疏松多孔而渗水性较好的火山岩中流出的泉水侵蚀海崖，已经在其向风面产生了一些很大的峡谷。

图134
*加利福尼亚州圣马特
欧郡德维尔滑坡处的
一号高速公路（图片
提供：美国地质勘察
局 R.D.布朗）*

　　冰川同样侵蚀着海滨区域。在冰期，冰川在海滨地区刨凿出深深的峡湾（图135）。峡湾狭长而陡峭，位于冰山入海口处。峡湾的地貌遗迹在挪威、格林兰、阿拉斯加、英国的哥伦比亚、南美南部的巴塔哥尼亚以及南极洲都有发现。冰川像海底洋流侵蚀洋底一样侵蚀着海岸，形成一些两壁陡峭的槽状地形。在末次冰期最末期，海平面恢复到正常水平，海水侵蚀海岸线上的冰川槽，使其更为加深。峡湾两壁通常会有一些标志性的悬谷和瀑布。

　　海浪对崖底的直接作用是海洋侵蚀最主要的形式。海浪不断地侵蚀着脆弱的岩层和海崖的底部，直到上覆岩层失去支撑而堕入海中。波浪也会沿着裂缝和断层面产生作用，使岩石和土壤变得松散。另外，破碎浪中的盐水通常会被海风卷向空中，再被拍打在海崖上，从而被多孔的沉积岩吸收。盐水蒸发结晶后，岩石就会变得脆弱，海崖表面逐渐剥落坠入海中。跌入崖底的物质被海浪卷起，堆积形成一个由岩石碎片堆积而成的倾斜的陡峭山锥体。

　　石灰岩海崖常常会发生溶解侵蚀。岩石中的溶解性矿物被溶解而进入海

图135
格林兰岛娜娜塔桑地
区的沃尔斯滕候姆峡
湾与代克山遥相对望
（图片提供：美国地
质勘察局 R.B 科尔
汤）

水，在海崖上形成深深的凹槽（图136）。化学侵蚀同样会溶解岩石中的胶结物，使岩石中的矿物颗粒相互分离。在南太平洋的珊瑚岛、地中海和亚得里亚海的石灰岩海岸中，化学侵蚀是最常见的侵蚀方式。

标志海岸线的海崖和沙洲被侵蚀，也就意味着海岸线会退却很远的距离。美国最严重的海岸线退却发生在1888～1958年间，马萨诸塞州瑙斯特角到莱特高地一线附近鳕鱼角的海岸线以每年3英尺多（约1米）的速度后退。在英国，北海萨克福海岸的柔软海崖以平均每年10～15英尺（约3.05～4.57米）的速度被侵蚀。在洛斯托夫特镇，仅仅一次大风暴就侵蚀掉一个由未固结岩石构成的40英尺（约12.19米）高的海崖。这个海崖已经被侵蚀掉90英尺（约27.4米），现在只剩下大约6英尺（约1.8米）。

海岸侵蚀是难于预测也是不可阻挡的，它取决于海滩或海崖的坚固程度、海岸风暴的强度和频繁程度，以及海岸的暴露程度等等。大部分试图阻止海岸侵蚀的尝试最终都以失败告终，因为海浪不断地拍打侵蚀着这些防护措施（图137）。原本要用来阻挡潮汐的防波堤和海墙常常会适得其反，海岸侵蚀的强度反而被大大提高了。开发者本来想要保护海岸，却恰恰毁坏了他们试图要保护的地方。

　　海岸退却的速度各异，与海岸线的形状以及当地海风和潮汐的流动方向有关。纽约长岛72英里（约115.8千米）长的海岸，有一半以上被认定为危险区，其中某些地方在以每年6英尺（约1.8米）的速度被海洋逐步占领着。从维吉尼亚的亨利海岬到北卡罗莱纳州的哈特瑞斯海岬的海滨岛，海与陆地之间已经变得越来越狭窄（图138）。北卡罗莱纳州的其他海岸也正在以每年3～6英尺（约0.9～1.8米）的速度后退，德克萨斯州东部大部分海岸的消退速度甚至更快。加利福尼亚州的许多海岸被掏空导致房屋被毁，造成严重的财产损失（图139）。

　　昔日美国沙滩的80%已经沉没到波浪之下，保护海滩的工程设计不当是最大的一个问题。防波堤切断了自然的沙石来源；海墙并没有能吸收波浪能量，反而使波浪反弹，加速了海滩侵蚀。反弹的波浪携沙入海，毁坏了海滩，也使得本应受海墙保护的设施遭到损坏。

　　为了尽力保护面海悬崖上的房屋，海岸线上的居民常常修建一些造价很

图136
低潮期的暴露岩层（波多黎各）（图片提供：美国地质勘察局 C.A 卡伊）

高的海墙。然而，这些结构却会加快海墙前沿沙滩的侵蚀速度。也就是说，这些海墙有效保护海崖是以牺牲海墙前面的海滩为代价的。修建在海崖底部的构筑物可以阻止波浪的侵蚀，却无法防止海水飞沫以及其他的侵蚀方式。海墙前的海滩沙在特定的季节总是在不断流失，然而也能在另外一些时期得到补充。

在下次冰期来临之前，美国东海岸海滩上这些消失的海滩沙也难以得到完全补充。因为这些海岸和大陆架上的沙子多源于北方的哈德逊河等河流。想要把美国北方河流携带入海的沙输送到南方的卡罗莱纳海岸，恐怕需要上百万年的时间。

沙子沿着海岸移动时，可能会被洋流带到大河口或者海湾之中。沙子会在这些地方不断地堆积，直到下一次冰期来临时海平面下降才会被冲刷到大陆架上。然而，一次冰期循环之内，它们的移动距离也只不过是从一个海湾到另一个海湾。因此绝大多数海滩在下次冰期到来之前都无法形成大量堆积河沙的情况。

图138
北卡罗莱纳州戴尔郡哈特瑞斯岬附近，海岸线后退和风暴巨浪所引起的严重财产损失（图片提供：美国地质勘察局 R.多兰）

图139
加利福尼亚鹏特邝特瑞的海崖侵蚀，这些房屋、道路以及其他建筑早晚会因此而沉入海底（图片提供：美国地质勘察局 R.D 布朗）

波浪作用

海上大风暴的强劲海风吹过水面，卷起波纹，大部分的海浪也就因此产生。海浪在海岸沿线破碎，能量消散，产生沿岸洋流，搬运细砂沿着海滩横向移动。这种洋流是被一种称为"海洋表层洋流雷达"的常用于海水流速测定的多普勒雷达勘测出来的。海滩上两个相距若干英里（约10千米）的无线电信号发射站就可以组成一个雷达系统。发射站向水面上发射无线电信号，然后接受被海浪反射回来的信号，绘出该海域的洋流图。表层洋流雷达可以帮助科学家了解海滩的侵蚀状况、渔场的健康状况以及水体的污染状况等。

波浪会造成海岸侵蚀，在海岸线不断退却的地区是个严重的问题。波浪造成的海滩侵蚀作用一大部分都发生在海岸暴风雨期间。在大型的湖泊或者海湾处，大气压的突然变化会使得水面来回震荡，产生所谓的"湖震"。在大海上以及密歇根湖上，这种现象十分常见。飓风常常会诱发最具毁灭性的风暴巨浪，甚至整个海滩都会被完全毁掉。波浪抵达海岸，就会因接触海底而减速。波浪所能影响的深度变浅，其形状也因此改变，从而导致在抵达海滩时发生破碎。破碎海浪的能量沿着海岸蔓延消散，对海滩产生侵蚀。

海浪若是遇到陡峭海岸或者海墙，随着动能被反射，波浪也随之反向运动，从而建造出沙洲。海浪遭遇特定倾角的海岸，浪顶因为折射而弯曲。当卷回的海浪运动到海水深度大于其振幅或破碎海浪尾端时，便形成了卷浪。这些折射回来的波浪与前进的海浪共同作用，使海浪高度大为增加。

海浪陡度是波浪的一个很重要的参数，它等于波浪高度与波长的比值。风暴浪的浪陡度较大，也就是说它的浪高很大而波长很短，常常造成起伏多样的海底地形。陡峭波浪与暴风一道，让海岸区域的海崖和沙洲遭受强烈侵蚀。海浪陡度很小的涌浪会将沉积物质向海岸方向搬运。因此，被风暴浪搬离海岸的沉积物，通常会在风暴间歇期被涌浪运回海岸。

风暴区形成的海浪在离开风暴区后常常会演化为涌浪。涌浪在消失或遭遇海岸线之前，通常要传播很远的距离，有时甚至要跨越半个地球。在海浪传播出风暴区的过程中，长周期的波浪在前面率先离开而短周期的波浪则跟在后面。当涌浪经过漫长的旅程到达海岸时，长周期的矮浪通常先到达，而短周期的高浪则紧随其后。

从风暴区扩散出来的波浪会形成一个个的同心圆，如同在平静的湖面上投入一块石头会形成许多圆形波浪一样。随着波浪同心圆向外扩散，波浪的周长及其所围的面积都会增加。当扩散到风暴区以外，这些波浪的浪高通常会变大。当到达海岸时，涌浪演变为源源不断地扑向岸边的规则的浪，具有几乎完全相同的波长和浪高，直到短周期的浪抵达为止。

海浪从远洋深水区抵达海岸时，其运动形式会发生改变。波浪传递的只是能量而不是海水本身。当一个波峰通过的时候，水面上的漂浮物首先上升，然后随着波峰一起向前运动，继而跌入低谷，最后又向后运动。因此，漂浮物的运动轨迹实际上是一个半径等于浪高的圆。换句话说，在波浪过去以后，漂浮物又回到它最初的位置。

涌浪在到达海岸时的波浪破碎形式是不同的（图140），这取决于浪陡度以及近岸海底的坡度。如果近岸海底很平坦，坡度小于3°，则会形成所谓的"滨波破碎"，一种最常见的波浪破碎类型。破碎滨波是一种很陡峭的

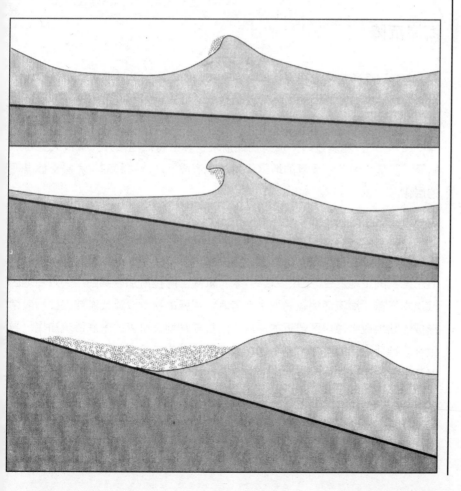

图140
波浪破碎形式：崩顶破浪（上）、卷跃碎浪（中）、崩塌碎浪（下）

183

波浪，在向岸移动的过程中，其顶部首先形变，之后其他部位才随之发生形变，因此提供了很好的冲浪环境。

"卷跃碎波"则形成于海底坡度在3°～11°之间的情况下。卷跃碎波的浪顶常弯曲形成卷浪。卷浪在波浪破碎以后仍然继续向着海岸运动，卷起海岸沉积物。因为卷浪的能量常集中于波浪破碎点上，因此卷浪是最具毁坏性的波浪形式，常常会对海滩造成损坏。

海底坡度介于11°～15°之间时，就会形成崩塌碎波。这种破浪通常只出现在海浪的下半部分。这种破浪在到达海岸时通常都会被海滩反弹回来。

一般产生于坡度大于15°的陡峭海底的涌浪通常不会破碎，而是涌上海滩然后又返回大海，在海岸附近形成不断来回震荡的波浪。这会建造形成一些近海构造，例如沙洲、沙嘴、滩角、激流等。

海岸沉降

海岸沉降通常发生在导致地壳发生部分凹陷的大地震期间。植被覆盖的海滩低地通常会被冲刷而来的沉积物填高，从而免于被海水淹没。当地震袭来，这些低地下沉，随潮水涨落而周期性地隐没与出露，成为荒芜的潮汐泥潭（图141）。地震过后，沉积物逐渐堆积其上将低地抬升，植被又重新开始繁衍茂盛。因此，反复的地震作用下，形成低地沙层和潮汐泥层交替出现的层律。

在美国，因地震触发的海岸沉降主要发生在加利福尼亚州、阿拉斯加州和夏威夷州。这种沉降通常是由影响很大区域的断层发生垂直移动而引起的。1964年的耶稣受难日，阿拉斯加发生地震，7万多平方英里（约18万平方千米）的土地发生3英尺多（约1米）沉降，阿拉斯加南部的广大沿海地区被洪水覆盖。渗流崩塌较易发生在渗水性很强的松散沙滩或淤滩上，一般常形成于陆地或者海岸区附近的洋底。阿拉斯加地震引发的海底渗流崩塌，导致瓦尔德斯港、威蒂尔、苏华德半岛等地许多海港设施的毁坏。渗流崩塌同时还引发了袭击海岸附近地区的海啸，造成大量的人员伤亡。

在美国，非地震沉降的最壮观的经典事例多是沿海岸发生的（图142）。因为地下水位下降，德克萨斯州的休斯顿－加尔维斯敦地区下沉了7.5英尺（约2.29米），同时一个有2,500英里（约4,022.5千米）范围的广袤地区也下沉了1英尺（约0.304,8米）多。在加尔维斯敦湾，由于岩层下大量的石油被采空，数平方英里（约几十平方千米）的土地下沉了3英尺多（大约1米）。剧烈海岸风暴期间，洪水作用也能造成一些沿岸小镇的下沉。

　　美国加利福尼亚州长滩附近的石油被大量抽取，导致约20平方英里（约51.76平方千米）的土地沉降了达25英尺（约7.62米）的高度，形成一个巨型的碗状构造。这个油田某些局部地区的土地以平均每年2英寸（约5厘米）

图141
美国加利福尼亚州马林县伯里纳斯泻湖滩头的一个潮坪，展示了次生泥裂（照片由美国地质调查局的G.K.吉尔伯特提供）

图142
美国缅因州波特兰北
部的海岸线沉降（图
片提供：美国地质勘
察局 J.R 贝尔斯利）

的速度在下沉。在一些城市的市区，沉降速度甚至高达6英寸（约15.2厘米），对城市基础设施建设产生了重大影响。在采油区采用的海水高压回填技术可以比较有效地阻止土地下沉，还可以提高油井的产量。

地震成因的破坏性最大的地壳沉降也常发生在沿海岸地区（图143）。在海平面上升和地下水位下降的综合作用下，海岸城市下沉，储水层厚度越来越小。一些海岸小镇的下沉原因也可能是地震或海岸风暴诱发的洪水。日本的沿海地区是最有可能发生下沉的区域。强渗水层中的天然气被大量采走，使得日本新泻的部分地区已经沉降到海平面以下，必须建筑海堤以防海水倒灌。1964年6月4日的大地震期间，新泻城区下沉1英尺（约0.3米），海堤在海水作用下决口，造成沉降地区发生剧烈洪灾。同时，地震引发的海啸也使得海港区遭到毁坏。

过分汲取地下水使得日本东京东北地区的建筑物周围发生地壳沉降。一块面积大于40平方英里（约103.5平方千米）的地区平均每年要下沉大约6英寸（约15.2厘米），其中1/3的土地已经降到了海平面以下。这就促使人们不断修建海堤，以防城市的某些低矮部分在地震或台风期间被海水淹没。由于地震和台风频繁，东京始终笼罩在被洪水灾难袭击的威胁之中。1995年1月17日日本神户发生的7.2级地震如果发生在东京的话，这个城市一半以上的地方将会为海浪所淹没。

埃及尼罗河三角洲区域（图144）正在被急速开发，7,500平方英里（约19,410平方千米）的土地养活了多达5亿的人口。三角洲东北岸的塞得港位于苏伊士运河向北灌入地中海的入海口处，该地区是一片低地，覆盖有160英尺（约48.77米）厚的淤泥，这就暗示三角洲的这一部分正在慢慢地向海平面以下沉降。在最近的8,500年里，尼罗河扇形三角洲的这一部分每年最多下沉0.25英寸（约6.35毫米）。然而，近年来，综合考虑地面沉降和海平面上升两个因素，沉降速度已经远远超过这个数字。结果就是：总有一天这个城市的绝大部分会沉入水底。另外，地面下沉造成海水倒灌进入地下水系统，会污染地下水，使其不可饮用。

许多海滨城市的下沉都是海平面下降和过分汲取地下水二者共同作用，

图143
1975年11月29日，夏威夷卡拉帕纳地震期间，哈拉普海岸发生沉降（图片提供：美国地质勘察局R.I 崔令）

187

导致城市下部储水层被压缩的结果。一般情况下，地下水水位每下降20～30英尺（约6.1～9.14米），地面就会沉降1英尺（约0.3米）。地下水可以填充矿物颗粒之间的空隙，从而支撑起沉积物颗粒。例如像水和石油这样的地下流体的大量流失会导致颗粒之间缺乏支撑，沉积物颗粒之间空隙减小，从而导致地层体积被压缩。这就使得被压实的地下岩层上的地面也发生沉降（图145）。

最近50年，意大利威尼斯港累计下沉5英寸（约12.7厘米），而海平面在20世纪上升了3.5英寸（约8.9厘米）。换句话说，海平面相对地上升了8英寸（约20.3厘米）以上。这种剧烈沉降，使得威尼斯港在潮汐高潮期、春季融冰期以及暴风雨袭击时，经常遭到洪水灾害的破坏。

图144
尼罗河河谷航空照片，7，500平方英里（约19，410平方千米）的土地上生活着5亿人（图片提供：美国国家航空和宇宙航行局）

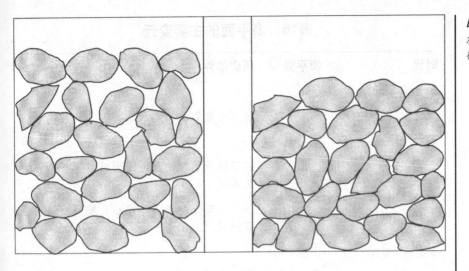

图145
流体流失而导致的沉
积物沉降（右图）

海侵

在地质史上，海平面发生过很多次的上升与下降，在距今600万年前到200万年前之间，海平面升降就达30多次。在距今500万年前到300万年前间，海平面高度达到一个历史最高点，比今天的海平面高出大约140英尺（约42.67米）。而在距今300万年前到200万年前之间，由于极地冰川扩展，海平面下降到至少比目前的海平面低65英尺（约19.81米）的位置。冰期冰川生长最严重的时候，海平面曾经下降多达400英尺（约121.9米）。末次冰期以来，覆盖在大陆上的冰川大量消融，海平面快速上升，在约6,000年前基本进入稳定的状态。

许多世纪以来，人类文明必须忍受海平面变迁的影响（表16）。如果海平面持续上升的话，恐怕靠填海而获取土地资源的荷兰人会发现他们的国土大部分都会被埋入水下。许多岛屿会被海水淹没，或者只剩下一些高山山脊简单勾勒出从前的岛屿轮廓。位于印度西南、由分散岛屿组成的马尔代夫共和国，其一半岛屿都将丢失。孟加拉国的许多地方也会被淹没。尤其让人痛心的是，孟加拉国的人口密集地区在台风肆虐期间的洪水泛滥将会最严重，因为该国的大城市都分布在海岸沿线或者内陆河流两岸。绝大部分的城市都会被淹没，水面以上将只剩下一些最高的摩天大楼。沿海的城市只能向内陆地区搬迁，或者修建能够防御海水的保护设施。

20世纪，由于两极冰盖的消融，全球海平面上升了多达9英寸（约22.9

表16　海平面的主要变迁

时代	海平面	历史事件
公元前22世纪	低	
公元前16世纪	高	英国沿海森林被海水淹没
公元前14世纪	低	
公元前12世纪	高	埃及统治者拉姆西斯二世修建第一条苏伊士运河
公元前5世纪	低	这个时期修建的许多希腊和腓尼基港口现在已经沉入水下
公元前2世纪	正常	
公元1世纪	高	在今天以色列的内陆城市海法修建港口
公元2世纪	正常	
公元4世纪	高	
公元6世纪	低	意大利的拉温那港变成内陆港口，威尼斯港开始修建而今已被亚得利亚海掩埋
公元8世纪	高	
公元12世纪	低	欧洲人开采低洼的盐碱沼泽
公元14世纪	高	北海沿岸的低洼国家遭遇剧烈洪水，荷兰开始修建海堤

厘米）。而目前海平面的上升速度更是比半个世纪以前要快好几倍，大约每5年就要上升1英寸（约2.54厘米）。全球持续变暖导致的两极冰盖消融，更是增加了沿海城市在潮汐高潮期和台风期间遭受洪水袭击的危险。北大西洋新增的冰融水同时还会影响到墨西哥湾流，从而造成欧洲变冷而全球其他地方持续变暖。大量由大冰川上破裂的冰山进入大海，使得海平面稳定上升，从而导致海滨地区被海水淹没。随着海岸线向陆地移动（图146），海滩和障积岛不可避免地都会消失在水面之下。

　　目前，冰川消融速度甚至可以与末次冰期结束时大陆冰川的消融速度相比。距今16,000年前到6,000年前的冰川快速消融期间，融冰水洪流进入海洋造成的海平面上升的年平均速率也仅仅只有今天海平面上升速度的几倍而已。海平面较高的原因，也有一部分是因为重量不断增加的海水压迫大陆架，导致沿海区域土地大范围下沉所引起的。另外，海平面高度同时也受到板块运动作用，以及末次冰消期冰川融化以来大陆折返抬升而导致的大陆表面沉降的综合影响。

由于气温升高，冰盖融化，海洋热扩散，承载着全球一半以上人口的海滨区域会受到海平面上升带来的严峻的负面影响。像美国路易斯安那州这样的地区，平均每个世纪海平面要上升3英尺（不到1米），海岸波浪侵蚀（图147）的危险性因此大为增加。海洋热扩散已经造成约2英寸（约5厘米）的海平面上升。加利福尼亚州海岸外的表层海水，在过去半个世纪里上升了大约1℃，产生的海水扩散效应使海平面上升了约1.5英寸（约3.8厘米）。

如果两极的冰川全部融化，新增的海水将会使得全球大部分的海岸线向陆地移动多达70英里（约112.6千米）的距离。上升的海水将会淹没养活着世界许多人口的河流三角洲地区，这种洪泛也会从根本上改变陆地的形状。

图146
美国特拉华州德威海滩上受海水侵蚀而暴露的古老树桩和树根，表明该处曾是树林区域（图片提供：美国农业部土壤保持局 J.拜斯特尔）

海岸向陆地退却，将会导致大片的海岸区和障积岛消失。佛罗里达州的全部、乔治亚州南部以及卡罗莱纳东部地区都会全部消失。密西西比的海湾平原、路易斯安那、东德克萨斯以及大部分的阿拉巴马州和阿肯色州，事实上也都将从地面上消失。到那时候，分隔南美洲与北美洲的海峡会下沉，大部分都将从人们的视野中消失。

以目前冰川融化的速度计算，到本世纪中叶，海平面会上升1英尺（约0.3米）或者更多。海平面每上升1英尺（约0.3米），远及陆地内100~1,000英尺（约305~3,048米）的海岸线就会被淹没，具体情况取决于海岸坡度。仅仅3英尺（不足1米）的海平面上升就可以导致美国沿海7,000平方英里（约18,116平方千米）的土地发生洪水泛滥，其中包括密西西比河三角洲的绝大部分，甚至到达新奥尔良城的郊外。

现在的海平面上升速度是一个世纪之前的10倍，约为每年0.25英寸（约6.35毫米）。海平面的上升主要是由于冰盖的融化，尤其是南极洲西部和格陵兰岛的冰盖大面积消融。格陵兰岛冰盖中存储的淡水大约占世界淡水总量的6%。近年来明显变暖的气候，导致每年格陵兰岛冰层融出的淡水总量高达五百多亿吨，也就是说每年有11立方英里（约45.8立方千米）的冰消融。另外，气温上升还会影响北极风暴，气温每上升1℃，格陵兰岛的降雪量就会增加4%。

每年海平面上升量的大约7%是源于格陵兰岛的冰盖融水和破裂冰山流入海洋（图148）。冰层减薄现象在格陵兰岛南部和东南部边缘最明显，在那里，冰层大约每年要减薄7英尺（约2.13米）。因此格陵兰冰川向海移动的速度也最为快速，原因可能在于冰盖底部融化的水起到了润滑作用，使得上部的冰川更易发生滑移。每年平均有大约500座冰山在格陵兰岛西部产生，并沿着拉布拉多海岸滑下，这些冰山经常撞沉过往的船舶。1912年，泰坦尼克号就是由于撞到一座这样的冰山而沉入海底的。

南极洲冰盖的浮冰进入海洋的方式，主要是一些快速移动的冰川流以及

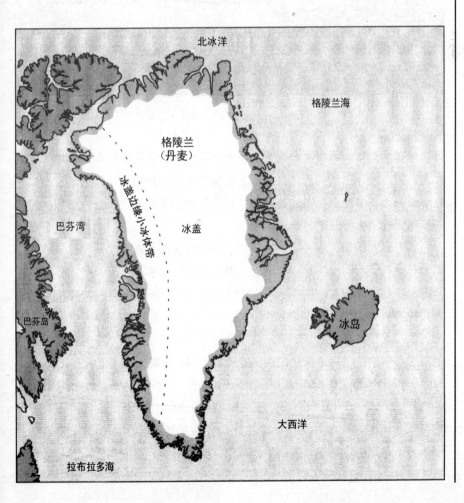

图148
格陵兰西部碎裂带的冰山形成

193

外层冰盖的滑落。冰盖在与海水交接的地平线附近沿着基岩滑入海洋，成为冰山。更多的冰山则是直接从冰盖上破裂开而进入海洋的。冰山看上去似乎在逐渐变大，威胁到冰盖的稳定性。超大型冰山的数量也在急剧增加，而这种不稳定性的主要原因是全球变暖。

　　人类已知的最大的冰山是1987年底从南极洲的罗斯冰架分裂出来的。该冰山长达100英里（约160.9千米），宽25英里（约40.23千米），厚度则有750英尺（约228米），约有两个罗德岛那么大。1989年8月，该冰山与南极洲相撞而一分为二。另一个长48英里（约77.23千米）、宽23英里（约37千米）的超大型冰山，是1995年从拉尔森冰架分离而漂入太平洋的。位于南极半岛东海岸的拉尔森冰架北部在快速碎裂，因此才能产生如此巨大的冰山。

　　2000年早春，罗斯冰架上一座长180英里（约289.6千米）、宽25英里（约40.23千米）（面积与康涅狄格州相当）的冰山滑落，应该可以算得上是百年一遇的冰裂事件之一。这次冰山分裂更像是冰架生长的一个自然过程，而不一定是全球变暖的结果。如果这些冰山漂入罗斯海的话，将会迫使航线向麦克摩多移动200英里（约321.8千米），对航船造成严重威胁。

高山冰川同样储存着大量的冰，许多山顶冰川由于全球变暖而快速融化。某些地方一半以上的冰层覆盖已经消失，例如欧洲的阿尔卑斯山，而且其消失的速度仍在逐渐加快。热带冰川，例如印度尼西亚的高山冰川，在过去20年里，以平均每年150英尺（约45.72米）的速度在消退。以目前的气温升高速度和冰川消退速度算来，这些冰川很可能将完全消失。

冬季，北极海域的冰层可以有12英尺（约3.66米）厚，甚至更多；而此时处于夏季的南极的冰层则会形成厚度稍小的冰冻带（图149）。这些区域对于全球变暖的反应最为灵敏，同样地，它们所经历的气候变化也比全球其他地方都要强烈。南极洲大约有一半的地方发育冰架，其中最大的是几乎与德克萨斯州一般大小的罗斯冰架和菲克勒尔-诺尼冰架。事实上2，600英尺（约792.5米）厚的菲克勒尔-诺尼冰架也许会随着全球变暖而增厚，因为全球变暖会加速冰的产生。而其他许多冰架则会随着气候变暖而变得不稳定甚至自由地漂浮到海上去。从20世纪50年代起，一些小的冰架就开始分解，而今一些大冰架也开始消退。

大约发生在40万年前左右的一次冰期之间的气候突然变暖期，被称作"第II阶"。这一时期持续了约3万年，其气候暖化程度远远超过现在的全球变暖。在此期间，冰盖融化，海平面比今日高出约60英尺（约18.3米）。当时海平面上升的原因，主要是南极洲西部冰架上的冰融水注入广阔的大洋。其他一部分原因则是稳定的南极洲东部冰盖和格陵兰冰层的融化。

如果全球气温以现在的速度持续上升，目前我们所处的这次间冰期即使不比第II阶更暖，至少也会跟它差不多。变暖的气候将会使南极洲西部的冰层变得不稳定，从而滑入大海。冰河快速地汇入大海，将会使全球海平面上升达20英尺（约6.1米）甚至更多，沿海好几英里（10千米左右）以内的陆地将会被海水淹没，数量可观的财产将会由于洪水侵袭而损失。仅就美国而言，1/4的人口将会发现自己被淹于水下，其中大部分位于美国东海岸及墨西哥湾沿岸地区。如果占全球冰量90%的南极冰盖全部融化，足够使海平面上升近200英尺（约609.6米）的水将流入大海。

其他会造成海平面上升的因素还包括过分汲取地下水、因农业需要而将河流改道、湿地排水、滥伐森林，以及其他一切会让陆地存水流入海洋的活动。所有这些因素导致的海平面上升可以占到海平面上升总量的1/3左右。当地下蓄水层、湖泊以及森林中的水的释放速度大于其存储速度时，这些水最终就会在海洋聚集。森林通常通过其根系固结的潮湿泥土和其生物组织来储存水分。因此，森林被燃烧会让其中储存的水释放出来。当林区被毁，其中的水分最终汇集进入大海，促使海平面上升。

全球变暖，冰盖融化，海平面上升，许多国家都将会感受到这一切所带来的巨大影响。如果融冰速度不变，到本世纪中叶，海平面将会比现在高出6英尺（约1.8米）。沿海的大片土地将会随着障积岛和珊瑚暗礁一起消失。养活着数百万人口的低洼、肥沃的河口三角洲地带将会被水淹没。海洋生物用于孵化后代的许多河口区域将会被海洋取代。最易被海水袭击的沿海城市将不得不向内陆迁移或者修建造价很高的海墙以阻挡高涨的海水。

在完成了对海岸地质作用的考察之后，下一章将主要讨论海洋赐予我们的自然资源，包括能源、矿产和食用资源等。

8

富庶海洋
海洋中的资源

本章我们来考察一下海洋中富含的自然资源——蕴藏于其中的能源和
矿产等。地球上有如此丰富的自然资源真是十分幸运（表17），它们大大地
促进了人类文明的进程。人类许多的资源和财富都来自于海洋。因为海洋的
存在，我们的资源才如此富足。潜藏在海洋中的资源储存是无与伦比的——
石油、矿物、大量的鱼类，仅仅海洋捕捞所得的水产就解决了人类一半的蛋
白质需求。

海洋能够提供的能源超过所有化石燃料能源的总和。海洋广泛的能量来
源所能制造的动力足够满足人类接下来几百年的能量需求。人类未来开采能

表17　自然资源储量水平
（照目前的消耗速度算来，可供人类使用的年限）

日用品	储量*	资源总量
铝	250	800
煤	200	3,000
铂	225	400
钴	100	400
钼	65	250
镍	65	160
铜	40	270
石油	35	80

（*储量是指以目前的开采水平所能获得的资源总量）

源的新疆界无疑将会转向大陆架和深海。开采技术和管理水平的提高将会为未来生产提供源源不断的海洋能源。

海洋法则

　　1945年，以《杜鲁门宣言》中关于大陆架和专属经济区的分界法则为标志，美国最早开始向海洋扩张其国土和资源领地。其他的国家也纷纷开始将边境线向海洋扩展，犹如一个世纪前他们对非洲的殖民瓜分一样，发达国家率先开始了对海洋的瓜分。1982年12月6日，119个国家在《关于海洋法则的联合国协议》上签字。这部协议类似于一部海洋宪法，它使得40％的海域及海床归属于相邻近的陆地或岛屿的拥有国所有。而其他60％的大洋表层及其下的水域则还像以前一样为全世界所公有，即所谓的"公海"。

　　其余占到地球表面大约40％的海洋被认为是"人类公共遗产"。协议规定那些"公共遗产"归国际海床管理局管辖，该机构拥有开发"公共区域"所得的利润提取权、征税权以及海洋开发技术优先权等。该协议同样提供了关于全球海洋环境保护、海洋科学研究以及海洋争端调解的全面方案。同时，这部协议还保障了航海自由以及国际海运需用的海峡的畅通，航运在任何情况下都不应受到阻碍。总之，海洋法则建立了一个更符合世界人民需求的海洋新秩序。

岸外国土是指海岸往外延伸12英里（约19.3千米）范围内的连续海域。除此之外，岸外延伸200英里（约321.8千米）以内的海域被批准为"经济区"（图150），在该划定区域内，主权国拥有捕鱼权和其他一切资源的拥有权。如果大陆架自然延伸超过200英里（约321.8千米）的话，关于自然资源的经济区则向外延伸350英里（约563.15千米）。经济区的概念被认为是历史上最严重的国土掠夺行为，而临海的国家与内陆国相比显然占尽优势，因而加剧了不同国家之间的不平等。

1983年3月，美国宣布离岸200千米内的水域为"专属经济区"，使得其领土范围增加了300多万平方英里（约776.4万平方千米）。很明显，这个经济区的面积比美国本身的面积还要大许多。1984年，英国海洋地质考察船"法内拉号"开始了长达六年的对这些区域的海底图绘制工作，以备未来开采石油和矿产之需。墨西哥湾西面的广大海域是可能储油的盐岩沉积区、海底滑坡区和海底洋流流区。另外，在太平洋深海中发现的与之类似的大型丘状砂体一般都位于海面下10,000英尺（约3,000米）深处。美国科考船"萨缪尔·P·李号"（图151）也带着为油气开采做准备的相似任务开赴白

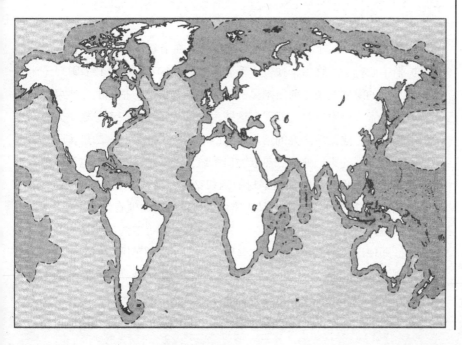

图150
全球海洋资源专属经济区

图151
"萨缪尔·P·李号"
科考船在太平洋和阿
拉斯加水域进行地质
勘查（图片提供：美
国地质勘察局）

令海峡。

　　1988年9月，美国海军深潜器"海崖号"在沿着被称为"戈达洋脊"的洋底扩张中心行进过程中，在位于俄勒冈州岸外约125英里（约201.1千米）的热泉附近的海底发现了前所未见的繁荣的动物群落。相似的"热泉绿洲"在其他的扩张中心附近也被发现，这些生物就生活在这些满是板块分离产生的从地幔涌出、建造新洋壳的熔融岩浆的环境中。然而，这却是美国"专属经济区"内发现的第一处海底热液喷口系统。此外，这个喷口也许蕴藏着重要的战略资源，例如可以加固钢材的锰和钴等。当这些高达400℃的热液与接近0℃的大洋底层水混合时，其中富含的可溶性矿物便在洋底沉淀堆积。

　　任何重大海洋资源的发现都会立即招致与之邻近的海岸或岛屿的国家前来认领，即使这实际已经超出了这些国家的国土权利范围。中国南海一些半沉没的珊瑚暗礁，因为可能储存于其附近海域的石油，而常常引来主权争端。西方发达工业国家争夺大洋中部矿床拥有权的兴趣已经大大减小了。未来海底矿产的开采以及锰结核和其他金属矿石的提炼，掌握在包括日本、中国、韩国、印尼等一些亚洲国家的手中，它们需要开采这些资源以减少对进口原材料的依赖。

国土主权向大洋扩展的同时也限制了海洋科学研究的自由，例如洋底岩芯钻探（图152）就没有以前那么自由了。按照现在的法律，其他国家如果想要在某一水域进行研究，必须向该水域的拥有国提交申请，而以前这种研

图152
保罗·兰吉翁Ⅲ号洋底钻探船在胡安德福卡中脊上钻取岩芯（图片提供：美国地质勘察局）

究工作则是完全自由的。如果某个水域的拥有国拒绝这种科学研究工作的话，就会破坏海洋法则试图建立的自由合作氛围。

石油和天然气

在今天的经济状况下，位于海涛之下的矿物财富中，只有开采浅海区域的石油和天然气是有利可图的。到目前为止勘察到的全球石油储量大于10，000亿桶，然而其中的1/3甚至更多已经被人类消耗殆尽了。目前，全球每天的耗油量大概是7，000万桶，而美国就占了其中的1/3。在欧洲和日本，每人平均每年的耗油量在10～30桶之间，而美国人的平均年耗油量比他们多出40桶。相反，在许多发展中国家每人平均每年仅消耗一两桶石油。

石油提供了人类活动所需能源近一半的份额。人类活动所需能源中20%的石油和5%的天然气来自于海洋。将来也许有一半以上的石油要从海床提取。不幸的是，每年大约有200万吨的原油泄露到海水中。随着人类需求的增加，海洋石油的开采量也会增加，由此而带来的污染将会成为严重的环境问题。

过去的二十年，浅海区域石油和天然气钻探的利润已经变得十分可观。对海洋石油的兴趣始于20世纪60年代中期，而海洋石油钻探真正兴盛起来则是在10年以后的1973年。那时候，阿拉伯石油禁运，美国加油站和加气站经常排起长龙。阿拉斯加北部大陆斜坡的普鲁德厚湾（图153）以及英国北海等地的重大新发现，引发了对新的海洋储油层的探索热潮。

20世纪80年代，美国内务部估计：在美国周围能够进行商业开采的离岸堆积物中，尚有270亿桶的石油和1，630，000亿立方英尺（约4.6亿立方米）的天然气有待发掘。对未发现的石油储量的估测是不准确的，这主要依赖地质数据分析。然而，历经4年大规模的密集探测之后，内务部将其对岸外洋底石油储量的估计值减少了一半。新的数据是基于以下事实而确定的：一些石油公司对大西洋和阿拉斯加附近含油气藏可能性很高的海域进行洋底钻探之后，发现其中有一百多口都是枯井。

渴望获得独立能源的需求刺激着石油公司去开采深海的石油，即使他们在海上要面临包括如海上风暴、人员损失和仪器丢失等许多困难。然而，这些令人怜悯的困难和问题也并不足以证明他们那些为数不多的发现的公正性和合法性。可以预测的是，未来的发展趋势是要直接在不受海上风暴影响的

图153
一艘原油运输船到达美国石油管道在阿拉斯加的终端——瓦尔德兹港，将美国最北端大陆斜坡上开采出来的石油输送到"下游"的48个州

洋底修建钻油器械和工作站。这将使许多已探明的深海油气基地的开采变得有可操作性。

　　为了考察人类是否能长期不间断地生活于海下，美国海洋和大气局（NOAA）建立了一个叫作"宝瓶宫"的海底实验室。这个水下实验室建于离佛罗里达州不远的海底，配备了生命呼吸自动控制系统、先进的计算机以及数据交流工具。高分辨率的彩色图像、声音以及各种数据通过海底电缆从水下实验室传输到水面浮标中，然后再通过微波传到岸上。声音追踪系统监控着潜水员的位置以及空气供给情况，以保证他们在不同的潜水器之间移动时气压保持不变。1993年起就一直在研究佛罗里达州珊瑚礁的水下科学家们，可以索性一次在水底待上10天。

石油和天然气的形成需要一个特定的历史条件，包括能够生油的沉积源、渗透性较好的储油层以及能够存油的特定的地层构造等。石油的形成需要几千万年到上亿年不等，具体取决于沉积物底部的温度和压力条件。生油原料主要是细粒富碳沉积物中的有机碳。例如砂岩和石灰岩层这样的渗透性好的多孔沉积层，常常形成储油层。沉积层经历褶皱和断层作用而形成的地质构造，则是很好的储油结构。石油与厚层盐床常常共生，因为盐通常比上部的沉积物要轻，因而会上拱形成穹隆状结构，有利于石油和天然气的贮藏。

生成石油的生物原料主要是表层海水中生活的微体生物以及洋底集群生活的小型生物。生物原料要转化成石油，需要生物残骸快速沉降堆积或者海洋底层水处于缺氧条件，这样才能防止有机质在掩埋于沉积层中之前被氧化。氧化会导致腐烂，从而使有机质损耗掉。因此，生物繁荣的快速沉积区是最容易形成含油岩层的地方。有机原料深埋于沉积物底部的高温高压的环境下发生化学变化。通常，有机质原料受源自地球内部的热量作用而分解成为各种烃。如果烃类物质长期处于较热的环境下，则会转化为天然气。

沉积物中封闭的烃随着海水一起在渗透性较好的岩层中往上移动，最后在沉积形成的收集结构中聚集，并被沉积物盖层封闭阻止其再移动。如果没有沉积物盖层，这些烃就会继续上移到地表，通过自然渗透而进入海水。每年，通过这种渗透进入海洋的烃，折算成石油的话，大约有150万桶。然而，与意外事故中泄漏到海水中的石油相比，这些自然泄漏的烃是微不足道的。每年由于意外事故而倾入到海洋中的原油可以多达约2，500万桶（图154）。

实际上人们可以设法减少一些石油和天然气钻井泄漏事故产生的自然污染。最早的原油渗漏纪录要追溯到西班牙的航海者，他们沿着圣巴巴拉和加利福尼亚航道航行，发现了水面上漂浮的石油。随时间推移，海面上漂浮的石油会逐渐变成一种类似焦油一样的东西被冲上海滩。海底石油和天然气被大量抽取，导致从洋底渗出而进入海水的自然渗漏石油量减少了一半，在海

上钻井平台附近其效果尤其明显。长年的油气抽取使得形成烃的海底处的压力减小，从而减少了涌出海底的石油的量。然而当人们为了提高产量而采用注入油气增压的方法时，自然渗漏的流量也会增加。

洋底的地质条件决定了其是否具有适当的储藏油气的条件，也决定了石油公司进行油气开采的难易程度。石油开采，首先要勘探有利于石油盖层形成的沉积构造。沉积构造的勘查研究主要采用地震学的方法，即利用拴在船只后边的水下接收装置接收由气枪爆破发出的类似声波的震动来描绘水下的地质构造情况（图155）。经过不同沉积层反射和折射的地震波信息也提供了洋壳地质状况测绘的一种方法。

一旦选定了合适的位置，石油公司就可以开始架设钻井平台（图156）。浅海地区的钻井平台一般可以直接架设在洋底；而在深海则需先架设在漂浮物上，然后再用锚固定在深海海底。在进行洋底沉积层钻探作业

图154
1976年12月19日，"南船座商人号"在美国马萨诸塞州的南塔克特岛附近发生原油倾泻事故（照片由美国海洋与大气局提供）

205

图155
洋壳的地震波勘查

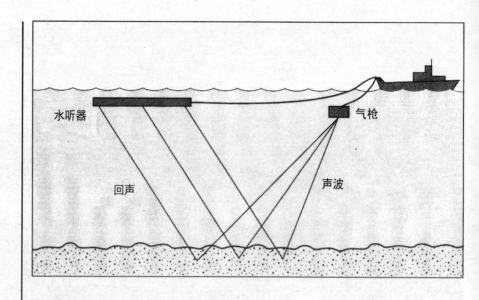

水听器

回声

气枪

声波

图156
路易斯安那附近海域
上的钻井平台（图片
提供：美国地质勘察
局 E.F 帕特松）

时，工人们需要给钻井包绕防止井喷，同时也有疏导油气作用的钢材包层。钢材包层的顶部还需喷涂上保护装置，以防在刚刚钻穿盖层到达储油区时，受巨大压力作用的石油猛烈喷出，难于控制。如果一个油井钻探成功，会在同一站位附近继续增加其他的钻井，完成一个钻油基地的建设。

美国德克萨斯州和路易斯安那州附近海湾的海岸以下储存热气的海域被称作"高地质力堆积区"，是生产天然气和地热能源的混合区域。这里的天然气堆积层是海水渗透到介于低渗透性的黏土层之间的渗透性较好的砂岩层中之后，经历几百万年的时间而形成的。地壳下部的地热能被海水富集，使生物残骸腐烂溶解，从而产生甲烷气体。在其上堆积的沉积物越来越多，作用于热海水的地质压力也越来越高。这个既含地热能又储藏有天然气的地层，潜藏的能源量是非常大的，大约相当于美国煤炭存储总量的1/3。

另一种潜藏于海底的能源是堆积在深海洋底的状如冰雪的天然气堆积物，即"天然气水合物"。天然气水合物是在高压低温条件下形成的，极低的温度和极大的压强使水分子在甲烷分子周围结晶。通常认为，天然气水合物一般埋藏在大陆周围的海床上，是地球上最大的未封闭的化石能源。仅仅在美国周围水域下储藏的天然气水合物资源，也许就可以满足整个美国上百年的能源需求。

然而，随意靠近这种储量巨大的能源储存库通常代价高昂而且非常危险。如果天然气水合物变得不稳定而爆发起来，就会像火山喷发一样剧烈。已经有几个海底凹坑被确认是气体包爆炸而产生的，人们也已经观察到一些从海床升起的巨型甲烷气柱体。从水合层中溢出的甲烷气体为微生物提供了丰富的营养物质，而这些微生物又可以养活一些管状蠕虫类的生物。另外，天然气的主要成分甲烷还是一种潜在的温室气体，如果进入大气，可能会加速全球变暖进程。

矿产

有价值的矿物从岩石中分离出来聚集堆积，便形成了矿石。矿工在矿石表面作业使其破碎堆积而获得可资利用的矿物。许多矿产资源尚储存在地下很深的地方，想要将它们挖出地表并用于工业生产，还有待于采矿技术的进步。许多矿产最初都是在海底堆积形成的（图157）。地球物理、地球化学以及矿石开采等方面的技术进步使得当代的资源供应基本上可以满

图157
海底热液矿床的世界
分布图

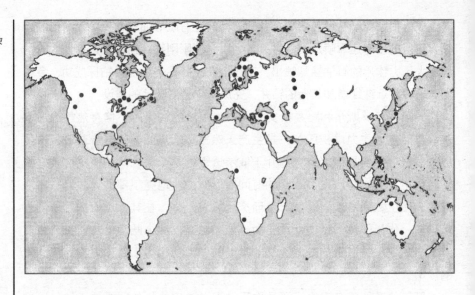

足人类不断增长的需求。随着采矿技术的进步，现在尚难以开发的矿区在不久的将来也将为人类提供矿产。高精度的卫星雷达测绘以及其他的遥感技术将帮助人们获得海底地貌和结构的图像，而未来世界的能源和矿产大部分都将来自于此。

矿床的堆积形成通常是很缓慢的，要生成一处有开采价值的足够大型的矿床往往需要上百万年的时间。某些特定矿物常常可以在大范围的温压条件下沉淀，因而通常与其他几种矿物共生。这种矿物在岩石中的集中程度通常较高，对它的开采也就有利可图。剧烈的造山运动、火山活动以及花岗岩侵入往往可以形成富集金属矿物的矿脉。

热液矿床是工业矿产的主要来源。自热液矿床首次发现，一个多世纪以来，人们对其形成机理的研究逐渐深入。19世纪与20世纪之交，地质学家们发现加利福尼亚州硫磺海岸的热泉以及内华达州的"蒸汽船热泉"中形成的现代热水沉积物与以往发掘的矿脉有相同的金属硫化物成分（图158）。因此，如果矿物能够在地表热泉堆积，那么也理应可以在热水向地表移动的过程中填充到岩石裂缝之中。美国矿物学家里根发现：从蒸汽船温泉往地下挖几百码（约几百米），就可以发现具有纹理和矿脉构造的岩石。因此证明了所谓的"热液流"的循环流动可以形成矿脉。填充矿物是热水在地下裂缝中滤过时直接沉淀而形成的。

岩浆房为其上规模巨大的地下结构持续地提供热量和挥发分，从而形成热液矿床。岩浆冷却，硅酸盐（如石英）首先结晶析出，留下一些其他的元素在残余熔浆中富集。岩浆进一步冷却，岩石便收缩破裂，使得残余岩浆流体得以向地表逃逸并侵入到周围的岩石中，形成矿脉。

　　岩浆房周围的岩石也许是热液矿脉的又一主要矿物来源。火山岩在这个过程中也许仅仅起热源的作用，推动水在巨大的循环系统中流动。较重的冷水向下流过周围岩石，溶解而携走其中大量的有用元素；冷水进入火山岩被加热后，上升进入上部岩石裂缝；最后热水冷却减压，使得矿物在矿脉中沉淀。

图158
内华达蒸汽船喷泉的气流喷孔（图片提供：美国地质勘察局W.D乔斯顿）

图159
红海及亚丁湾地区地图

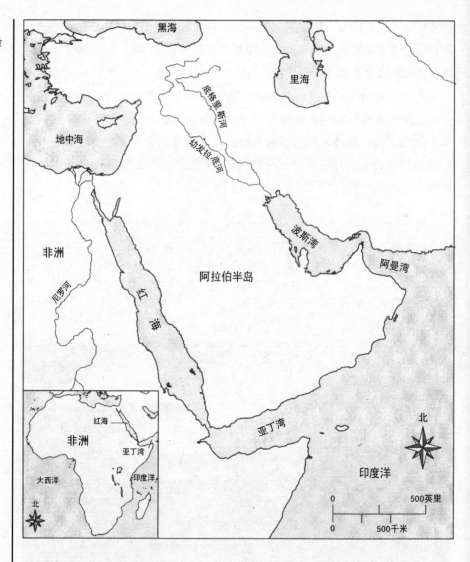

热液矿床的两种极端金属类型是汞和钨。有生产价值的汞矿带一般与火山系统相关联，汞也是唯一的在室温下呈液态的金属。汞在低温低压条件下就可以变成气体，因此地球上大量的汞都已经通过火山气流喷孔和热液喷泉消散在空气中了。相反，钨则是最硬的金属之一，常可用来加固钢材。钨在高温高压下就可以沉淀，因此常常形成于冷却的岩浆体和受其侵入的围岩的接触带中。

通过热水而堆积的热液矿物同样也与洋底的火山活动带有关系，这些活动带包括生成新洋壳的洋中脊以及消灭老洋壳的消减板块边缘岛弧区等。无论是在古老大洋扩张中心附近活跃的新生洋底上，还是像亚丁湾、红海这些新生洋盆的裂谷地带中（图159），都有热液矿床的堆积。另外，利用大洋深钻，人们在远离大洋中脊的老年洋壳上也发现了同样的热液矿床。这表明大洋的整个演化历程中都可以有金属矿产的生成。

包括铜、锌、金、银等在内的贵金属矿石，通常富集埋藏于洋中脊的裂陷带之中。这类热液矿床是热泉喷出的富含硅和金属元素的矿物热水溶液经过沉淀堆积而成的。硅和其他矿物的堆积建造成大型烟囱体，黑色云雾状流体（又称"黑烟"）从其中翻涌而出。富含金属离子的晶体颗粒从流体中析出，沉落到海底堆积形成矿体。

一般来说，进入热液系统的矿物的根源在洋底以下20～30英里（约30～50千米）深处的地幔。上涌的岩浆穿透洋壳，在扩张中心为新洋壳生成提供原料。海水经由洋底玄武岩，最终渗透到岩浆房附近的地壳下部。海水在这些年轻而又严重破碎的岩石中循环，被加热到几百摄氏度。

尽管温度已经很高，然而此处几百个大气压的高压环境维持热液不至于沸腾。通过地幔对流上涌并经由地壳裂缝而最终到达洋底上的那些玄武岩，受热液作用而溶解，析出硅和其他矿物（图160）。另外，岩浆中直接产生

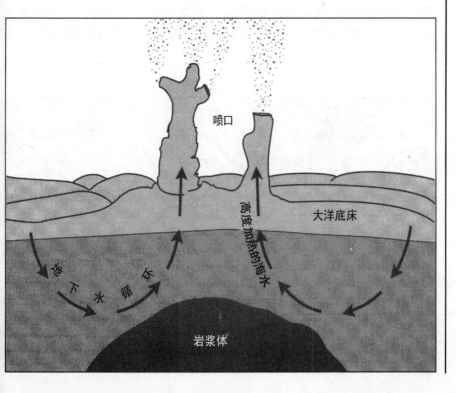

图160
洋底热液喷口的形成机理

的富金属流体以及源于地幔的挥发分，随热液一起到达地表。这些富金属的热液，比如富含铁镁的热液，经过热液喷口喷出，在遇到冷的富氧海水时被氧化，与硅质成分一起在洋底堆积。大西洋中脊附近一些堆积物矿床中所含有的可用于铁合金制造的镁元素含量竟高达35％。

一般说来，热液矿床中的铜、镍、钴、铅、锌等金属的含量都比较低。这是因为这些元素在溶液中的滞存时间比铁、镁要长。在缺氧的环境下，例如停滞的盐水池中，铜、锌倾向于与铁、镁一同沉淀富集。红海中就有这样的矿床堆积，其中铜、锌的富集程度很高，完全达到了商业开采矿石的品级。

另一种矿产堆积的类型是蛇绿岩——由于大陆碰撞而抬升、暴露于陆地上的古洋壳的代表。这种"陆上洋壳"可以分为数层：上层是海相沉积物，中层是枕状熔岩（海下喷发的玄武岩），下层是可能来自地幔的高密度的暗色碱性岩石（碱性指富含铁、镁）。而金属矿产堆积就存在于与玄武岩相接触的沉积物层的底部。

蛇绿岩几乎遍布全球（图161）。年龄在一亿年左右的暴露的蛇绿岩套在以下这些地方都可以找到：意大利北部的亚平宁山脉、西藏南部的喜马拉雅山北麓、俄罗斯的乌拉尔山脉、地中海东部（包括塞浦路斯）、非洲东北部的阿尔法沙漠、南美洲的安第斯山、西太平洋的一些岛屿（比如菲律宾岛）、纽芬兰最北部以及美国加利福尼亚州中部比格瑟海岸的索尔岬地区等。

图161
蛇绿岩是由于板块碰撞而切削到陆地上的洋壳，它们遍布全球

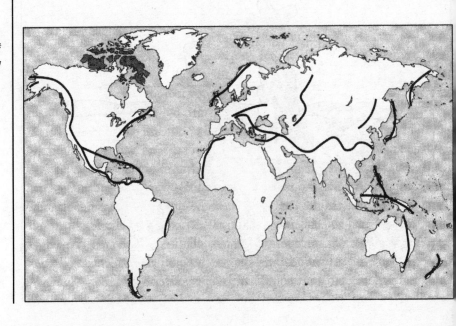

图162
胡安德富卡洋脊上一
处受到风化的硫化物
堆积（图片提供：美
国地质勘查局）

硫化物矿床也是一种重要的矿床类型，它们生成于大洋扩张中心处的洋底，经常出现在因大陆碰撞而出露于陆地上的蛇绿岩套中的包体及矿脉里面。其中最引人注意的硫化物矿产堆积位于有一亿年历史的亚平宁蛇绿岩中，因为早在古罗马，人们已经开始开采和使用它们。大型硫化物矿床在世界各地都被广泛开采，因为其中富含铜、铅、锌、铬、镍、铂等重要金属。

大型硫化物矿床是形成于大洋中脊扩张中心的金属矿产，这些金属硫化物通过热液系统沉淀，最后常常会在海底建成很大的穹隆状构造（图162、图163）。这些多由铁、铜、铅、锌等金属元素的硫化物组成的沉淀物主要出现在蛇绿岩套中。因为富含金属，大型硫化物矿床在世界各地都被广泛开采。硫化物矿床为什么常能建造出如此大的规模？是因为一旦洋底的循环海水溶解了硫酸根离子成为强酸性，就加速了硫离子结合从玄武岩中滤出和从热液中析出的金属离子的进程，从而形成不溶于水的金属硫化物的大量堆积。

大型硫化物矿床同样也出现在洋底蛇绿岩的包体和矿脉中（图164）。只有当洋中脊中轴线与大量提供剥蚀碎屑物的陆地距离很近时，才会产生另一种较为特殊的硫化物矿床。这种类型的硫化物矿体位于沉积岩层——通常是细粒黏土形成的页岩——的中部。对现代工业至关重要的铜、铅、锌、铬、镍、铂等金属的矿产堆积体，在洋底以下好几千米的地方生成，然后在

图163
大型热液流体成因硫
化物矿床的形成

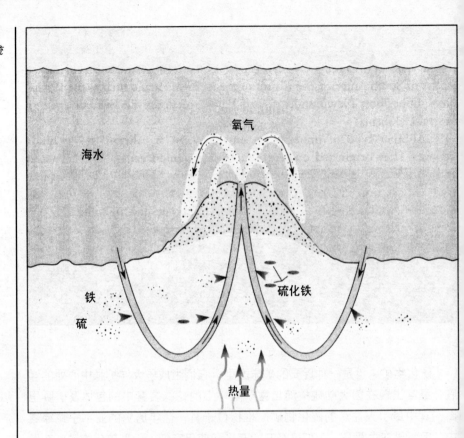

大陆碰撞期间被推到大陆上。

矿床也可能与慢速扩张的新洋盆发生张裂所产生的高温卤水有关联，例如正在张裂的红海海盆产生的高温卤水。富含金属离子的热盐水沿着洋中脊扩散到海盆中。因为要穿过埋于地壳中的盐岩（氯化钠）层，通常密度较高的冰冷海水从火山岩中滤过之后就会变成卤水。在干燥的气候条件下，水的蒸发速率大于海水的输入速率，在几近封闭的海盆中便会形成盐床。

当盐度达到饱和点后，盐就开始结晶析出，沉积到洋底便堆成厚厚的盐床。热液循环穿过盐床，使其保持很高的盐度。其中的氯与金属离子结合，提高了可溶性金属离子的搬运能力。热液从洋盆底部释放出来之后即以热卤水的形式聚集。金属从热液中沉淀析出，在洋盆底部堆积，形成厚达6英里（约9.65千米）的层状金属矿床。

蒸发盐堆积体产于干旱的海岸临近区域。这些盐水池有持续的海水补给，在火热的太阳照射下又不断地蒸发，从而留下结晶的盐分。蒸发盐堆积体通常形成于南、北纬30°线之间。目前世界各地都没有大量蒸发盐形成，表明现在全球气候处于较冷的时期。北极部分地区也都发现古老的蒸发盐，说明在地质历史上，地球曾经特别地暖和，或者该地区曾经离赤道很近。蒸发盐的堆集，在2.3亿年前泛大陆刚开始分离的时候，达到了顶峰。8亿年以前很少有蒸发盐，当然也有可能是因为之前形成的盐类都已经溶解循环返回海洋了。

　　盐类从溶液中的析出是分阶段的。一般首先析出的矿物是方解石，紧接着是白云石，虽然它们通过这种方式形成的量都很小。等到大约2/3的水都蒸发以后，石膏开始析出。90%的水蒸发时，岩盐或者说普通食盐才形成。厚层岩盐堆积体也可能是直接从不同于一般大洋循环的深海海盆海水中析出形成的，例如地中海和红海中的岩盐堆积体就通过这种方式形成。

　　由陆地上堆积的含水硫酸钙组成的厚层石膏盐床是最常见的沉积岩之一，普遍产于大洋或内陆海剧烈蒸发而形成的蒸发盐堆积体中。俄克拉荷马州，同北美洲内部许多其他曾被中生代海洋侵袭的地方一样，因石膏盐床而闻名于世。开采所得可以用于制造医用石膏或者粉饰房屋墙壁。

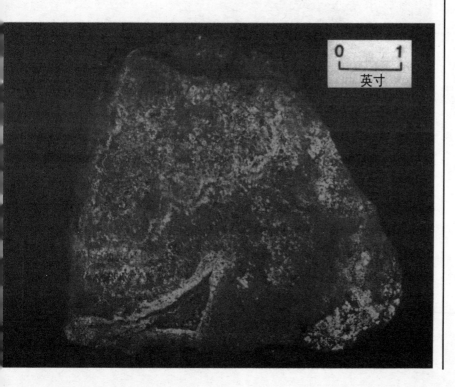

图164
蛇绿岩中的富金属大型硫化物矿脉（图片提供：美国地质勘查局）

其他海底蒸发岩矿产还包括以下这些：硫磺，是最重要的非金属矿物之一，一般大量产于沉积岩和蒸发盐岩中，火山作用也能产生硫磺，但仅能满足世界硫磺经济需求的很小一部分；用于制造肥料的磷酸盐，产于美国爱达荷州及其周围的一些州；钾盐堆积体，例如新墨西哥州卡尔斯班德附近的大陆内部蒸发盐堆积体，表明这些区域曾经广为海洋覆盖；石灰岩，有些是由海水直接化学沉积而形成的，也有少部分堆积于盐水形成的蒸发盐堆积体中。

海底最有开采前景的矿物堆积体是锰结核（图165）。锰结核是"水成"的——海水中的金属元素直接缓慢聚集而形成，而海水中这些金属离子

图165
马歇尔群岛塞尔瓦尼亚平顶山处的锰结核（位于水深4，300英尺（约1，310米）处）（图片提供：美国地质勘察局 K.O 艾玛瑞）

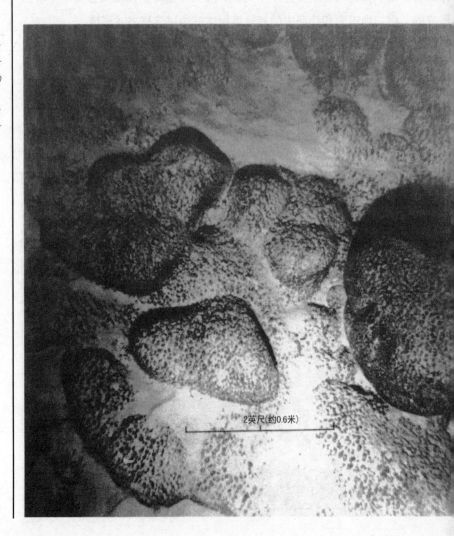

2英尺(约0.6米)

（例如铁、镁）的溶解度不到百万分之一。这些金属矿物可能是随河流进入海洋的陆地岩石的风化剥蚀产物，也可能是通过洋底喷口进入海洋的地壳下火山热液活动的结果。

绝大部分金属元素在碱性、富氧环境下（例如正常海水）的溶解度是十分有限的。处于溶解状态的金属（例如铁、镁等）被海水中的氧气氧化，生成不溶的氧化物或者水合氧化物。然后，以海底的固体物质为核心形成粒状、层状或者壳状的堆积体。活动生物同样会从海水中吸收某些特定的金属元素，当生物死去、残骸沉于洋底，金属元素便凝结在底部的沉积岩上。

绝大部分的海底结石（例如锰结石）都是在宁静的深海中形成的，远离大陆边缘也远离火山活动频繁的扩张中脊。在这些地方，黏土以及其他矿物颗粒的供给稳定而缓慢，因而使矿物堆积不会过于快速和集中。这种堆积形式，一般形成于类似深海平原以及像海山或者孤立的浅海海岸等洋底隆起区域，这样的沉积物输入少数海域，否则会被沉积物掩埋。

锰结核围绕一个固体核或者"种子"生长，可以是一粒沙、一片贝壳或者一颗牙齿等等。与珍珠的生成方式类似，这些"种子"起着催化剂的作用，使金属得以在其上附着生长。金属离子就这样呈同心层状不断加积，最后形成土豆大小的结核，令海底看起来仿佛被鹅卵石所覆盖。一般而言，这种水成堆积体1,000万年才能生长不到1英寸（约2.5厘米）。

1吨锰结核大约含有600磅锰、29磅镍、26磅铜和7磅钴。然而，这些结核通常位于水下4英里（约6.44千米）的深处，使得大规模开采十分困难；而且每开采1吨结核，大约要搜寻100平方码（约83.6平方米）的软泥。人们设想了许多开采方法，比如用网兜捞取、用巨型吸尘器吸取等。最奇妙的设想是用远程电控机器人捞取结核并将其压成碎浆，再通过管道抽出海表。

海洋能源

海洋是全球的太阳能"采集器"。每天3,000万平方英里（约7,800万平方千米）的热带海洋所吸收的太阳能量相当于2,500亿桶石油的能量，比全球可再生石油总共存储的能量还要大。只要其中小小一部分可以转化为电能，便能极大地增加未来的能源供应。存储于热带海水表面的能量，其千分之一就相当于1,500万兆瓦特（1兆瓦特=1百万瓦特）的电能，比目前整个美国发电量的20倍还多。

海水热能交流（图166）利用的正是海洋表层水与深层水的温度差。在

温暖的表层海水与冰冷的深层水之间存在巨大的温差，这足以产生可观的能量。在封闭循环的海水热能交流系统内部，温暖的海水使得沸点很低的"工作流体"（例如氟利昂或者氨水）汽化。"工作流体" 像冰箱中的制冷剂一样被封存在系统内进行连续不断地循环。

克劳德循环系统，则是一个开放循环的海水热能交流系统，因其发明者法国生物物理学家乔治·克劳德而得名。克劳德循环系统的"工作流体"是持续供应而又不断变换的海水。该系统中的循环海水在真空室中沸腾，因为流体的沸点在真空低压条件下会大大降低。这种方法还可以顺带生产出淡水，用于干旱区域的农作物灌溉。无论封闭循环还是开放循环的海水热能交流系统，都是通过得到的气体流冲过涡轮机使之转动来发电的。最后用从海面下2,000～3,000英尺（约600～900米）深处抽上来的冷水将热的气体冷凝成液体，从而完成整个循环。

富含营养物质的冷水也可以用于水产捕捞、鱼类的商业养殖以及附近建筑物内冰箱和空调的用水等。发电设备可以安装在岸上、海里，也可以安装在海洋移动平台上。这些电能可以直接供应民用供电网络，或者用于替代燃料（如甲醇、氢气等）的合成、海床金属的提炼以及氨肥的制造等等。

　　相较于封闭循化系统，开放循环系统有以下几个优点：首先，用海水作为"工作流体"，减小了排放导致海洋环境恶化的毒素的可能性；其次，开放系统的散热器与封闭系统相比，更便宜也更有效，因此开放系统能更有效地将海洋热能转化为电能，而且建造代价也更小。

　　海浪是另一种能量来源。巨大的波浪在海岸边上发生破碎，生动地说明了海浪可以产生很多能量。波浪能量，最终还是来源于太阳的。太阳加热海洋表面，产生风，继而形成波浪。沿着海岸的风也可以推动风力涡轮（图167）直接发电。一般而言，即将到达海岸的波浪能量是最大的，因为它们在风力的推动下已经跨越过了广阔的水域，在这个过程中，风力不断地为波

图167
加利福尼亚圣高戈尼奥的发电风车（图片提供：美国国家能源部）

219

浪输入能量。在拍打海岸的时候，海浪已经积蓄了相当多的能量。

碎石海岸的潮间带所接收到的波浪能量比接收的太阳能要多得多。这些波浪通常是由远处的暴风自广阔开放的海域吹过而形成。当地的近岸风暴，尤其是在和潮汐共同作用时，往往会产生最为强劲的波浪。已经有许多水力发电方案被设计来利用这种经济、有效而且产量巨大的能源。这些水力发电程序的基本原理在于：利用波浪发电机底部的破碎波浪压缩底部空气室内的空气，然后驱使压缩空气进入垂直塔，最后高压空气推动涡轮旋转，从而产生电能。

潮汐能是另一种的海洋能量形式，世界绝大多数海洋沿岸的海湾内都会产生超过12英尺（约3.66米）的潮汐，我们称其为"宏潮"。海湾或者河口将形似波浪的潮汐限定在一定的沟渠之中，从而使其振幅增大。具体的振幅增大程度则取决于海湾或河口的形状。某些海湾中出现异常高的高潮，则是海盆对潮汐的集聚作用和共振作用的结果。当潮水进入狭窄的通道，流通被限制，潮高便会增加。

利用潮汐能量发电，需要在海湾处修筑水坝。涨潮时，打开闸门，为海湾填充海水。在潮高达到最大时关闭闸门；落潮时，就会有足量的水冲刷涡轮转动发电。在有"宏潮"出现的地方，常常会出现强劲的潮汐流，这时，海水的输入和输出都可以使得涡轮旋转发电。

热核能源（图168）是一种可再生而且基本无污染的能源，而海水中富含可利用的热核原料。一个边长100英尺（约30.48米）、深7英尺（约2.13米）的正方形水池如果填满海水，一般而言其中所含有的氚（放射性重水中含有的氢的一种同位素）能够释放出满足25万人1年用电需求的能量。热核反应的副产物还有一些能量，以及氦气——一种向太空逃逸的无害气体。

海洋水产

由于过度捕捞，地球上的鱼类正遭受属种数量锐减的危险。1972年，当石油泄漏和海底打捞严重威胁着海岸外资源的时候，美国开创性地提出了"海洋避难所计划"。在"避难所区域"，严禁石油钻探、海底打捞以及其他一切被视为影响海洋生态的活动。然而，所有的避难所区域都没有禁止捕鱼。绝大多数区域依然允许航海、采矿以及其他一些可能破坏生态的活动。更为严峻的是，在该计划制订以后，过度捕捞对海洋生态的威胁就大大超过了石油污染。某些正在减少的鱼类，例如鳕鱼、黑线鱼等，被逼上浅海岸；另有一些已经濒临灭绝的边缘。

在全世界的许多地方，曾经相对丰富的物种已经发生了很大的变化。问题的根源在于：当环境波动、鱼群萎缩时，捕鱼量本应减小，然而渔民们为了保持稳定的收成，依然大量捕杀本已减少的物种。物种的危险就这样产生了。而且，所捕鱼的类型也向着物种个体较小的方向发展。在同一物种内，个体的平均尺寸也在变小。

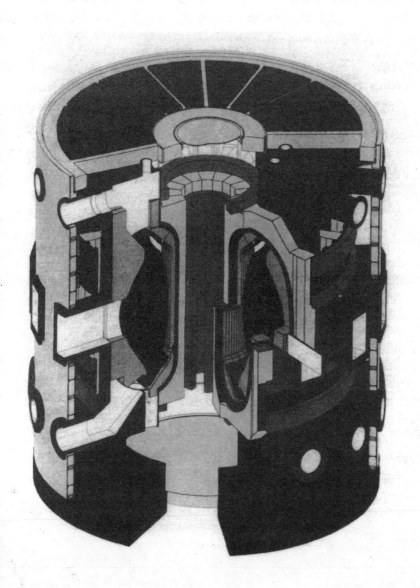

图168
一位画家在美国新泽西州普林斯顿大学展出的国际热核试验模型（图片提供：美国国家能源部）

　　过渡捕鱼使得数量偏低的物种出于竞争考虑必须要调整自己的物种密度。因此，在大量捕杀的情况下，能够快速繁殖、生长的物种具有相对的竞争优势。而这些鱼类数量的变化程度、商业养鱼类型的变化程度以及环境的影响程度等，一切都是不确定的。然而，有一点是确定的：按照现在捕鱼的趋势继续发展下去，鱼的个体将会越来越小，而且可以获得的鱼的种类也会越来越少。

　　全球每年的捕鱼量在一亿吨左右（表18），其中太平洋西北部和大西洋东北部的捕量就占了总量的一半。肉质鱼的大量捕杀导致其数量明显减少，而所谓的〝垃圾鱼〞以及其他的一些小鱼则越来越多。这种大型肉食性鱼的系统性消失可能会导致对其他鱼类的捕杀量以每年百万吨的数量级增长，其中也包括对主宰着北纬度地区的小型鱼类的捕杀，而这里鱼类数量的变化比热带地区更难于预测。

　　全球水产业的许多变化都由鱼类明显的季节性行为模式以及不同季节之间的气候和其他环境因子的明显差异而引起。气候通过改变海洋表层水温度、全球海水循环模式、上升流、盐度、pH平衡值、紊流、风暴以及海冰的分布等，来影响水产业。所有这些因素都可以影响到海洋的初级生产力。气候可以改变鱼类的物种分布，也可以使得物种密度和数量下降。

　　为了弥补海洋捕鱼量的不足，许多水生动物被人工养殖以满足人类的消费需求（图169）。水产养殖的虾、龙虾、鳗鲡和大马哈鱼占全球海鲜总产量的不足2%。然而，其总价值却比其他鱼类大5～10倍。水产养殖和海产养殖可以帮助满足全球日益增长的食品需求。中国在水产养殖方面居于世界第一位，用于水产养殖的区域多达2,500万亩，其中包括拦截的江河、池塘、水库、自然湖泊以及人工湖泊等。

表18　海洋生产力

位置	有机碳产量（吨/年）	百分比（%）	可获得的鱼类总量（吨/年）	百分比（%）
大洋	163亿	81.5	16万	0.07
沿岸海洋	36亿	18.0	1.2亿	49.97
上升流区域	1亿	0.5	1.2亿	49.97
总量	200亿		2.4016亿	

图169
美国密西西比州图尼
卡附近池塘捕获鲶鱼
的场景（图片提供：
美国农业部 D.瓦尔
文）

种植海草和海藻也可以帮助满足全球食物需求，海藻和海草成为重要的维他命食物来源。仅仅日本就有二十多种可食用的海草，每个日本人平均每周要消费掉1磅的海草，这些海草都被制成了开胃菜或者点心。因此，日本成为全球最大的海洋植物产出国。许多海草是野生的，也有许多是人工种植的。条件控制合适的话，海藻的生长速度是很快的，从而可以为人类提供大量的植物食品。

海草种植每几天就可以收割一次，而农业种植从播种到收割则需要两三个月的时间。平均一亩海床每年可以产出30吨海草，而一亩土地一年则只能产出一吨小麦。海草可以通过人工处理而具有肉类和蔬菜的味道，营养价值也很高，其蛋白质含量甚至可以高于50％。海洋"农场"是一片富足的土地，能够满足人们未来的营养需求。人们已经将许多土地变为荒漠，希望人们不会将这片"农场"也变为荒漠。

在考察了海洋资源之后，下一章我们将去看看生活在海洋里的多种多样的生物。

9

海洋生物

海水中的生命

　　本章我们将对海洋中生活的生物进行一番巡视，包括一些极罕见的物种。如果没有对海洋生命的探查，我们对海洋的探索就不能算是完整的。热带雨林繁茂的生物世界，在海洋中也同样存在，尤其在珊瑚礁当中。如若往前追溯几亿年，地球上绝大多数物种的祖先都曾是海洋生物。

　　深海洋底上有着一些地球上最奇异的生物，那似乎是一个被时间遗忘的世界。高高的烟囱喷出富含矿物的热水，养活着深海许多处于冰冷黑暗之中的奇异生物。这里的生物与海洋其他地方的物种几乎没有任何相似之处。

生物多样性

从两极到赤道，生物物种越来越丰富，这是地球上最惊人也最永恒的生物分布模式。其原因在于赤道附近阳光充足，处于食物链底层的简单生物可以吸收更多用于光合作用的太阳能。除了能量以外，其他导致物种丰富性的因素还包括气候、可利用的生存空间以及区域历史地质条件等。比如说，珊瑚礁和热带雨林区域有着地球上最丰富的物种，因为它们所在的区域也是地球上最温暖的区域。

海洋世界的生物多样性水平比陆地世界更高。由于陆地的生态承载能力相对较低，即可以养活的物种数量更少，因此从3.5亿年前第一次生物登陆起，陆地物种的总量就一直受到限制。相比之下，海洋环境可以养活的生物门类是陆地环境的两倍。而海洋物种的历史存在时间也同样是陆地物种的两倍。

海洋本身对海洋生物的组成和分布有着深远的影响。海洋生物的多样性受许多因素的影响，例如洋流、温度、四季更替、营养分布、生产类型以及一些对于生物的生存有着决定性作用的其他因素等。大多数的海洋物种生活于大陆架、岛屿周围的浅水部分以及深度小于600英尺（约183米）的水下洋隆带上（图170）。浅水环境，相比于远洋环境更为动荡，而环境是物种进化发展的影响因素。最丰富的浅海动物群位于热带的低纬度区域，这里有着

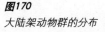

图170
大陆架动物群的分布

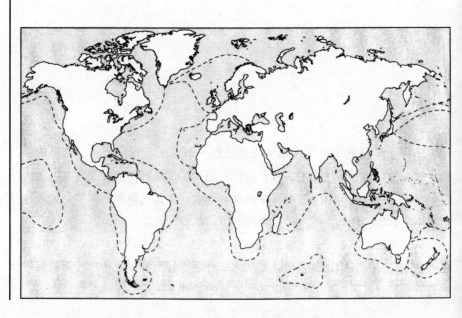

图171
南极麦克穆多海峡的
底栖海洋生物（图片
提供：美国海军的
R.W 柯申格）

大量高度分化的物种。

　　随着纬度增高，物种多样性逐渐降低。到极地区域，物种数量仅为热带区域的1/10。另外，被陆地包围的北冰洋，其物种数量是环绕南极的南大洋物种数量的两倍。南极周围的海域是全球最寒冷的地方，曾经认为，这是一片完全没有生命的地方。然而，人们现在却在环南极海域发现了各种各样的生物（图171）。南极海域，面积大约为全球海洋总面积的10%，也是全球最大的独立生物群。极地地区生物种类丰富主要是由于这些生物具有很强的抵抗严寒的能力。

　　小岛和大洋中小陆块周围的近岸海域的生物物种最具多样性。这里海水营养供应量的变动受陆地四季更替的影响最小。生物多样性最低的地方是大陆近岸海域，尤其当面对的是一个小海盆时，其浅水区域季节性最强。而离开大陆越远，生物多样性也逐渐明显。

　　生物多样性在很大程度上取决于食物来源的稳定性，而食物来源的稳定性又是由陆地形状、内陆海面积、海山的存在与否等因素决定的。海山被侵蚀，可以向海洋输送大量的营养物质，使得海洋浮游植物兴旺，从而为食物链高层的动物提供更多的食物。食物丰富的生物更容易繁盛，并进化发展出不同的物种。海山从海底隆起，形成岛屿，增加了某些物种被孤立的可能性，也就增加了发展出新物种的可能。

19世纪30年代，达尔文来到西太平洋的加拉帕戈斯群岛（图172）。他发现，与邻近的南美洲大陆相比，加拉帕戈斯岛上的动植物有很大的变化。与邻近岛屿相比，雀类、鬣蜥等动物呈现出明显不同却又相关联的特征。寒冷的洋流和火山岩使得加拉帕哥斯群岛与最近的陆地——群岛以东600英里（约965.4千米）的厄瓜多尔——有着截然不同的环境。两个地区动物之间的相似性，仅仅意味着厄瓜多尔的物种曾经占领过这些岛屿，然后又自然进化而分化成不同的物种。

大陆平原台地对于物种的多样性尤其重要，因为其扩展出来的浅海水域为浅海生物群提供了一大片生活区，并且这里的季节性波动也较弱，非常适宜生物生存。高纬度地区具有更加明显的季节性，食物来源的波动明显比低纬度区域要大。除了季节变迁外，表层洋流和上升流也是影响生物多样性的重要因素。洋流能对食物供应造成影响，从而导致生产力的波动。

陆地沿岸上升流和赤道上升流是为海洋表层提供深海营养物质（如钾、磷、氧气等）的主要途径。寒冷而营养丰富的上升流遍布全球，大约覆盖海洋的1％，然而却为40％的海洋初级生产力提供营养。这些上升流海域养活着丰富的浮游植物以及其他海洋生物。这些微小的生物位于海洋食物链的最底层，为捕食者提供营养来源。通过层层递进，这些营养物质便进入食物链的各个高级层次。这些海域也常是非常重要的渔场。

图172
达尔文的环球探索航行路线图

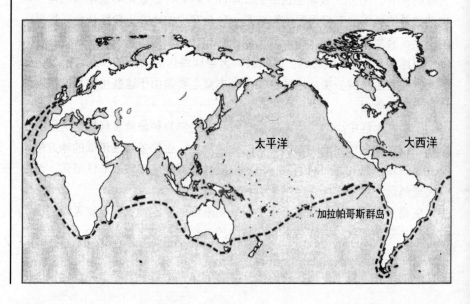

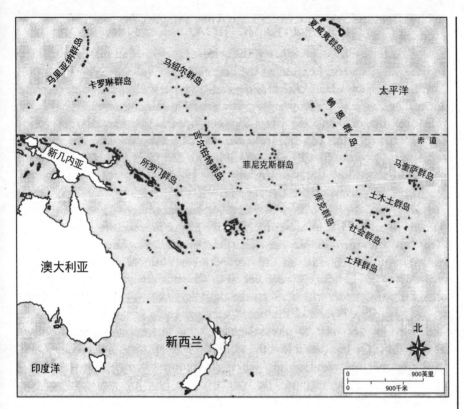

图173
印度-太平洋省的长
岛链，有着不同种类
的动物群落

生活于不同大洋甚至同一大洋不同海域的生物物种会有很大差异。即使是在同一片连续的近岸海区，物种面貌也会发生很大变化，这通常是缘于局域气候的不同。因为纬向距离和气候差异会阻碍浅海生物的扩散。在某些海域，巨大的海水深度同样也为浅海生物的扩散设置了难于逾越的屏障。此外，大洋中脊更是为海洋生物的扩散"移民"设置了一系列的障碍。

这些屏障将大洋生物群分割成30多个"生态省"，通常，不同的生态省仅仅有少量的共有物种。浅海生态群的物种数量大约是一个独立生态省物种数量的10倍。2亿年前，当世界还只有一个包围于超级大洋之内的超级大陆时，这种格局就已经形成了。

印度-太平洋省是所有海洋生态省中宽度最大的。由于环其一周的长长的火山岛弧链（图173），该生态省的生物多样性也是最高的。岛弧链东西向排列于同一气候带，被种类不同的动物群分区占领。这些动物群从岛弧链区一直扩展到邻近的热带大陆架和岛屿上。然而，这片广阔的热带生态区却未能延展到美国西海岸，因为，东太平洋洋隆有效阻隔了浅海生物的"移民"。

生物多样性主要取决于食物来源。95%的海洋光合作用是由一种被称为

图174
例如像颗石藻（一种浮游植物），可以帮助维持地球的生存环境

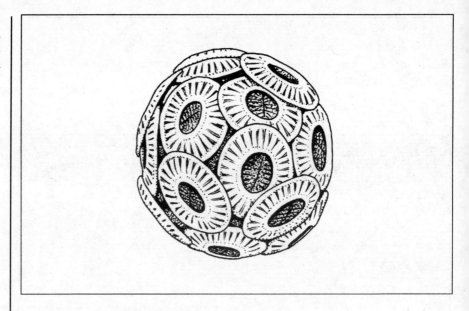

浮游植物（图174）的简单微小的生物来进行的，它们对地球70％的海洋生态有着重要作用。浮游植物是大洋中主要的生产者，处于海洋食物链的关键位置。动物呼吸所需氧气的80％都由浮游植物提供，此外大气中二氧化碳含量也会受浮游植物的调节，从而影响全球气候。

　　海洋表层水的颜色，因为水中悬浮物（如浮游植物、泥沙、污染物等）的关系而明显不同。在开阔海域，由于单位面积的生物数量少，海水呈现明显的深蓝色；在气候适宜的温暖海域，生物数量也较多，海水则呈现出明显的绿色。北大西洋的海水是绿色的，因为它们富含浮游植物。

海洋物种

　　最原始的海洋生物物种是多孔动物门的海绵（表19），它也是地球上最早出现的多细胞动物。海绵的身体结构分为三层，外层和内层是由细胞组成，其间是一层原生质层。脱离主体后，海绵细胞依然可以独立存活。如果把一个海绵切成碎片，这些碎片则可以发展成新的海绵个体。海绵体壁上分布着许多供水流进出体腔的小孔，另外还有一个或多个较大的口孔供营养物质通过。

　　某些种类的海绵具有由相互连接的骨针构成的刚性内骨骼，主要成分是钙或硅。有一种海绵具有玻璃质的细小骨针，针的外部构造坚硬而针中小

表19   物种分类

群	特征	存在的地质时期
脊椎动物	具有脊柱、内骨骼。现存大约有7万个种类。鱼类、两栖类、爬虫类、鸟类以及哺乳动物	奥陶纪至今
棘皮动物	轴对称的底栖生物。现存大约有5，000个物种。海星、海胆、海百合、海参	寒武纪至今
节肢动物	现存最大的生物门类，已知物种超过100万。昆虫、蜘蛛、海虾、龙虾、螃蟹、三叶虫	寒武纪至今
环节动物	节段式的躯体，高度发展的内部器官。现存大约7，000个物种。蠕虫、水蛭	寒武纪至今
软体动物	具有直壳、卷曲壳或者双轴对称的壳。现存大约7万个物种。蜗牛、蛤、鱿鱼、菊石	寒武纪至今
腕足动物	具有两个不对称的壳。现存大约120个物种	寒武纪至今
苔藓虫	苔藓动物。现存大约3，000个物种	奥陶纪至今
腔肠动物	由三层细胞构成的组织。现存大约1万个物种。水母、水螅、珊瑚	寒武纪至今
海绵动物	海绵。现存大约3，000个物种	元古代至今
原生动物	单细胞动物。有孔虫、放射虫	元古代至今

管部分则相对柔软。所谓的玻璃海绵，就是由貌似玻璃的硅质纤针组成的。玻璃海绵纤细的骨针交错排列成漂亮的网状结构。海绵以及其他的生物能够成功地吸收海水中的硅，用来建造自身骨骼，这也解释了海水中为何会缺乏硅。如今现存的海绵物种大约有1万个。

腔肠动物，得名自希腊语"内脏"一词，包括有珊瑚、水螅、海葵、笔石以及海星等。腔肠动物是最繁盛的海洋动物之一，现今海洋中的腔肠动物不少于1万种。它们具有囊状的身体，以及被触须包围的口。绝大多数的腔肠动物是辐射对称的，身体围绕其中心轴辐射开来。原始的辐射对称生物仅有两种类型的细胞：外胚层细胞和内胚层细胞。而两侧对称的动物的发育历史中还包括有中胚层，并且具有真正的内脏。在两侧对称动物细胞分裂的早期，受精卵一分为二，然后再分裂成许多小细胞。

珊瑚形态多样（图175）。代代相传连续不断的珊瑚堆积形成厚厚的石

灰岩礁。大约5亿年前，珊瑚就开始建造暗礁，形成了沿大陆海岸线分布的岛链和堤礁。现代珊瑚更多地会形成堤礁和环礁。珊瑚改造地球面貌的程度甚至可与人类匹敌。

珊瑚虫是一种软体、可收缩的动物，身体四周环绕着触须，触须顶部则是被毒针环绕的小口。它生活在一个被称为"囊"的由碳酸钙组成的独立骨骼杯中。夜晚，珊瑚虫伸出触须吸取营养物质，白天或低潮期，则会将触须收入囊中以免受阳光照射而过量失水。

珊瑚虫通常与虫黄藻共生，生活在其内部。这些藻类吸收珊瑚虫的排泄物，制造珊瑚虫所需的营养物质。由于藻类需要阳光以进行光合作用，因此珊瑚虫的生活范围仅限于水深不超过300英尺（约91.44米）的温暖海水。有许多珊瑚生长在潮间带，而广泛分布的珊瑚礁则一般出现在温度波动范围很小的温暖浅海。密集的珊瑚群常常暗示着该处的温度、气候以及海平面高低等环境因素都有益于珊瑚快速生长。

苔藓虫（图176），或称苔藓动物，是一个奇异的生物群，附着生长在洋底的外来生物上，靠过滤吸食微生物为生。苔藓动物外形上与珊瑚相似，然而却与腕足动物有着更近的亲缘关系。苔藓虫生物群外形各异，有枝状的、叶片状的，也有苔藓状的，让洋底看起来仿佛长满了青苔。苔藓虫跟珊瑚虫一样，是一种可伸缩的动物，为躲避敌害可以将躯体收缩到一个钙质的瓶状壳体中。苔藓虫具有管状或盒状的微小钙质骨骼。

附着在某个固定物体上的苔藓虫幼体可以通过出芽生殖，形成许多苔藓虫个体，从而集合成一个苔藓虫生物群。苔藓虫的生有纤毛的触须环绕其口着生，形成一张"触须网"，滤食着从附近流过的微小食物颗粒。触须有节奏地前后拍打，形成水流，以增加食物的捕获量。食物的消化过程在一个U型体腔中进行，废弃物从口孔正下方的触须中排出。

棘皮动物，字面意思指"具有多刺的皮肤"，可能是最奇异的海洋生物。棘皮动物所特有的五方对称性使它在后生动物中独一无二。棘皮动物也是唯一具有由体内导管构成的水管系统的动物，这些导管控制着一系列的活动，包括进食、运动以及呼吸。棘皮动物最大的成功之处在于它是种类最多的生物门类（无论是现生的还是已灭绝的）。

现生的棘皮动物主要有海星、海蛇尾、海胆、海参和海百合等。海参，因其形状而得名，具有含触须的大管状足，以及由独立块体组成的骨骼。海百合（图177）之所以被认为是"海洋里的百合花"，是因为它形似植物，具有一个长长的钙质圆茎，并通过根状附肢固着于海底。海百合茎的顶部是"花萼"，里面分布着消化系统和生殖系统。多达1万种的现生棘皮动物主宰着深海洋底。

腕足动物，因为外形很像古典油灯，又被称为"灯壳动物"。腕足动物曾经是最丰富多样的海洋生物，从化石记录推测，其种类达3万之多。远古

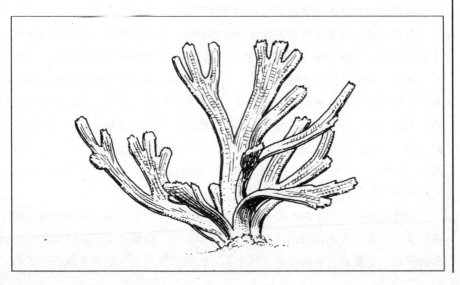

图176
已经绝灭的苔藓动物是古生代生物礁的主要建造者

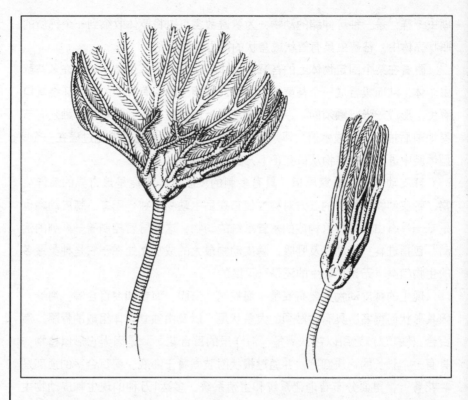

时期腕足生物曾经大量繁盛，然而现生的物种却十分稀少。腕足动物外形似蛤和扇贝，拥有一对靠简单肌肉即可开合的碟状壳体。而更高级的种类则具有沿铰合线排列的内铰齿。

　　腕足动物壳体内侧面被褶皱状的薄膜所覆盖。壳体里面是一个大的中心腔，腔内隐藏着许多主要用于收集食物的触手。壳体后侧有一根肉茎从管状小孔中伸出，腕足动物依靠它固着在洋底。腕足动物壳体外形多样，有卵形、球形、半球形的，壳缘平坦的、凹凸不平的，也有形状不规则的。有的外表面十分光滑，有的则具有装饰物，如骨肋、凹槽或者刺。腕足动物的双瓣壳在进食时才张开以滤取食物，而平时则关闭以防御天敌。现生腕足动物绝大多数生活于浅海或潮间带。然而，也有许多栖居在深度在150～1，500英尺（约45.7～457.2米）之间的洋底，有的甚至可以在18，000英尺（约5，500米）的洋底生存。

　　软体动物是另一个种类繁多的海洋动物门类，它们构成了21种动物门类中的第二大类。软体动物的双壳类分化得很完全，很难在其不同成员之间找到共同点。主要的三大类群是：蜗牛类、蛤类和头足类。绝大多数的软体动

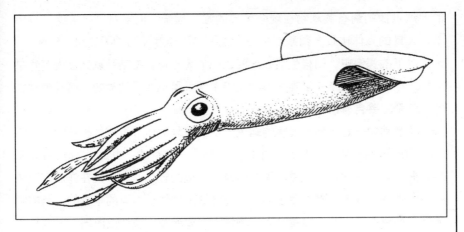

图178
鱿鱼，最成功的头足
动物之一

物具有螺旋卷曲的单壳，而蛤和牡蛎则具有两瓣壳。它们的壳体都是终生生长的。软体动物具有发达的肌肉足，可用于行走或挖掘。蜗牛类和蛞蝓类组成了软体动物中最大的种类。

蛤通常都穴居，然而也有不少在洋底固着生活。蛤的壳体由悬挂于身体两侧的两瓣壳组成。除了扇贝和牡蛎以外，其他蛤类壳体都是镜像对称的。头足动物，包括乌贼、章鱼、鹦鹉螺和鱿鱼（图178），都依靠喷射水流产生的反推力运动。它们通过头部两侧的开口将水吸入圆柱形的体腔室中，再用一个漏斗形的附肢将水喷出。现生的软体动物多达7万多种。

鹦鹉螺（图179），通常被认为是一种活化石，因为它是当年纵横海洋

图179
鹦鹉螺，菊石唯一的
现生近亲

的游泳迅捷的菊石类动物在现今世界的唯一远亲。而菊石早已灭绝，只留下了大量的壳体化石。鹦鹉螺生活在太平洋和印度洋2,000英尺（约609.6米）以下的深海中。同样生活在深海之中的大章鱼，在某种意义上说简直是一种外星生物。大章鱼是唯一一种血液中含大量铜离子的动物，而其他动物的血液都主要含有铁离子。

环节动物，是一种节段状的蠕虫。不断重复的体节组成的长长躯干是环节动物最重要的躯体特征。这个门类包括：海洋蠕虫、蚯蚓、扁形虫和水蛭。海洋蠕虫生活在一个由方解石或霞石组成的管中，大多数在洋底沉积物中掘穴生存，或者固着生活于洋底。海洋蠕虫的体管，有的是直的，有的则无规则地弯曲着，通常固着在固定物体上（如岩石、壳体或珊瑚）。其种类繁多，现生物种有6万种之多。

节肢动物是地球上最大的无脊椎动物门类，种类多达100万种，占到已知动物种类的80%。地球上任何环境中都有节肢动物存活，它们征服了海洋、陆地、空中的各个领域。节肢动物包括甲壳类、蜘蛛类以及昆虫类等。在海洋中生活的节肢动物有对虾、龙虾、藤壶以及螃蟹。节肢动物躯干也是呈节段式，具有成对的有接合缝的附肢，大多数的节段上都会出现附肢，节肢动物依靠附肢来感觉、进食、行走和繁殖。身体由几丁质的外骨骼所覆盖，随着个体生长，外骨骼也会随时更换。节肢动物种类繁多，仅现生的甲壳类就多达4万种。

有一种体型较小的、外形似虾的甲壳类动物，人们称其为磷虾（图180）。它们在南极冰层下过冬，以冰藻为食。磷虾是其他动物乃至鲸的主要食物。其总量超过其他任何一种动物，总重量超过10亿吨。近年来，由

图180
磷虾，一种外形似虾、体型较小的头足类动物，是其他海洋生物的主要食物来源

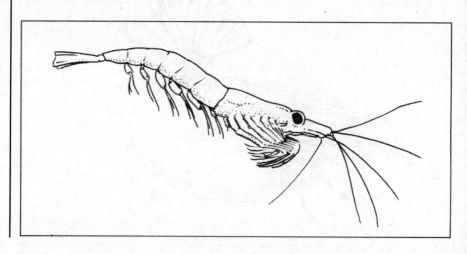

图181
南极洲亚瑟海港附近浮冰上的企鹅（图片提供：美国国家地质勘察局 G.V.格雷武）

于鲸的数量下降，其他以磷虾为食的动物数量大为增加，磷虾的数量反而开始降低。南极海豹数量的增长速度逐渐开始超过被过度猎杀后自然恢复的速度。一些海鸟的数量也有所增加，同样可以证明这一食物链出现的问题。企鹅是地球上最能吃苦的鸟类之一，它们能够在南极洲海岸线上筑巢生活。类似地，在19世纪大屠杀后的企鹅（图181）数量反而迅速增加，令人很是费解。

　　脊椎动物物种有一半以上都属于鱼类，包括无颌鱼类（七腮鳗和八目鳗类鱼）、软骨鱼类（鲨鱼、鳐鱼、刺鳐和银鲛）和硬骨鱼类（鲑鱼、旗鱼、小梭鱼和鲈鱼）。有鳍鱼类是目前为止最大的鱼类群体。鲨鱼是一种很成功的鱼类，得以在地质历史上存活长达4亿年，直至今天。鲨鱼捕食病弱和受伤的鱼类，对于保持海洋的清洁起着重要的作用。鳐鱼（图182）与鲨鱼亲缘关系密切，不同之处在于鳐鱼的胸鳍变大，成为翼，使它们可以在海水中优雅地"翱翔"。现在，鱼类物种大约有22，000个。

　　海洋哺乳动物，又称为鲸类动物，包括鲸、小鲸以及海豚。它们都是最近5，000万年才进化出来的。水獭、海豹、海象和海牛（图183）等动物并不完全适应海洋的生活，它们还残留着许多陆地动物的特征。鲸鱼则可以很好地适应海洋，它在水中游动、进食的能力甚至超过鱼类、鲨鱼等。也许在

图182
靠扩展的胸鳍﹁翱翔﹂于海洋中的鳐鱼

图182
靠扩展的胸鳍﹁翱翔﹂于海洋中的鳐鱼

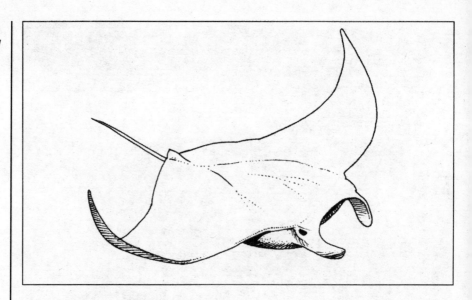

进化的早期阶段，它们也经历了像海豹一样的海陆两栖生活。与鲸鱼亲缘关系最近的是偶蹄类哺乳动物，如牛、猪、鹿、骆驼和长颈鹿等。体型巨大的蓝鲸（图184）是地球上最大的动物，恐龙这个曾经主宰地球的﹁巨人﹂，与之相比恐怕也会显得十分矮小。

　　鳍足类，顾名思义即﹁具有鳍状足的动物类群﹂，是一类具有四个鳍状肢的海洋哺乳动物，现存的三类是海豹、海狮、海象。通常认为，真正的狮子是从外形似釉鼠或水獭的动物进化而来的，而海狮和海象则是从一种外形

图183
濒临绝灭的儒艮（海牛）

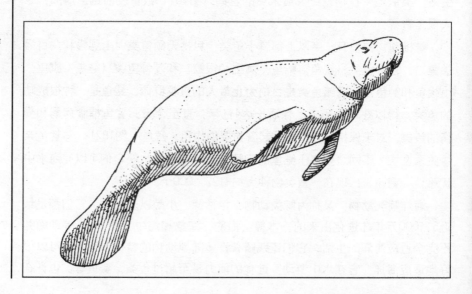

图184
蓝鲸（底），地球上
最大的哺乳动物

似熊的动物进化而来的。然而，鳍足类肢体的相似性告诉我们：所有的鳍足类动物都是由同一种陆生哺乳动物进化而来的，这种哺乳动物在数百万年前进入海洋。

图184
蓝鲸（底），地球上最大的哺乳动物

深海生物

开阔大洋的深海海底上曾经一度被认为是"没有生命的荒漠"。19世纪80年代，英国挑战者号海洋科考船却为人们带回了一批来自深海和洋底的几百个前所未知的动物物种，有的甚至来自最深的海沟。捕到的生物都有着十分诡异的外形，这些都是为了适应深海寒冷、黑暗的环境通过自然选择而形成。其中也有几个物种是人们认为早已灭绝的远古孑遗。

其后一个世纪，人们又在深达4英里（约6.44千米）的完全无光照的海水中发现了许多体型较大的生物。人们曾经认为这样深的地方应该是由微型生物所主宰的，例如海绵、蠕虫、蜗牛等，因为这些物种都善于依靠沉降下来的动物尸体碎渣存活，从而能很好地适应深海环境。后来人们才发现，事实上深海洋底生活着各种各样的食腐动物，包括好斗的蠕虫、大的甲壳类、深潜的章鱼以及各种鱼类，甚至还有巨鲨。

这里的许多物种体型很大，主要是因为深海中食物丰富，竞争也较弱，缺少幼体动物（动物幼体一般都生活在浅水中，等到成熟后再下到深水）。低纬度深海的许多鱼类，与高纬度浅海的相应鱼类有着密切的关系。一些北极次表层水中的鱼类也会出现在大陆边缘附近寒冷的深海区域。

腔棘鱼（图185），曾经被认为已经与恐龙和菊石一起灭绝了。然而当1938年，马达加斯加渔民在科摩罗群岛周围寒冷的印度洋深海中捕获了一条5英寸（约12.7厘米）长的活的腔棘鱼时，科学界为之震惊。这个发现很重要，因为腔棘鱼是鱼类向四足动物进化过程中缺失的一环。这种鱼看起来很古老，仿佛是自远古时代漂泊而来。它的尾巴肉质丰满，腮后有一对很大的前鳍，具有强有力的具齿方形颌，全身都覆盖着鳞片。结实的鱼鳍使它们可以在深海洋底爬行，像它们的祖先爬出海洋占领陆地时一样。

许多地球上的古老物种都生活在寒冷海水中。许多北冰洋动物，包括一些腕足动物、海星和双壳类，数亿年前就已经在地球上存在了。大约70种海洋哺乳动物，包括海豚类、小鲸类以及鲸鱼类等，每年都会有很长时间在北极海域的寒冷海水中进食。

环南极海是地球上最寒冷的居留地，因此人们一度认为那里是一个完全没有生命的区域。然而，1899年一支深入南极大陆的探险队却在这里发现了一些前所未知的鱼类，它们与鲈鱼（图186）亲缘关系较近。有100多种鱼类只在南极海域生活，占到该海域鱼类总数的2/3。由于生活在零度以下的海水中，这些鱼类必须具有特殊的血红蛋白，才不至于被冰冻。血红蛋白能够

图185
腔棘鱼，生活于印度洋深海

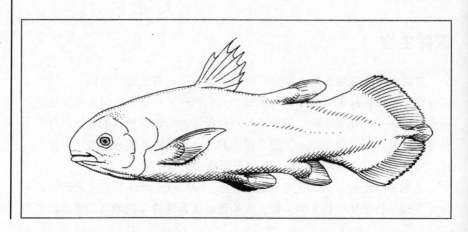

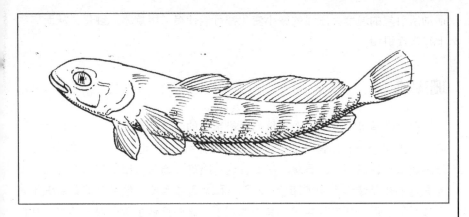

图186
南极鱼类, 外形似鲈鱼, 可以产生防冻物质从而抵御冰冻

阻止冰晶生长, 其作用有点像防冻剂。惟此这些鱼类才能够熬过南极寒冷至极的冬天。

　　环南极洋流就像一个"热量阻隔器", 将南极海孤立于其他海域之外。它阻止了暖流和暖水鱼的流入, 同样也阻止了南极鱼类的流出。同样, 由于极度寒冷的海水和极低的生产力, 南极海域生物密度远比北极海域低, 大约仅为后者的1/2。

　　海洋深处的生物生活在一个寒冷黑暗的世界, 它们适应那里水压极高的环境。如果把深海生物带到地表, 它们反而无法存活。一些细菌和某些更高级的生物成功地适应了深海高达1, 000个大气压的高压环境, 但当压强低于300个大气压时, 它们便无法生长。细菌, 制造了1/2的海洋有机碳, 它们加速分解沉于洋底的动植物尸体和排泄物, 将其转化为有机物参与下一步的食物循环。

　　海洋生物学家们在墨西哥湾1, 800英尺 (约548.8米) 深部洋底的寒冷黑暗的海水中发现了一种全新的、奇异的蠕虫。这些蠕虫生活在从大洋底床下喷出的天然气水合物形成的天然气固结墩中。这种水分子和天然气的共同结晶体看起来像岩石块体, 广泛分布于高压低温的深海。据推测, 被封存在水合物中的大量甲烷, 足够在整个地球表面形成厚达160英尺 (约48.77米) 的天然气。

　　天然气水合物仅在很少一些地方出露在海床之上, 墨西哥湾就是其中之一。这些蠕虫多为粉红色扁平状, 外形似蜈蚣, 长约1~2英寸 (约2.5~5厘米)。蠕虫集群居于6英尺 (约1.8米) 宽的"冰墩" (水合甲烷块体) 孔道中, 看起来就像是生长在洋底的蘑菇。在黄白相间的"冰墩"中, 生活着许多细菌, 蠕虫们可能就是以这些细菌为食。它们也可能直接"食用"水合物中的甲烷。水合物看起来像岩石一样坚硬, 然而通常很不稳定。孔道内蠕虫活动所引起的温度、压强的微小变化都可能使得"甲烷冰"融化，从而导致上覆洋底坍塌。

珊瑚礁

珊瑚礁是最古老的生态系统，也是重要的"填海造陆者"。它们常常可以建造出整个一套岛链，或者改造大陆海岸线（图187）。在地质历史上，珊瑚建造了许许多多的石灰岩礁石。这些暗礁，通常只出现在洁净温暖、阳光充足的热带海洋，例如印度－太平洋和大西洋西部。数百个礁石点缀于太平洋之上，形成环礁和封闭于其中的潟湖。这些岛链由直径数千英尺（几百米）的暗礁组成。许多暗礁建立在已消失于波浪之下的古火山锥上，珊瑚礁的生长速度与火山下沉速度正好相当。

珊瑚礁环境所养育的动植物种类比其他任何局域环境都要多。物种繁荣生长的关键就在于珊瑚虫独一无二的生物特性。珊瑚虫在珊瑚礁生物群的结

图187
波多黎各大陆边缘的珊瑚礁（图片提供：美国国家地质调查局的 C.A.克伊）

图188
马绍尔群岛比基尼湾
的珊瑚（图片提供：
美国国家地质调查局
K.O.的埃莫利）

构、生态以及营养循环中起着重要的作用。珊瑚礁环境是光合作用速率、固氮速率以及石灰岩堆积速率最快的生态系统之一。珊瑚集群最不可思议的特征是：它们可以利用其大量的钙质壳体形成重达数百吨的礁体。

　　浅水环境中形成的珊瑚礁，有充足的阳光以进行光合作用，因此可以固结大量的有机物质。典型的珊瑚礁有90%以上是由细粒砂质碎石组成，它们通过生活于礁石表面的动植物来锚定固结。由于珊瑚礁具有建造大型抗浪结构的能力，因此热带动植物群落可以生活在礁石上。"活"珊瑚礁最重要的结构特征是具有几乎要伸出海水表面的珊瑚墙，珊瑚墙由大量圆形的主干珊瑚和许多分支珊瑚组成（图188）。

　　珊瑚礁格架上生活着的是更小、更脆弱的珊瑚虫，群落规模巨大的含钙红藻和绿藻居群。此外还有数百种有壳生物，例如藤壶，在珊瑚格架上存活。众多的无脊椎动物和鱼类隐居在珊瑚礁的洞穴和裂缝中，等到晚上才出来觅食。其他生物则固着于所有可能的地方，例如珊瑚礁平台以及死掉的珊瑚虫壳体上。像海绵、海扇等滤食性动物则主宰着更深的水域。

　　边缘珊瑚礁生长于浅海，环抱着海岸线或距海岸仅一水之隔。堤礁也是平行于海岸线建造的，不过离岸更远、尺寸更大、延伸距离也更长。最好的例子就是位于澳大利亚东北海岸，由2，500多个珊瑚礁和小岛组成的大堡礁（图189）。大堡礁，组成了一条长度大于1，200英里（约1，930.8千米），宽可达90英里（约144.8千米），由海底隆起也高达400英尺（约

121.9米）的水下堤坝。这简直是地球上的一大奇观，也是由生物体构建成的规模最大的结构。大堡礁年龄并不算大，甚至可以说还很年轻。大堡礁的主体形成于最近300万年前更新世冰期，当大陆冰盖生长、海平面大幅度下降的时候。

全球第二大礁是南美洲加勒比海岸的百里斯堡礁群。百里斯堡礁群也是南半球最肥沃的海洋礁群，甚至扩展到了巴哈马群岛。其位于哥斯达黎加边缘的一小片珊瑚礁，由于杀虫剂污染和水流失，正面临很大的危险。世界其他许多地方的珊瑚礁也受到了类似的影响。

前礁，即礁石边缘朝海的部分，是珊瑚礁结构的一部分。在此处，珊瑚几乎覆盖整个海底。许多深水珊瑚礁都呈平坦薄层状，以便增大采光面积。在礁的其他部分，珊瑚虫建成的礁壁被一些由生活于礁石中的珊瑚

图189
大堡礁，全球扩展范围最大的礁石系统，位于澳大利亚西北部（图片提供：美国国家航空和宇宙航行局）

图190
巴哈马群岛安德罗斯
岛，天使鱼游荡于珊
瑚岩石之间

虫、钙藻以及其他生物死后形成的钙质碎屑组成的砂质沟渠分隔开来。这些沟渠形如蜿蜒的峡谷，珊瑚虫负责建造出结实的竖直隔壁。这样的结构能消散波浪能量，使流水中的沉积物可以自由流动，保护礁石免受海水中的碎屑物质撞击。

前礁下是一阶珊瑚"梯田"，紧接着的是一个具有独立珊瑚顶的砂质斜坡，然后又是另一级的"梯田"，最后是一条接近垂直的陡崖直指黑暗的深海。珊瑚礁所具有的这种梯田式礁前结构是由于最近几百万年的海平面升降造成的。看起来仿佛陆相沉积与珊瑚礁会呈阶梯状交替生长一样。这些珊瑚代表了海平面降低量达400多英尺（约120多米）的漫长冰期。随着末次冰期结束，5，000年来牙买加的海平面基本稳定，因而此处的暗礁生长高度也几乎已达30英尺（约9.14米）。

珊瑚礁，通常是生物生产力很高的中心，鱼类和其他生物隐藏于珊瑚礁洞穴和裂缝之中（图190）。这些鱼类是热带地区人民的主要食物来源，因此，从某种意义上说，是珊瑚礁在支撑着养鱼业。不幸的是，遍布全球的海滩旅游胜地，使得珊瑚礁区的生产力下降，主要是由于沉积物的增多。海滩旅游业的发展，通常会伴随有一系列其他破坏珊瑚礁的问题：污水排放量增加，过度捕鱼，工程建设、挖掘、垃圾倾倒和填埋所带来的物理破坏，以及一些直接破坏珊瑚礁以获取纪念品的行为等。

图191
海洋微体浮游生物有
孔虫

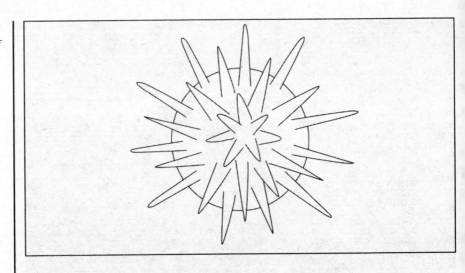

在百慕大、维京群岛、夏威夷等海域，经济的发展造成污水过度排放，导致浮游藻类（不要与珊瑚礁内部的藻类混淆）过度生长，珊瑚被厚厚的海藻层覆盖而死亡。藻类制造氧气，使得耗氧细菌大量繁殖，引起海水含氧量降低而导致珊瑚死亡。尤其是在冬天，会有大量的海藻覆盖在珊瑚之上。这一切都会使活珊瑚虫死亡，甚至会导致珊瑚以及相应的生物群落被毁灭。

全球海水变暖，使得生活在礁石间的海藻越来越少，从而导致许多珊瑚礁白化。藻类为珊瑚虫提供着营养，因此藻类消失对珊瑚而言是巨大的威胁。有孔虫（图191），是一种壳体上通常有许多微细小孔的海洋微体生物，它们通过这些小孔来释放伪足孢子。现在有孔虫也与白化的珊瑚一样面临危险。有孔虫和珊瑚虫一起，在全球生态系统中起着重要的作用，大大地影响着海洋食物链。

热液喷口处的生命奇迹

加利福尼亚南面东太平洋洋隆底部8,000英尺（约2,438.4米）的水下有一个美轮美奂的奇妙世界。令人意想不到的是，这片火山活动频繁、热液喷口密布的区域竟然是一块"海底绿洲"，这里生活着前所未知的奇妙生物——视觉退化的虾、奇异的棘皮动物、以金属为生的细菌等等，它们居然能够在寒冷黑暗的深海生存。参差不齐的玄武岩峭壁、洋底遍布的枕状熔岩，都是火山活动的证据。大洋中脊裂谷附近，林立着外形奇异、酷似罗马柱的熔岩柱，有的竟高达45英尺（约13.72米）。

海底热液喷泉建造起了大量的海底"黑烟囱"，这些"烟囱"喷出热水，因为硫化物作用而变黑。人类已知最大的"黑烟囱"位于美国俄勒冈州海岸附近，高达160英尺（约48.77米）。世界上绝大多数的奇异生物倚靠在"黑烟囱"周围生存。热液喷口是一个奇怪的居住环境，在其间生活甚至繁荣的生物无疑也是最奇怪的生物。也许生命正是起源于这些喷口附近，因为在此处，原始生物可以从地球内部获得其生存必需的营养物质。

海水下渗到岩浆房附近，获得热量和矿物，然后再沿着洋底裂缝涌出。热液喷口不仅使其周围的大洋底层水保持着适当的温度（大约20℃），而且还为其提供营养物质，使得这里的生物可以完全无需太阳，仅从地球内部就能获得其所需要的所有能量。

大量的奇异生物（图192）聚集在热液喷口周围，这里的生物密度甚至可以与热带雨林相媲美。长达1英尺（约30.5厘米）的白色蛤蜊、贻贝，安家于黑色的枕状熔岩之间。由于环境影响，它们的皮肤色素都已消失。巨型的白色螃蟹"盲目"（视觉已经完全退化）地奔走于火山之间，而长腿的海蜘蛛则悠闲地漫步于洋底。这些物种生活在完全黑暗的环境，因此不需要视觉，眼睛成为无用的附属物。自1977年第一个热液喷口发现以来，三百多种新的热液喷口动物已经被识别确认。

图192
管线虫、蛤以及螃蟹，它们生活于热液喷口附近的洋底

　　最奇异的喷口生物是长达10英尺（约3.05米）的巨型管线虫，它们随着喷口的热液水流而摆动。管线虫是一种可收缩的动物，居住在一个4英寸（约10.16厘米）宽的长白管中。管线虫每年生长的长度可超过33英寸（约83.6厘米），是生长速度最快的海洋无脊椎动物。进食的时候，管线虫会伸出长长的亮红色的充血羽状物。它们正是利用这些羽状物来采集二氧化硫、氮气和其他营养物质，以满足共生于其体内的细菌的能量需求。细菌分解这些化合物，反过来又为管线虫提供营养物质。

　　管线虫内部棕色、海绵状的组织中，充满了细菌，大约每盎司组织中就有3,000亿个细菌。饥饿会使管线虫的羽状物缩小，这时它们就会伸出长白管来觅食。管线虫通过产卵进行繁殖，它们释放的精子和卵细胞在水中结合后形成新的管线虫幼体，这些幼体天生就携带一整套的细菌群落。管线虫已经完全适应了深海的高压环境，一旦带到地表，虫管便会立即死亡。

　　大西洋的热液喷口则被成群的小虾主宰着。最初的研究认为这些小虾是完全没有视觉的，后来在其背部发现了一对奇异的视觉器官，在功能上足以取代头部的眼睛。显然，它们是靠着热水"烟囱"发出的微光才能看见东西的。然而，单独的热放射并不能解释350℃的热水何以能放光。这些光线也许是来自于热水的骤冷，它使得矿物从热水中快速结晶析出，产生"结晶发光"现象。这些光线虽然十分暗淡，然而已足够洋底生物用来进行光合作用。这引起了生物学家们的极大兴趣，因为生物竟然可以完全不依靠太阳，而利用另一种形式的光来进行光合作用。

　　地球上几乎所有的食物链都要以进行光合作用的生物作为基础，它们吸收太阳能，生产有机物，为整个食物链提供物质和能量。1984年，阿尔文号深潜器在深海探寻的过程中，却发现墨西哥湾深海生活着这样一群生物，它们生活在没有阳光的水层，同时也远离洋底热泉。而佛罗里达州海滩绝壁底部的洋底寒冷海水中也同样生活着大量的贻贝、管线虫、螃蟹、鱼类，以及其他海洋动物。这些生物与细菌共生，而这些细菌则靠岩石中散布的有机物生存。

　　这些喷口动物最令人不可思议的地方在于，它们并不是从上部水体沉落下来的碎屑物质中获取营养，而是依靠在自己体内寄生的硫细菌为生。这些细菌利用热液喷口中的硫化氢被氧化而释放出的能量，将二氧化碳转化为糖类、蛋白质、脂肪等有机化合物，通过化学合成作用"消化"热水中的硫化物。细菌"消化过程"的副产物便被寄主吸收。热液喷口的生物都十分依赖细菌，以至于消化器官退化。贻贝仅有一个发育不完全的肚子，而管线虫甚至连嘴都没有。

也有一些动物直接以细菌为食。细菌聚集的地方也常常是较高级生物的"食堂"，这些生物集群体外形怪异，有的仿佛长长的卷须，在热水流中飘荡。一些海底局域笼罩着白色细菌，有如飞雪形成的漩涡。波浪偶尔会将裂缝中的细菌块带入"漩涡"之中，形成"生物雪"。

热液喷口系统时而开放时而关闭，因此这里的动物生活得并不安定。只有当喷口持续活动时，物种才能存活。但好景不长，也许也就只有几年时间。一堆堆的螃蟹空壳见证了当地生物的命运，也形象地说明了喷口环境的不稳定。在新生的玄武洋底床上，喷口生物迅速在年轻的热液喷口附近安家。此时，一度荒芜的洋底，便会生机盎然。

潮间带

高潮线和低潮线之间的居所，也就是潮间带（图193），潮水经久不衰的起起落落造就了此处生物的繁荣生长。潮间带上绝大多数居民的生物钟与太阴历周期有着相同的节奏。这种节奏性体现在其重复的行为和生理活动上，例如其进食、休息等活动与潮水活动具有同步性。每个太阴日大约25个小时，通常会有两次潮汐。这就产生了太阴日下生物"双峰式"的节律性生活习性，而按照太阳日模式生活的生物们依旧保持着"单峰式"的节律性生活。

生物钟对于生物生存非常重要，它可以让生物为规律性的变化（如日夜

图193
华盛顿州克拉兰郡附近潮间带暴露的杂乱砂石

图194
螃蟹,其行为服从
"潮汐规律"

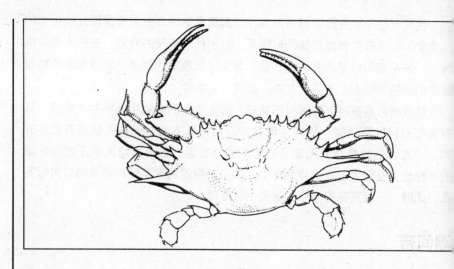

交替和潮汐)提前做好准备。即使将潮间带生物置于恒定的实验室环境下,不直接受昼夜和潮汐变化的作用,其生物钟仍起作用,"潮汐节律"依然要持续一段时间。

显然,生物的"潮汐节律"并不是潮汐本身的简单反映。螃蟹(图194)是潮间带最活跃的动物之一。在只有昼夜变化的实验室培养出来的螃蟹,在温度较低时,其行为明显呈现出潮汐影响的元素。同样,在无潮汐影响地区生活的螃蟹,移居潮间带后很快就会执行"潮汐节律"。显然,它们具有天生的发现潮汐频率的能力,一经外界刺激便会起作用。

基因对生物的节律性行为也起着重要的作用。遗传,决定了某种动物会在高潮期还是低潮期更为活跃。环境对于"潮汐节律"的形成也具有重要的作用。潮汐时间表仅仅是影响生物钟的具体参数而已。因此,动物移居新的海洋后,能够调节生物钟,以适应新的潮汐环境。甚至在开阔大洋的海边,海浪的撞击也在塑造着海岸动物的活动模式。

在一些宁静的海湾,潮水的涨落并不是那么的明显。一些更微小的变化(例如潮水涌入所导致的温度、压力的变化)影响着此处的潮间带生物,使它们建立起各自独有的"潮汐节律"。即使缺少外界的刺激,生物钟依然在精确地运转着,不过此时它不再控制生物的行为。生物钟可以独立于潮汐之外自由运转,直到生物重归海洋,其节奏又开始受潮汐的影响。跟所有的时钟一样,生物钟的精确性不受环境变迁的影响,也不仅限于潮间带生物,它作用于所有生命的生活节律。

在讨论完海洋生物物种之后,最后一章,我们将来探索一下洋底奇异的地质构造。

10

罕见的海底构成

海底的异常地质现象

本章我们来考察一下洋底数量众多的独特地质现象。时至今日，许多洋底奇迹依然无法解释（图195）。海洋依然保守着许多秘密，给人们无尽的神秘感。洋底有着无数独一无二的奇异地质构造。绝大多数火山喷出的都是热岩浆，然而，与深海海沟相关联的奇异海山喷出的却是蛇纹岩组成的塑性的冰冷泥浆。散布在洋中脊周围的是典型的火山堆积物，包括堆积的枕状熔岩，林立的海底"黑烟囱"，还有通过大量的羽状裂隙向地表不断喷出大量热水的海下间歇泉。

比任何陆上滑坡规模都大的海底滑坡，在海底刮出深深的沟壑，并搬运大量的沉积物堆积到海底。活跃的洋底形成了许多海底凹陷构造：海底洞穴、"蓝洞"、气体盆口、火山喷口以及由于洋底火山喷发而形成的火山坑

图195
海洋中的异常 "水柱闪电" （图片提供：美国海军）

等等。一些大型陨石或者彗星跌入海洋，产生大型陨石坑，它们通常比陆地上的陨石坑保存得更完整。

泥火山

　　在西太平洋，全球最深的凹陷构造——马里亚纳海沟——以西约50英里（约80.5千米）的地方，有着一簇大海山带。它们位于海下2.5英里（约

4，000米）处，约600英里（约965.4千米）长、60英里（约96.5千米）宽。这些海山，不像大多数的太平洋海山一样由滚烫的火山岩浆构建而成，而是由冷的蛇纹岩组成。蛇纹岩是一种软的、斑点状的绿色岩石，颜色似蛇纹，也因此而得名。蛇纹岩是一种变质岩，但是变质等级较低，主要组成矿物是石棉。蛇纹岩是由橄榄石与水反应生成的，是一种橄榄绿色的富铁、镁的硅酸盐矿物，也是上地幔的主要组成成分。

就像熔岩从火山口流出一样，喷发的蛇纹岩沿着海山侧面流下，形成缓慢倾斜的构造。许多这样的海山高出海底1英里（约1.609千米），而在海底却绵延长达20千米，形状类似于夏威夷主岛毛纳罗阿山这样的宽广盾形火山（图196）。1989年大洋钻探计划取得的一段岩芯的分析结果表明：蛇纹岩

图196
夏威夷莫纳罗亚山（图片提供：美国地质调查局）

不仅覆盖海山顶，同样也填充于海山内部。

一些仅仅几百英尺高的海山是泥火山，与那些分布于陆地热液区域的泥火山（图197）有着许多相似之处。它们由一堆堆的可重塑沉积物组成，这些沉积物的形成与烃的渗出层有关，在这里，一些类似于石油的物质涌出洋底。显然，这些富含浮游生物的沉积物中的碳在地球内部热量的作用下分解成烃。甚至于在热液区周围钻探取得的岩芯都会有柴油的味道。

泥火山遍布全球，它们通常形成于上涌盐分团的上部或海沟附近。这些火山泥由橄榄石组成，这些橄榄石通常会转化为蛇纹岩并且由于下部的断层活动被磨成岩石粉。这些泥火山一直处于构造活动冲击力的作用之下，当然，这些构造活动通常也会有很长的休眠期。许多海山都是最近形成的（在地质时间尺度上看来），也许自形成至今还不到100万年。

北冰洋寒冷的海水之下有一种奇异的泥火山，它们会喷涌出洋底沉积物与水混合而成的泥浆。这些泥火山位于海下4,000英尺（约1,219.2米）深处，呈直径约半英里的圆形结构，被一种所谓水合甲烷的雪沫状的天然气成分层所覆盖。这种冰冷盖层覆于温暖泥火山之上的特殊的水下地质构造，尚属首次发现。水分子在高压低温条件下被压入甲烷分子周围的晶体包裹体中

图197
位于加利福尼亚州皇帝郡皇帝交汇点西北的泥火山和酸性池（图片提供：美国地质调查局门登霍尔）

便形成了水合甲烷。通常认为，水合甲烷大量分布在环绕陆地周围的洋底，是地球上储量最大的未开发化石能源。

马里亚纳海山看上去是由一系列的底辟构造组成的，类似于墨西哥湾的岩盐底辟构造，可以圈闭石油和天然气。这些底辟构造似乎是由一些变质的地幔橄榄岩组成的，其变质作用受部分太平洋板块在菲律宾板块底部滑移并插入马里亚纳海沟时蒸馏出的流体的作用。从沉降板块中析出的流体与地幔岩石反应，使得部分地幔物质转变为低密度的矿物，上升穿过俯冲带，到达洋底地壳上。

大约9,000万年前，岛弧前沿的马里亚纳海区由大洋中脊玄武岩和岛弧玄武岩组成。在过去5,000万年间，由于板块俯冲消减，这些岛弧玄武岩已经被侵蚀掉多达40英里（约64.4千米）。海山的建造也许已经进行了4,500万年的时间。当大洋岩石圈在俯冲带开始消减，同时大量流体从下沉板块中蒸馏出来的时候，海山的建造就开始了。这些流体与周围的地幔物质反应，产生了蛇纹岩熔岩泡，并通过海底裂隙上升到地表。

与洋中脊相比，俯冲带的流体温度更低。洋中脊热液口喷出的是温度很高的黑色流体。东太平洋洋隆以及其他洋中脊喷出的"黑烟"中主要是一些重矿物，而西太平洋的全球最深海沟附近马里亚纳海山的可怕"白烟囱"的喷出物却由霞石组成。这种岩石由纹理罕见的白色碳酸钙组成，按理来说碳酸钙在这个深度是可溶解的。数百个被侵蚀的死亡碳酸盐烟囱点缀在海底，形成一片"怪塔墓地"。

显然，不断从地表下扩散出的冷水使得碳酸盐烟囱可以生长而免遭海水溶解。许多碳酸盐"烟囱"都很薄，高度通常小于6英尺（约1.8米）。其他的"烟囱"构造则更厚、更高，有时还会形成黑色锰矿包裹的"堡垒"。同样，也有许多小的锰结核散布于泥山顶部。

飞来岩体是一些来源地在很远处以外的海洋岩石圈碎片，它们出露于板块碰撞带上的陆地或岛屿上。这些岩体许多都包含有类似于马里亚纳海山构造中的大蛇绿岩体。飞来岩的出现不断地提醒着人们：洋底曾经是一个高动力的活动带，今天依然如故。

泉华是一种由方解石和硅土组成的多孔、渗水的岩石，通常以热泉口的环形结壳的形式出现。然而，在格陵兰岛西南部，500多个巨型泉华簇集在伊卡海峡的冰冷海水之中。其中一些甚至高达600英尺（约182.88米），在落潮时可以清晰地看见泉华顶部。这些泉华塔由六水方解石组成，这是一种结构罕见的碳酸钙晶体。六水方解石晶体是自峡湾下涌出的富含碳酸盐泉水与饱含钙质的冰冷海水相互反应而生成的。由于温度很低，在快速的矿物结晶过程中，水分来不及逃逸，最终进入晶体格架之中，从而形成诡异却美丽的形状。

海底间歇泉

也许世界上最奇异的环境位于像东太平洋洋隆顶部以及大西洋中央裂谷这样的海底扩张中心的深海洋底，这也是全球最大的火山系统的一部分。凝固的岩浆形成湖泊状。这些"岩浆湖"延伸数百英尺长，厚度约20英尺（约6.07米）甚至更多，它们也许是由熔浆的快速喷发形成的。在许多地方，"岩浆湖"表面坍塌凹陷，形成凹顶（图198）。

洋底扩张中脊就像是一个永不愈合的伤口，岩浆则由于板块的扩张而从地幔中缓缓涌出。在洋底扩张期间，从地幔中涌出的岩浆在洋底固结形成新的洋壳。在凹陷的玄武岩悬崖底部，有着岩浆流活动的遗迹，通常还会散布有一些枕状构造，这些枕状构造是熔岩从地壳裂缝喷出并在深海冷水作用下

图198
东太平洋胡安德富卡中脊处一个岩浆湖凹顶的边缘（图片提供：美国地质调查局）

图199
海底枕状熔岩（图片
提供：伍兹·霍尔海
洋研究所）

迅速冷却而形成的。

随着大洋中脊两侧的岩石圈板块渐渐分离，熔融的玄武岩从地幔中缓慢涌出，充填于裂缝沟中，不断涌出的岩浆便形成了沿大洋中脊分布的新洋壳。偶尔沿着中脊顶部发生的一次巨大喷发会喷出大量的岩浆，岩浆顺坡流下，有时会流出10英里（约16.1千米）甚至更远。然而，更多的时候，玄武岩浆仅仅是从洋中脊平静地涌出，形成各种各样的海底熔岩地貌。

大洋中脊系统蕴含着许多奇异的地质景观，包括魁伟的海山、牙状的中脊、地震裂缝悬崖以及各种各样的熔岩地貌。熔岩地貌包括层状流、枕状熔岩以及管状流。层状流在例如东太平洋洋隆带这样的快速分离洋中脊处的活动火山带是比较常见的，在这里，板块以每年4～6英寸（约10.2～15.2厘米）的速度分离。

枕状熔岩（图199）可能是由玄武岩浆被挤出海底而形成的，通常产生于如大西洋中央裂谷这样慢速分离的中脊。这里板块分离的速度仅为每年1英寸（约2.54毫米），而且这里的岩浆也更加黏稠。这些枕状构造的表面通常会有一些褶皱或者小的脊线，可以指示海水的流向。枕状熔岩通常会形成小丘，指示下坡方向。

岩浆同样可以形成像罗马柱一样立于海底的巨型柱体，有的可高达45英尺（13.7米）。这些奇怪的尖顶到底是怎么形成的，依然是一个谜。最好的解释是：这些岩浆柱是由火山中脊涌出的岩浆慢慢长高而形成的。几个岩浆泡靠近在一起形成一个圆环，中间产生一个空的充满水的空间。当与海水接触发生作用，这些连在一起的岩浆泡的外层便冷却，形成柱体的外壁。圆环内部在岩浆回流时慢慢地从液体变为固体，体积也就收缩。脆性的外壁则犹如巨型的空心鸡蛋壳由于失去内部支撑而坍塌，留下环形内壁演变而来的空心尖顶。

深海海底热液喷口的新发现中最奇异的是一种由岩石构成的巨型塔，常称为海底"黑烟囱"。通常黑烟囱中会释放出灰色或黑色的很热的水，形状如同烟雾（图200）。这种塔是超级热液中的矿物受冰冷海水作用而沉淀形成的，金属硫化物在此堆积，常常形成高度超过30英尺（约9.14米）的塔。在1993年12月的一次水下作业过程中，阿尔文号深潜器不小心撞到一个高达30英尺（约9.14米）的"烟囱"。当潜水器三个月后再度回到这里时，这个烟囱重新又长出了20英尺（约6.1米）。最有名的海底"黑烟囱"位于俄勒冈岸外不远处的胡安德富卡中脊处，高达160英尺（约48.8米），名为"神猿（Godzilla）"，这十分形象的名字取自一部日本科幻电影中一个巨猿的名字。喷口附近的海水温度高达750℃，虽然温度如此之高，但是由于深海压强很大，海水依然不会沸腾。喷口处有着各种各样的生物物种和矿产堆积（图201）。

在类似于加利福尼亚以南东太平洋洋隆这样快速分离的洋中脊系统上面，热液喷口会形成林立的外形奇异的巨大"烟囱"。它们喷出大量的被硫化物染黑的热水，十分形象地被人们称为"黑烟囱"。其他喷口，被称为"白烟囱"，因为喷出的是乳白色的热水。穿过洋壳的海水在裂缝下部的岩浆房附近获得热量，在一定的压力作用下像海底间歇泉一样从喷孔中喷出。术语"间歇泉"源于冰岛语，意为"喷油井"。这个词充分描述了间歇泉的特点，显示了热水在巨大的压力作用下时而休眠时而喷发的自然特性。

这些热水温度高达400℃甚至更高，然而却不会沸腾，因为海底压强高达200～400个大气压。热水中通常会溶解铁、铜、锌等金属矿物，当与深海的冷水接触时这些金属便会沉淀析出。从热液喷口中喷出的硫化物堆积体，会形成高高的"烟囱"状构造，有些还会有分支管道。硫化物"黑烟"随着海底洋流漂散，看起来就好像是工厂烟囱中喷出的烟随风飘扬一样。

图200
东太平洋洋隆上的一个"黑烟囱"（图片提供：美国伍兹·霍尔海洋研究所 R.D 巴拉尔德）

　　一般热液喷口的直径从小于0.5英寸（约1.27毫米）到大于6英寸（约15.24毫米）不等。沿大洋中脊遍布全球洋底的热液喷口通常被认为是地球释放其内部能量的主要途径。热液喷口通常存在一种极其怪异的现象，即会在一片漆黑的海底发光。这种现象可能是由于350℃的高温海水突然冷却而引起的，即常所谓的"结晶冷光"。当矿物从溶液中结晶析出，会释放出微弱的光，刚好可以支持海洋最底层生物的光合作用。

　　在加拉帕戈斯群岛西南约750英里（约1,206.75千米）处，沿着构成东太平洋洋隆（图202）的水下海山链，分布着新近喷发形成的广袤的熔岩平原。这些喷发看起来始于中脊顶部，沿着悬崖和裂缝流淌过12英里（约19.3千米）甚至更远。喷出的熔岩体积多达4立方英里（约16.66立方千米），覆盖面积可达5万英亩（约202.5平方千米），相当于全球洋底玄武岩喷发量的一半，足够将全美所有的高速公路覆盖30英尺（约9.14米）厚。这虽然并不是地质历史上最大的一次岩浆喷发，却很有可能是历史上最大的玄武岩熔岩流。伴随着玄武岩的大量喷出，同时有大量富含矿物的热水被释放。热液层厚达数千英尺，覆盖了整整10英里（约16.1千米）甚至更大的区域。

　　阿尔文号深海潜水器（图203）是从"亚特兰蒂斯II号"海洋科考船上下潜作业的，这是一个著名的探索深海洋底的研究工作间。1991年4月，阿尔文号上的海洋学家们现场目击了墨西哥阿卡波可西南大约600英里（约965.4

千米）处的一次海底喷发，或者说亲眼目睹了其直接后果。当发现眼前的景象与15个月前拍摄的照片上显示的不一样时，科学家们意识到这块洋底刚刚发生过火山喷发。

当时科学家们所看见的景象显示：新的火山喷发灼烧了聚居生活在海下1.5英里（约2.4千米）处的管线虫以及其他生物；悬浮颗粒物使得洋底周围的海水变得一片漆黑；巨大的热水流从火山岩中涌出；烧焦管线虫的火山熔岩还尚未冷却。少数半穴居生活的生物群依然在此生活，而大群的海蟹则以在熔浆喷发中死去的动物尸体为食。

在距离俄勒冈海岸线约250英里（约402.25千米）的胡安德富卡洋中脊上发生的一次巨大的海下火山喷发喷出大量岩浆，一次性地生产出了新的洋壳。这条中脊是其西的太平洋板块和其东稍小一点的胡安德富卡板块的分界线（图204）。当两块板块分离时，便会沿着洋中脊发生熔岩喷发，地幔中

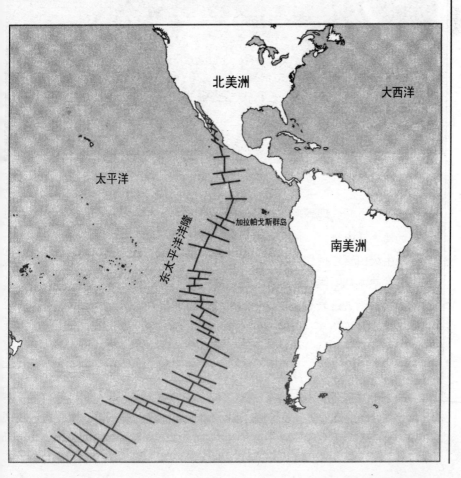

图202
东太平洋洋隆的位置

图203
一位画家笔下的阿尔
文号深海潜水器（图
片提供：美国海军）

　　的岩浆得以上升到地表形成新的洋壳。随着时间的推移，海底扩张使得老的
洋壳远离大洋中脊。

　　新生火山岩包括枕状熔岩以及无沉积物覆盖的裸露光亮的玄武岩。温度
约50℃的热水从新固结的玄武岩的裂缝中挤出。在有些地方，管线虫则已经
在热液喷口附近的岩石上安家。这种喷发也许与上世纪80年代末期发现的两
种巨型羽状构造有关。一连串的长达10英里（约16.09千米）以上的新玄武
岩墩，由两个地幔柱之间的裂缝喷发形成。热液流体伴随着新鲜玄武岩从洋
底喷出，在大洋中脊系统处制造裂缝，岩浆从中挤出，形成更多的新洋壳。

　　华盛顿州海岸附近的一处洋底间歇泉将温度高达400℃的热盐水喷射到
周围接近冰点的海水中。沿着东太平洋洋隆扩张中心的裂隙发生的大规模海
底火山喷发，形成巨大的热水巨羽流。这些巨羽流是由剧烈的短期火山活动

造成的，其宽度可达50~60英里（约80.45~96.54千米）。

在灾难性的洋底扩张作用下，洋中脊分离，热水涌出，同时熔浆喷发。在短短几小时或者数天内，数亿吨的超高温热水从洋壳的大裂缝中涌出，绵延数英里。当洋底裂开时，平时由于巨大压力而存于地表下的热水喷涌而

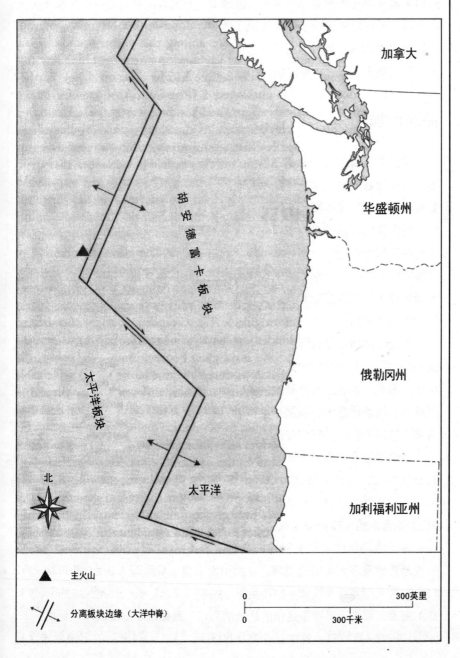

图204
胡安德富卡洋中脊上
的火山分布

加拿大

华盛顿州

俄勒冈州

加利福利亚州

胡安德富卡板块

太平洋板块

太平洋

北

▲ 主火山

✕ 分离板块边缘（大洋中脊）

0		300英里
0		300千米

出，产生大量的热水羽状构造。海底大量超热水的释放可能正是海水能够保持其盐度的原因所在。

人们发现，在法属玻利尼西亚附近的太平洋水域下，海底火山岩浆中翻腾的气泡可以产生奇异的单频音信息。这是世界上频率最纯的声音之一，比任何乐器演奏出的声音都要纯净。低频率的声音表明其具备一个规模十分大的声源。对深海的进一步研究发现了数量众多的巨大气泡群。海下火山岩浆从岩浆房中涌出，加热周围的水，使其变为蒸汽进入气泡中。完全密闭的气泡上升到地表，迅速改变形状，产生完全单一频率的声波。

海底滑坡

深海并不像它看上去那么平静。经常会有洋底沉积物从陡峭的海岸滚落，将海底底层水搅动成为混浊的泥浆。围绕美国国土分布的大型海底滑坡就有40个之多，尤以夏威夷附近为甚。在陡峭的大陆斜坡上发生的海底滑坡已经将大量的海底通讯电缆埋在了厚厚的碎石层之下。如果大陆斜坡上电缆下面的沉积物被剥蚀，而海床上的沉积物未被剥蚀，就常常会对通讯电缆造成破坏。在纽芬兰南部发生的现代滑坡便破坏了大岸滩下的海底电缆线。这个滑坡体的下滑速度达每小时50英里（约80.45千米），简直与陆地上毁灭性的大滑坡相当。

无论在陆地还是在洋底，斜坡都是最常见且最不稳定的地形之一。在适当的条件下，无论在陆地还是在海洋，侵蚀作用最终将会把所有的斜坡夷为平地。因此，斜坡具有不稳定的本性，它只是处于地质时间长河中的一种暂时状态。地震诱发的沉积层松动有时会导致大规模的沉陷。海底滑坡与陆地滑坡一样影响深远，它们塑造着大陆边缘海底的地形。

流动滑坡是最具灾难性的地表流之一。它有时由泥浆构成，有时由泥浆和石块构成。流动滑坡通常只可以流动几十英尺，然而在特定的地质条件下，它们能以每小时数十英里的速度移动数英里。流动滑坡通常由坡度大于6度的饱含水的松软斜坡形成，在陆地和海洋均可能产生。

海下流动滑坡还可能引发席卷海岸的大海啸。1929年，纽芬兰海岸的一次地震诱发了大型海底滑坡，从而引发海啸，导致27人丧生。1992年7月3日，一次大型海底滑坡催生的25英里（约40.2千米）长、18英尺（约5.5米）高的海浪，席卷了佛罗里达州的达通纳海滩，掀翻汽车，造成75人受伤。

1998年7月17日，连续三个高达50英尺（约15.24米）的巨浪卷走了巴布亚新几内亚的2，200个居民。这场灾难的诱因是附近一次高达7.1级的地震。然而，这次地震本身完全并不足以掀起如此大的海浪。事后的海洋学勘测发现了足以诱发如此大浪的海底滑坡，或者说海底沉积物突然滑落现象。大陆斜坡上厚厚的沉积层，会通过快速滑坡过程和慢速跌落过程滑下斜坡。洋底的证据表明：中等烈度的地震，当与海底滑坡共同作用时，也可能产生巨大的海啸。这种现象使得灾难比原先预测的要猛烈得多。

海底滑坡在大陆斜坡上刮出深深的峡谷。滑坡体由饱含沉积物的高密度海水组成。由于水分的润滑，沉积物可以沿着海底迅速移动。这些泥泞的水，又称为浊流，沿斜坡往下流动，搬运巨石堆积到洋底。河流灌入、海岸风暴以及其他洋流等同样可能会诱发浊流。大量的沉积物被堆积在大陆架以及其下平坦的深海上。

大陆斜坡，从顶部到洋底常常延伸数千英尺，而且坡度也很大，多有六七十度。大陆架边缘的沉积物，常会在重力作用下沿着大陆斜坡下滑。大量的沉积物如瀑布般沿大陆斜坡流动跌落，在其上刨蚀出陡峭的海底峡谷并在大洋底床上堆积大量的沉积物。它们常常如陆地滑坡一样剧烈，在短短数小时内便可搬运大量沉积物。

夏威夷主岛下面的水下堆积物是全球最大的滑坡体之一。在夏威夷东南海岸的开罗伊山南侧，大约有1，200立方英里（约4，998立方千米）的岩石以每年10英尺（约3.03米）的速度向着海底移动。这是当今地球上最大的地质运动之一。与过去那些在海底堆积大量碎石的滑坡相比，该滑坡运动最终可能会导致灾难性的后果。海底滑坡在大陆斜坡和海底平原的地貌塑造过程中扮演着重要的角色，也使得洋底成为地球上地质运动最活跃的地方之一。

大块的夏威夷岛已经滑入水下，这些证据都在大洋底床上保留着。到目前为止，最大的海底岩石滑坡发生在一个夏威夷火山山侧。这个岩石滑坡体的体积有1，000立方英里（约4，165立方千米），绵延大约125英里（约201.1千米）。欧胡岛坍塌使得150英里（241.35千米）范围内的碎石在海底堆积，海水被搅动而产生巨浪。10万年前，毛纳罗阿山部分地垮塌入海，导致浪高1，200英尺（约365.76米）的海啸。那次海啸不仅给夏威夷带来了灾难，就连北美洲的太平洋海岸也惨遭损毁。

大西洋中央裂谷的谷底保存着1万英尺（约3，048米）下深海大滑坡的残留物，这些滑坡的规模超过任何有记载的陆地山崩。海底火山一侧的巨大裂痕表明，山腰坍塌并快速下滑，在几分钟内，这些坍塌物便越过了洋底低处的小山。这次滑坡携带了大约5立方英里（约20.8立方千米）的岩石碎块到洋底，比现代史上最大的陆地山崩——1980年圣海伦斯滑坡（图205）——的5倍还要多。此次滑坡大约发生在45万年前，可能还引发了浪高

2,000英尺（约609.6米）的巨型海啸。

在罗曼彻断裂带，"海底瀑布"让海水剧烈混合。在此处，冷水从大西洋中央裂谷的狭窄山顶喷出，在其流动过程中与热水混合。这种现象可以解释高盐度的冷水如何与低盐度的热水混合，最终形成相对均一的低纬度海水。接下来的过程便与开阔海域的潮汐有关，它使得海水穿越海脊及脊侧峡谷，并形成与海洋表层浪相似的波浪。海下的波浪破碎从而产生"海下破浪"，将不同深度的海水混合。

海蚀洞

海蚀洞，可以是海浪日复一日冲击的结果，也可以因冰川流动下切或者熔融岩浆上涌而形成。这些洞穴是地下水溶蚀作用最为壮观的产物。流入地下的酸性水可以溶解地下的石灰岩，久而久之，在其中形成由房室和管道组成的洞穴系统。洞穴由地下沟渠发展而来，地下水在这些沟渠中循环，形成类似于地表径流的地下河。通过这种方式形成的石灰岩地貌称为"喀斯特地貌"，得名自斯洛文尼亚一个因洞穴而闻名的地区。

冰层下部的冰融水蚀刻出大量的冰川洞穴，冰层以下会因冰下地热而产生厚达1,000英尺（约304.8米）的冰融水储层。岩石组成的山脊，犹如水坝，将这些冰融水储存起来。"大坝"突然决堤造成的急流，通常会在冰下冲刷出长长的沟渠。冰川融化形成的冰融水流同样能够凿刻延伸更远的冰川洞穴。

如果岩浆流的表面固化而内部岩浆继续流动，早先固化的外壳便会形成长长的隧道，称为岩浆管或岩浆洞穴（图206）。这些洞穴宽可达数十英尺，延绵数百英尺长。也有些洞穴长达12英里（约19.3千米）。从小裂隙中冲刷来的火山碎屑物或沉积物可能会完全地或部分地填充岩浆洞穴。有时洞穴墙和顶上主要是钟乳石，而洞底则被由熔岩碎屑组成的石笋覆盖。

海崖上也可能形成洞穴（图207），这可能是因为海浪对海崖表面不间断的冲刷作用，也可能是河流汇海时产生的地下水穿越海底石灰岩空隙流动的结果。波浪作用于表面强度不均一的石灰岩海峡形成海拱，比如位于伊利湖（北美五大湖之一）西部的直布罗陀岛针眼。一次大型海上风暴可以将高高的海崖侵蚀数十英尺。有时，海浪的反复作用会在白垩岩上留下一个孔洞，这便是海拱。

石灰岩洞穴的顶部坍塌，便会在地表形成一个很深的凹坑，这就是所谓

图206

夏威夷霍尔莫莫火山双子火山口第一口的瑟斯顿岩管入口（图片提供：美国地质调查局 H.T
斯特恩斯）

的"落水洞"（图208）。蓝洞，是水下落水洞，因为洞通常很深呈深蓝色而得名。佛罗里达州西南海岸分布着许多落水洞，像繁多的蓝色亮点环绕着巴哈马群岛。这些落水洞是在大冰期时形成的，当时海平面下降数百英尺，大面积的洋底暴露于海平面之上。覆盖北半球的冰盖扩张，掠存了全球大量的水分，从而导致海平面下降。

洋底暴露期间，酸性雨水渗入海床，溶解石灰岩岩床，制造出大量的地下洞穴。由于上覆岩层的重压，洞顶不堪重负而坍塌，形成巨型凹坑。末次冰期末，冰盖消融，海水回返重新覆盖这个海域并淹没这些落水洞。蓝洞，常常危险而狡诈，涨潮落潮时蓝洞上方经常形成漩涡，过往船只一不留神就会被吞没。

墨西哥尤卡坦半岛上有一片地貌奇异的区域。这里有一些巨大的洞穴通过蜿蜒曲折的位于海下100英尺（约30.48米）的通道彼此相联系。下伏的石灰岩发育有极长的通道和巨大的洞穴，形如蜂巢，有些通道长达数英里，更有甚者，一些大型洞穴足以轻易容纳好几个房间。喀斯特地貌最终都会形成地下水溶洞和落水洞。当洞顶的石灰岩层坍塌时，便会形成落水洞，让其下神秘的地下水世界暴露于世人面前。因此，落水洞为我们铺筑了一条了解地下洞穴世界的捷径。

跟地表洞穴一样，尤卡坦半岛的洞穴里有丰富的垂冰状钟乳石从顶而

图207
阿拉斯加州库克寅勒区秦尼塔区域的粉砂岩海崖洞穴（图片提供：美国地质调查局A.格兰特）

降，也有许多石笋自地面笔直地生长出来。洞穴中还分布着一种需要上百万年时间才能形成的精致、中空的钟乳石，常被戏称为"汽水吸管"。在洞穴的黑暗深处，生活着鱼类、甲壳类以及其他一些小型原始生物。由于祖祖辈辈生活在黑暗的环境中，这里的许多生物视觉功能都已退化，眼睛成为无用的附属物。这些洞穴几乎是一个全然未知的生态系统，里面充满了地球上最奇异的生物种类。

罗马尼亚南部的墨崴尔洞是一条位于地下60英尺（约18.29米）的黑暗通道，其中生活着一些前所未知的奇异生物，有蜘蛛、甲虫、水蛭、蝎子和蜈蚣等。这是一个与地表完全隔绝的封闭的生态系统，依靠地球内部喷出的硫化氢而存活和运转。位于食物链最底层的一些细菌直接利用硫化氢进行新陈代谢，这种营养方式被称作"化能合成作用"。

这些主宰洞穴的奇异生物经历了500万年的时间才进化成今天的形式。它们长期生活在极度缺氧和完全无光的环境中，因此缺乏皮肤色素，也没有视觉。据估计在550万年前，当黑海退却时，这个位于城市郊外的面积有150平方英里（约388.5平方千米）的错综复杂的洞穴就已经开始形成。黑海水位重新上升时，石灰岩地貌中开始发展出洞穴。黏土掺入石灰岩中使石灰岩层不再渗水。最后在冰期时，大量的风成沉积物堆积其上，形成厚厚的沉积层，从而建造成了最终的封闭系统。

海下陨石坑

由于地球表面的70％被海水所覆盖，因此海底应当能够发现大多数的陨石坑。大洋底床上有几个点，已经被认为可能是一些经过海洋作用的陨石坑。彗星或小行星撞击海洋，会激起数十亿吨的海水，形成圆锥状的水帘。空气中将会出现过饱和的水蒸气，厚厚的云层将笼罩地球，全世界都将不见天日。巨型海啸将会从撞击点出发，席卷全球。一旦撞击到海岸，巨大的海浪仍可向陆地进军数百英里。海啸到处，一切皆毁。

据估计，大约6,500万年前，一颗较大的陨石撞击地球，形成一个直径至少100英里（约160.9千米）的陨石坑。这次撞击使地球环境陷入混乱。也许，正是这场灾难导致了恐龙以及其他70％生物物种的灭绝。然而，人们并没有在陆地上发现这如此大的陨石坑，因此推测它可能位于海底。如果这样，几千万年来的沉积物可能早就抹煞了一切线索。

对"恐龙杀手"落点的搜寻，大量集中于加勒比海地区（图209）。此处，浪成碎石与陨石坑中喷出的岩浆岩碎石共存，形成厚厚的堆积层。最有可能的陨石坑位置是齐胥鲁布撞击坑构造，世界上最著名的陨石坑构造。齐胥鲁布撞击坑构造大概有110～185英里（约176.99～297.67千米）宽，得名于其中心处的一个小村庄，"齐胥鲁布"在玛雅语中意为"魔鬼的尾巴"。此陨石坑位于尤卡坦半岛北海岸，为厚达600英尺（约182.88千米）的沉积岩所覆盖。

如果白垩纪末陨石撞击地球的部位是海岸附近的海床，那么6,500万年间的沉积物早就将其遗迹埋于厚厚的泥沙堆积层之下了。坠入大海的陨石会激起席卷洋底的海啸，将其残留碎片堆积在附近的海岸上。此外还可能会引发大地震，使得浅水海域的沉积物沿着大陆架滑落。这些软泥堆积在深海洋底，能够覆盖150万平方英里（约388.5万平方千米）的区域，面积比阿拉斯加的两倍还大。

定年分析得出，尤卡坦半岛撞击构造的形成年代正好与"恐龙时代"的结束相吻合，大约是距今6,500万年前。通常认为，正是陨石的撞击导致了这些巨兽的灭绝。异常聚集的大量落水洞勾勒出了陨石坑的轮廓。这些撞击构造形成了一个裂缝循环系统，其作用类似于地下河。落水洞中的洞穴一直向下延伸，到达地下大约1，000英尺（约304.8米）的地方，其良好的渗水性使其成为地下水通往海洋的"管道"。

人类已知最显著的陨石撞击坑是距离新斯科细亚省东南海岸岸外125英里（约201.13千米）处的宽35英里（约56.3千米）的孟塔格奈斯构造（图210）。这个圆形构造由海上作业的石油勘探公司发现，已有5，000万年的历史。这个撞击坑更像是陆地陨石坑，其边缘部分仅位于海下375英尺（约114.3米），而其坑底深达9，000英尺（约2，743.2米）。此陨石坑是被一颗宽约2英里（约3.2千米）的较大型陨石撞击而形成的。撞击使得陨石坑中央隆起一个山峰，就像在月球陨石坑中见到的中央隆起一样。

撞击构造，同样也包含受突然撞击作用而熔融的岩石。这样的大撞击，理所当然会形成席卷附近海岸的大海啸。由于其合适尺寸和位置，人们一度认为尤卡坦半岛撞击坑很有可能是美国西部广泛散布的玻陨石（图211）的来源。不幸的是，这种观点最终被否定了，因为这个撞击构造的形成时间比

图209
加勒比海域一些可能的撞击构造，该次撞击事件可能是终结白垩纪的魁首

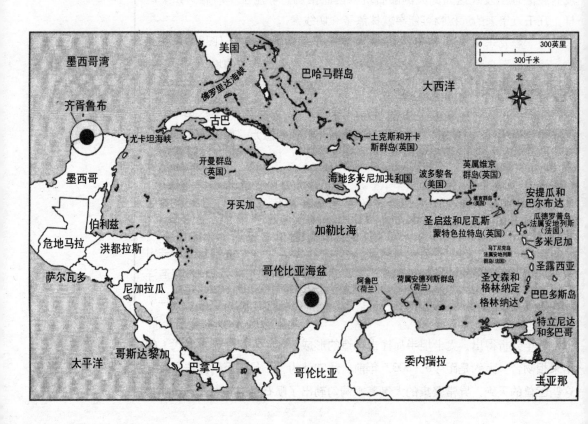

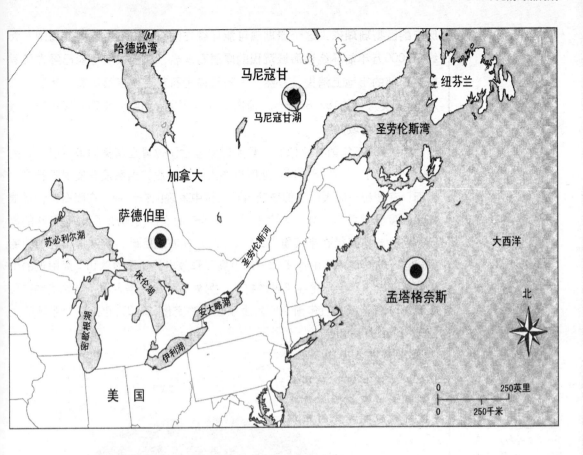

图210
加拿大新斯科细亚海域孟塔格奈斯陨石坑的位置图

玻陨石晚了几百万年。但是，海洋如此广袤，没准哪一天制造这些玻陨石的陨石坑就会自动露面。

　　大约4，000万年前，一颗陨石在维吉尼亚海岸附近的大西洋中撞击地球，制造出席卷邻近海岸的巨浪。显然，此次海啸扫过大约5，000平方英里（约1.3万平方千米）的洋面，相当于康涅狄格州的面积。如果陨石撞击海底大陆架，则会将洋底撕裂成许多巨大岩块，当然也会产生巨浪。地球上有三个地方都发现了埋于1，200英尺（约365.76米）厚的沉积物之下的宽2英尺（约0.6米）、厚200英尺（约60.96米）的碎石层。碎石层内部含有可以显示震动特征的颗粒。还有一种状似玻璃的岩石，称作玻陨岩，是陨石撞击大洋底床时冲击海底岩石形成的。

　　佛罗里达州南端的大沼泽也可能是某次大的撞击事件的结果。大沼泽地区是一片被椭圆形山脊包围的沼泽森林，南佛罗里达的绝大多数城市都建立在这些山脊之上。在环绕大沼泽下的大陆边缘上分布着大约有600万年历史的巨型珊瑚礁。这个珊瑚礁可能环绕在陨石撞击产生的海盆周围。大约4,000万年前环绕该海域沉积的厚层石灰岩，如今很有可能已经在佛罗里达南部的土地上消失。显然，大陨石撞击石灰岩使岩石碎裂，然后沉入水下600英尺（约182.88米）。撞击同样会产生大海啸，将陨石残留碎片搬运到遥远的海域。

大约230万年前，貌似有一颗大行星撞击了位置在南美洲南端以西大约700英里（约1,126.3千米）处附近的太平洋洋底。虽然没有发现陨石坑，然而，在沙粒一般大小的似玻璃岩石颗粒中发现的铱元素（在陨石中含量很高）浓度异常显示了其外太空来源的性质。此次撞击形成了大约3亿吨的碎石，包括一些直径在半英里（约0.8千米）左右的巨砾。那次撞击释放的能量相当于将全球所有的原子弹一起引爆所释放出的能量的总和。对附近的生物群落而言，那绝对是毁灭性的打击。另外有地质证据表明，全球气候在距今250万年前到220万年前之间发生了巨大的变化。250万年前，北半球的大部分为冰川所覆盖。

图211
1985年11月在德克萨斯州发现的北美玻陨石，显示了受侵蚀和溶蚀的特点（图片由美国地质勘查局E.C.T.晁提供）

外形怪异的碎石遍布澳大利亚的沙漠地带，它们被称作〝滚石〞，直径可达10英尺（约3.05米），并都具有遥远的来源地。这些巨型外来碎石遍布澳大利亚中部沙漠，与其来源地相去甚远。通常认为这些碎石是白垩纪时随着海洋上漂浮的冰山搬运至此的，那时大量水分进入陆地形成众多冰川。

当冰山融化，巨石便会跌落洋底，撞击海底柔软的沉积层就会产生类似于陨石坑的凹坑。冰漂碎石证据同样存在于其他冰期土壤之中，比如加拿大北极圈内地区和西伯利亚等。暖期的沉积物中同样也发现了类似的碎石。时至今日，在哈德逊湾地区，冰漂作用仍在持续进行。

海底爆炸

有史料记载的最剧烈的火山喷发发生于17世纪，位置是地中海克利特岛以北75千米的希拉岛。现在，该岛地下的岩浆房中充满了海水。然而当年的火山犹如一口巨型高压锅，岩浆在积聚足够力量之后终于喷涌而出。火山喷发后，岩浆房被排空导致火山岛垮塌，形成一个面积大约30平方英里（约77.7平方千米）的充满水的深坑。希拉岛的坍塌一样产生了大海啸，猛击了地中海的东海岸。

克拉卡托岛位于印度尼西亚的苏门答腊岛和爪哇岛之间的苏门海峡中间。1883年8月27日，四次能量巨大的喷发使岛屿碎裂。这次喷发的巨大能量可能来源于进入岩浆房的海水产生的蒸汽，蒸汽扩散急速地为岩浆房增压。随着最后一次震动，克拉卡托岛绝大部分的地方变成了岩浆房排空垮塌而形成的洞穴。此次喷发形成了位于海下1,000英尺（约304.8米）的火山喷口，形如一个破碎的碗，仅残留被打碎的碗缘伸出海面。

1952年11月1日，人类在南太平洋安尼威吐克泻湖中的伊鲁格拉布环型礁上第一次进行氢弹爆炸试验。这枚核弹名叫〝迈克〞，长22英尺（约6.7米），宽5英尺（约1.5米），重约65吨。其爆炸威力大约相当于10兆吨TNT。〝迈克〞被引爆后不到一秒钟，爆炸火球的直径便膨胀到3英里（约4.8千米）（图212）。数百万加仑（上千万升）的海水瞬间变为蒸汽。当〝蘑菇云〞消散后，伊鲁格拉布环礁已不复存在。而洋底则形成了一个宽1英里（约1.609千米）、深1,500英尺（约45.72米）的巨大凹坑。

另有一种类型的洋底凹坑，是海底自然爆炸的结果。1906年，墨西哥湾的海员目击了一次巨大的天然气爆炸，大量气泡产生并上升到海洋表层。该海域因储藏碳氢化合物而闻名，这是一种易燃易爆物质。这些天然气在海底的高压环境中储存，当压力增大到一定程度时便会发生爆炸，使岩屑四溅并在洋底留下巨大凹坑。天然气本身则以气泡的形式上升，最终进入空气，并在海水表面结成厚厚的泡沫层。

爆炸遗迹之上的进一步爆炸则会产生更大的洋底凹坑。密西西比三角

图212
1955年11月1日在伊鲁格拉布环礁上进行的人类首次氢弹试验，该氢弹被命名为"迈克"（图片提供：美国国防部核能局）

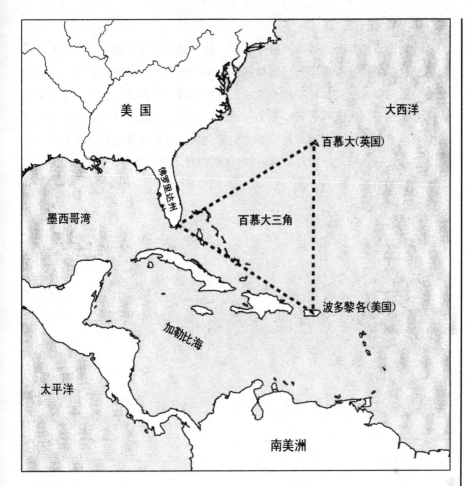

图213
百慕大三角就像被诅咒过一样，总是有船只和飞机神秘失踪

洲东南7,000英尺（约2,133.6米）深处的水下凹坑就属于这种情况。小山顶部有一个椭圆形的洞，长1,300英尺（约396.24米），宽900英尺（约274.32米），深度有200英尺（约60.96米）。此次爆炸喷出了体积大于200万立方码（约153万立方米）的沉积物，并沿大陆斜坡下滑。显然，天然气是沿着洋底裂缝上升，然后在渗透性极低的盖层下聚集的。最终，气压不断增大掀翻盖层，形成巨大的爆炸坑。

在墨西哥湾以及世界其他地方，海床下面常常有厚厚的盐岩堆积，它们是温暖气候下海水蒸发析出的产物。盐岩的构造运动常导致地壳抬升，形成穹隆状的沉积盖层。来源于古海床的盐岩被埋在地壳之下，但由于比周围岩石要轻，它会向地表上升，将上覆岩层弯曲为穹隆状。石油、天然气常常会圈闭在这样的构造之中，石油地质学家们花费大量时间搜寻盐岩穹隆，以寻找石油。

墨西哥湾底部有一层薄薄的硬石膏，是在强烈蒸发环境中形成的无水硫酸钙。这些硬石膏构成了一个密封盖层，将海床表层下的气体密封。当压强大到一定程度时，气体便冲出地表，在开阔海域形成泡沫。驶入泡沫海域的船只由于没有海水支撑会完全失去浮力，迅速沉入海底。飞行在其上空的飞机由于被毒气笼罩，也有可能出事故莫名消失。这种现象也许可以解释加勒比海百慕大三角地区（图213）船只与飞机奇异消失的现象。

结语

　　海洋地质学，又称为地质海洋学，它主要探索洋底及其特征，是地质学的一个重要领域。海洋地质学研究海洋边缘，同样也探索深海区域。近来，越来越多的洋底新发现极大地推动了板块构造理论的完善。洋底的许多地质活动都是由大洋壳的碰撞产生的。

　　板块构造理论在海洋地质学中的地位极其重要，因为它是理解占地球表面积3/4的海洋所必需的理论基础。大量海洋地貌都是由地壳的相互作用所塑造。洋底扩张，才有了海底山脊的隆起；板块消减，才有了深海海沟以及岛弧。因此，没有板块构造运动，海床将成为贫瘠的沙漠。

专业术语

aa lava 渣状熔岩：一种斑点状玄武岩

abrasion 磨蚀：因为磨擦而产生的侵蚀；一般是流水、冰川或风所携带的岩石颗粒产生的磨擦作用

absorption 吸收作用：辐射到物体上的能量被保留，或者转化为热或其他形式能量的过程

abyss 深海：较深的海域，一般深度在1英里（约1.609千米）以上

accretion 吸积（天文词汇）：宇宙尘埃在万有引力作用下聚集，成为星子、小行星、月球或地球的过程

advection currents 平流：气体或水的水平运动

aerosol 气溶胶：溶解在空气中的固体或液体的微小颗粒

albedo 反射率：被物体表面反射的光量占照射到物体表面的光总量的比例，由物体的材料、颜色等决定

alluvium 冲积物：流水堆积的沉积物

alpine glacier 阿尔卑斯型冰川：高山冰川或山谷冰川

ammonite 菊石：一种中生代头足类动物，具有光滑螺旋的壳

andesite 安山岩：一种介于玄武岩和流纹岩之间的中性火山岩

annelid 环节动物：一种外形似虫的无脊椎动物，具有明显的头部和肢体，躯干呈节段状

aquifer 含水层：有地下水流动的地下沉积物层

Archean 太古代：寒武纪以前最古老的时间段，介于40亿年前到25亿年前之间

arthropod 节肢动物：种类最多的无脊椎动物，包括：甲壳类和昆虫类等，特征是节段状的躯干、有接缝的肢体和具有外骨骼

ash fall 灰雨：火山喷发时固体颗粒物从云中像雨滴一样地坠落

asteroid 小行星：岩石或金属的星体，环绕地球作圆周运动，位于火星和木星之间，然而并不是太阳系的行星

asthenosphere 软流圈：上地幔的一个圈层，位于地下60～200英里（约96.5～321.8千米）之间，与其上下的岩石相比，塑性更大一些，其中可能有着无休止的对流运动

atmospheric 气压：某区域上方的所有气体在该区域产生的单位面积上的压力，又名大气压力

back-arc basin 弧后盆地：火山组成的洋底扩张系统所导致的岛弧后部的扩张区域，位于消减带之上

Baltica 波罗古陆：古生代的欧洲陆地

barrier island 障壁岛：与海岸线平行的低矮狭长的海岸岛屿，能为海岸抵挡风暴

basalt 玄武岩：一种富含铁镁的暗色火山岩，在熔化状态下常具有良好的流动性

benthic front海底洋流：沿深海洋底流动的洋流

biogenic 生物沉积岩：由植物和动物躯体（例如生物壳体）残留物堆积而形成的沉积岩

biomass 生物群：具有某种生活习性的所有生物的总和

biosphere 生物圈：有生物活动的地球圈层，受其他生物活动以及地球活动的影响

black smoker 黑烟囱：在洋中脊处上升到地表的超热水；热水中含有过饱和

的金属。当其逸离洋底与冷的海水混合时，析出的金属粒子迅速扩散，结果便形成了烟雾状的黑色浑浊水

blueschist **蓝片岩**：暴露于地表的消减洋壳上的变质岩

brachiopod **腕足动物**：一种生活在浅海的无脊椎动物，有着与软体动物类似的两瓣壳，繁盛于古生代

bryozoan **苔藓动物**：一种海洋无脊椎动物，特征是具有树枝状或扇形的结构

calcite **方解石**：一种矿物，成分是碳酸钙

caldera **火山坑**：火山顶部形似陷阱的大凹坑，由大的火山喷发或坍塌而形成

calving **冰裂**：冰川整体破裂形成冰山漂浮在海中的过程

carbonaceous **碳质岩**：含碳的岩石，例如沉积岩中的石灰岩，或者某种类型的陨石（碳质球粒陨石）等

carbonate **碳酸盐**：由碳酸和各种金属离子组成的矿物，包括含碳酸钙的矿物，例如石灰石、白云石

carbon cycle **碳循环**：碳在大气、海洋中的一系列活动，可以简要地总结为被固结在碳酸盐岩中，最后又通过火山活动返回大气的过程

Cenozoic **新生代**：由最近6，500万年以来组成的地质历史阶段

cephalopod **头足动物**：一种海洋软体动物，包括鱿鱼、乌贼、章鱼等依靠喷水而运动的动物

chalk **白垩岩**：一种质地松软的石灰岩，主要由微生物的钙质壳体堆积而成

chemosynthesis **化学合成**：通过化学反应的能量来合成生物体所需的有机化合物的生命过程，例如深海洋底热液喷口附近的生物就是通过这种方式来进行初级生产

chert **燧石**：一种硬度极大的，隐晶质的石英岩，可作打火石

chondrule **球粒陨石**：在球粒状陨石中发现的橄榄石和辉石的圆形颗粒

circum—Pacific belt **环太平洋带**：环绕太平洋板块边缘的地震活动带，与火山活动带一致

circumpolar **环极的**：全球从南极到北极的

climate **气候**：某段时间某区域天气的总体状况

coastal storm **海岸风暴**：沿海岸平原或海岸线移动的低压旋风系统；它会在陆地上引发正北到北东向的风，在大西洋海岸，它又成为东北风暴

coelacanth **腔棘鱼**：一种鳍呈圆片状的鱼，产生于中生代，目前生活于深海

coelenterate **腔肠动物**：一类生活于海洋的多细胞生物，例如：水母、珊瑚等

condensation **冷凝**：物质从气态变为液态或固态的过程，即蒸发的逆过程

conductivity **传导性**：传递某种物质或能量的性能

continent **陆地**：由轻质刚性的岩石圈漂浮在密度大的上地幔之上而形成的大陆

continental drift **大陆漂移学说**：一种理论，认为陆块在地球表面漂移

continental glacier **大陆冰川**：覆盖部分陆地的冰川层

continental margin **大陆边缘**：海岸线与深海之间的区域，代表了真正的陆地边界

continental shelf **大陆架**：靠近陆地的离岸的浅海区域

continental shield **大陆地盾（地盾）**：古老的地壳岩石，陆地以它为基础生长

continental slope **大陆斜坡**：大陆架到深海海盆之间的过渡区域

convection **对流**：由下部热量引发的垂向环流；物质吸收热量变轻而上升，冷却变重又再下沉

convergent plate margin **会聚板块边缘**：板块相向运动的地壳板块交接带；它通常与深海海沟相联系，老洋壳在此处俯冲进入消减带而消没

coral **珊瑚**：一种浅海底栖的无脊椎动物群，常聚集生活在温暖水域，形成暗礁

cordillera **科迪勒拉山系**：一系列山脉组成的雁列状山系，包括：北美的落基山脉、卡斯卡丁山脉、内华达山脉以及南美的安第斯山脉

core **地核**：地球中心部分，由密度很大的铁镍合金组成

岩芯：钻探地壳而获得的圆柱状岩石样品

Coriolis effect **科里奥利力**：由于地球自转而产生的一种力，它会使得地球表面移动的物体偏离其原来的运动方向

craton **克拉通**：古老稳定的大陆核心部位，通常由前寒武纪岩石组成

crinoid **海胆纲动物（海百合）**：一种棘皮动物，形似百合，长长的圆茎，躯体顶端部分似百合花

crosscutting **岩脉**：切穿老岩体的新岩体

crust **地壳**：地球外圈层

crustacean **甲壳动物**：节肢动物的一种，特征是有四对附肢，一对在口前，

其余在口后；包括：虾、螃蟹、龙虾等

crustal plate 地壳板块：在构造运动过程中，与其他板块碰撞的岩石圈板块片段

delta 三角洲：在河口堆积的楔形的沉积物

density 密度：单位体积内的物体质量

desiccated basin 干涸盆地：古海洋蒸干而成的盆地

diapir 底辟：熔岩上涌，穿过上覆较重岩石的过程

diatom 硅藻：一种微体植物，死亡后，其壳体化石形成的含硅沉积物称为硅藻土

diatomite 硅藻岩：一种主要由硅藻化石壳体组成的极细粒的硅藻土质岩石

divergent plate margin 分离板块边缘：岩石圈板块分离的板块交接带；通常与大洋中脊相关联，熔岩从此处上涌，固结形成新洋壳

dynamo effect 电磁效应：由地核的固体内核与液体外核之间的旋转速度、温度、化学物质、电能等各方面的差异所引起的地磁场的产生效应

earthquake 地震：由地球内部的地质应力而引起的活动断层处岩石的突然破裂

East Pacific Rise 东太平洋洋隆：沿太平洋东边南北向移动的洋中脊扩散中心；在其主要隆起带上发现了热泉以及海底黑烟囱

echinoderm 棘皮动物：一种海洋无脊椎动物，包括海星、海胆和海参

eon 宙：最大的地质年代单位，大约有10亿年或更长的时间跨度

erosion 侵蚀：在自然力（例如：风力、水力）作用下表面物质的消解

evaporation 蒸发：物质从液态转变为气态的过程

evaporite 蒸发岩：海边浅滩中的圈闭海水蒸发而形成的盐类、硬石膏以及石膏的堆积层

evolution 进化：物理及生物特性随时间而变化的趋势

extrusive 喷出岩：喷出地表的火山岩

fluvial 冲积物：河流冲刷沉积物

foraminifer 有孔虫：生活于海水表层的碳酸钙质壳体的微体生物；死后其壳体成为堆积于海底的沉积物及石灰岩的主要组成成分

fossil 化石：保存于岩石中的远古动植物的残留体、印痕及活动遗迹

fossil fuel 化石燃料：从远古动植物遗体转化而来的能量来源，包括煤、

石油、天然体等；一经点燃，它便释放出在地壳中储存了数百万年的能量

fracture zones 破碎带：由平行于洋中脊并呈阶梯状排列的山脊和山谷组成的狭窄区域

fumarole 热液喷口：流水或热气喷出地表的通道，例如间歇泉

gastropod 腹足动物：软体动物中的一个大家族，包括鼻涕虫和蜗牛等；特征是身体被单个壳体所保护，这个壳体通常是卷曲的

geochemical 地球化学：一门研究化学元素在岩石、土壤、水及大气中的分布与循环的科学

geologic column 地质柱状剖面：某区域地质单元的总厚度

geostrophic flow 地转流：与科里奥利力垂直的洋流，在北半球，即相对向右偏转的洋流

geothermal 地热流：由地球内部的高温岩石加热而产生的热水或蒸气

geyser 间歇泉：间断地喷出热水或蒸气的地热喷泉

glacier 冰川：厚层移动冰，当冬季降雪量超过夏季融冰量的时候冰川便会生长

Gondwana 冈瓦纳：位于南部的古生代大陆；由非洲板块、南美洲板块、印度板块、澳大利亚板块、南极洲板块构成，在中生代分裂成为现在的陆地分布格局

graben 地堑：断层下滑而形成的山谷

granite 花岗岩：一种富含硅的粗粒岩石，主要成分是石英、长石

gravimeter 重力计：测量重力大小的一种工具

greenhouse effect 温室效应：热量被大量保存在大气圈下部所产生的效应，尤其受水汽和二氧化碳的作用而发生

greenstone 绿岩：一种绿色的、轻度变质的火成岩

groundwater 地下水：来自于大气，通过地表过滤并在地表下循环的水

guyot 海底平顶山：曾经露出海面并且山顶受海浪侵蚀磨平的海底火山；随后，海底沉降使得它沉入水下，并保留了平坦的山顶

hot spot 热点：与板块边缘无关的火山活动中心；地幔岩浆非正常生成的位置

hydrocarbon 烃：碳链与氢原子共同构成的分子

hydrologic cycle **水循环**：水在陆地和海洋之间的来回流动

hydrology **水文学**：研究地球上的水的科学

hydrosphere **水圈**：地球表层含水的那一部分圈层

hydrothermal **热液活动**：与穿越地壳的热水运动有关；冷的海水渗透穿过洋壳，进入洋壳深部，被加热后变轻，开始向上运动，返回海洋，完成一次循环

Iapetus Sea **古大西洋（亚皮特斯海）**：早于泛古陆的古大洋，覆盖区域类似于今天的大西洋

ice age **冰期**：地球被大面积冰川覆盖的时期

iceberg **冰山**：部分冰川碎裂入海而形成的漂浮于海洋中的大冰块

ice cap **冰盖**：覆盖两极的冰雪

igneous rocks **火成岩**：所有由熔融状态固结而成的岩石

impact **冲击点**：外来陨石撞击地球的地点

internal wave **内波**：在海洋内部的高密度区域而非在海洋表层传播的波浪

invertebrate **无脊椎动物**：具有外骨骼的动物，例如：贝类、昆虫

island arc **岛弧**：板块消减带上靠近陆地的火山带，与消减板块的海沟平行

isostasy **地壳均衡说**：一种地质理论，认为地壳是处于漂浮状态的，其某部分的升或降取决于其密度

landslide **山崩**：由地震或恶劣天气引发的岩土物质快速向山下移动

Langmuir circulation **蓝穆尔环流**：水面附近的交互排列的顺风涡流；有波浪和均匀剪切流的交互作用而产生

Laurasia **劳亚古大陆**：古生代时期位于北方的一个超级古陆，由北美洲板块、欧洲板块以及亚洲板块构成

laurentia **劳伦古大陆**：一个古北美大陆

lava **熔岩**：流出地表的熔融岩浆

limestone **石灰石**：一种由碳酸钙组成的沉积岩；由海洋无脊椎动物堆积而成，它们的壳体提供了其中绝大多数的碳酸钙来源

lithosphere **岩石圈**：包含大陆地壳和大洋地壳的地幔外刚性圈层；岩石圈通过对流在地球表面和地幔之间循环

lithospheric plate **岩石圈板块**：地幔外的岩石板块，即岩石圈的某些片块；在地质构造运动中板块之间会相互碰撞

lysocline 溶跃面：钙的溶解速率刚好大于其生物堆积的速率的海水深度

magma 岩浆：产生于地球内部的熔岩，是火成岩的持续来源

magnetic field reversal 磁极反转：地磁场南北极的倒转

magnetometer 磁力计：一种用于测量地磁场强度和方向的仪器

manganese nodule 锰结核：洋底的一种鹅卵状矿石，富含铁镁

mantle 地幔：地壳和地核之间的地球部分，由高密度的岩石组成，这些岩石也许处于对流状态

massive sulfides 块状硫化物：由热水溶液堆积的金属硫化物矿床

megaplume 巨型羽状构造：大洋裂隙上方的大体积富含矿物的热水

Mesozoic 中生代：顾名思义，地质历史的中年期，在距今2.5亿年到0.65亿年之间

metamorphism 变质作用：火成岩、变质岩以及沉积岩在高温高压下未熔化时发生的重结晶作用

meteorite 陨石：进入地球大气圈并撞击地球的由岩石或金属组成的外来星体

microplate 微板块：被大板块包围的小块洋壳

Mid—Atlantic Ridge 大西洋中央裂谷：标志西部的美洲板块和东部的欧亚板块和非洲板块之间边界的洋底扩张中脊

midocean ridge 洋中脊：沿分离板块边缘分布的海下山脊，地幔物质在此处上涌形成新洋壳

Mohorovicic discontinuity Moho 莫霍面：地壳和地幔的分界面，由莫霍洛维奇发现

mollusk 软体动物：无脊椎动物中的一个大家族；包括蜗牛、蛤、鱿鱼以及已经绝灭的菊石等，特征是身体被内、外壳所包裹

natural selection 自然选择：由环境决定的生物的灭亡或存活，自然界通过这样的过程来选择物种，以达到进化

nontransform fault 非转换断层：洋中脊段交叠部位的断层之上发育的小型位错，使大西洋中脊产生分支

nuée ardente 发光云：由火山灰及火山碎屑形成的炙热发光的云状物

olivine 橄榄石：一种富含铁镁的硅酸盐矿物，通常出现在喷出岩和侵入岩中

ophiolite 蛇绿岩：因构造运动而进到陆地上的大洋地壳岩石

ore body 矿体：向地表上升的热液与下渗的冰冷海水汇合而形成金属矿石聚集体

orogeny 造山带：构造运动形成的山地地区

outgassing 气体外溢：某个星球上的气体逃逸到外太空的过程，与星体吸附气体的过程恰好相反

overthrust 逆冲断层：某一地壳块体冲掩到另一地壳块体上并前进一段距离所形成的断层

oxidation 氧化物：氧与其他化学元素所构成的化合物

pahoehoe 绳状熔岩：主要成分为玄武岩浆，形状呈绳状

paleomagnetism 古地磁学：研究地磁场的科学，主要研究古代磁极及其位置

paleontology 古生物学：研究古代生物的科学，主要基于保存下来的动植物化石来进行研究

Paleozoic 古生代：地球历史的远古时期，大约在5.4亿前年到2.5亿年前之间

Pangaea 盘古大陆（泛大陆）：古生代所有板块聚集在一起所形成的超级大陆

Panthalassa 盘古大洋（泛大洋）：环绕盘古大陆的古大洋

peridotite 橄榄岩：地幔中最常见的一种超碱性岩石

period 纪：划分地质历史的一种纪年单位；比"世"要长，包含于"代"之中

photosynthesis 光合作用：阳光照射下，生物吸收二氧化碳和水制造有机物的过程

phytoplankton 浮游植物：生活于海水或淡水中营自由漂浮生活的微小单细胞植物

pillow lava 枕状熔岩：喷到洋底、形状扁平的熔岩

plate tectonics 板块构造理论：认为塑造地球外貌的主要因素是地壳板块之间的地质作用力的一种解释地球表面构造样式形成的理论

polarity 极性：某些物质相互具有相反特性的性质；例如电子的正负、地磁场的南极北极等

precipitation 沉降物：云状物浓缩后的产物，例如雨、雪、冰雹等；同样也包括从海水中沉淀而成的沉积岩层

primary producer **生产者**：食物链最底层的成员

radiogenic **放射成因的**：指由放射物衰变而产生的

radiolarian **放射虫**：一种微生物，其壳体由硅酸盐沉积物形成的植硅石所构成

radiometric dating **同位素定年**：通过某物质中稳定性同位素与放射性同位素的比值来确定其年龄的测年方法

reef **暗礁**：生活在岛屿或大陆边缘的生物群落死亡后其壳体形成的石灰岩层

regression **海退**：海平面下降使得大陆架暴露接受侵蚀的过程

rhyolite **流纹岩**：一种与花岗岩相似的富含钾长石的火山岩

ridge crest **脊顶**：沿两个分离的大洋板块边缘排列的洋中脊火山的轴线

rift valley **裂谷**：洋壳或陆壳板块分离的扩散中心

Ring of Fire **环太平洋活火山带**：火山活动频繁的环绕太平洋板块的俯冲消减带

Rodinia **罗迪尼亚古陆**：前寒武纪的超大古陆，其分裂引发了寒武纪的生物大爆发

seafloor spreading **洋底扩张学说**：认为岩石圈板块在大洋中脊两侧相分离，地幔物质上升到分裂裂谷中形成新的洋壳，从而推动大洋地壳新生和运动的学说

seamount **海山**：从未露出海洋表面的海下火山

seawall **海墙**：一种为阻挡海浪侵蚀而修建的人工设施

seaward bulge **海向折凸**：俯冲板片被折曲而形成的朝海洋方向的凸起

sedimentation **沉积层**：堆积成层的沉积物

seiche **假潮**：海湾中海水的震动

seismic **地震的**：与地震能量或其他地面的剧烈振动有关的

seismic sea wave **震动海浪**：由海下的地震或火山喷发所引发的海浪，又称为海啸

shield **地盾**：暴露于地表的前寒武纪的陆核区域

shield volcano **盾形火山**：由黏性较低的熔岩流建造而成的宽广低矮的火山

sonar **声纳**：一种靠声波来探测海底的仪器

sounding **水深测量**：用悬垂线对水的深度进行测量

spherules **球粒**：在某种类型的陨石、月球土壤以及大型陨石撞击点处发现的

球形玻璃质小型颗粒

storm surge **风暴潮**：风暴作用所引起的海岸水平面的异常快速升高

stratification **层理**：在沉积岩、熔岩流、水或者其他成分或密度有差异的物质中所具有的分层现象

striae **条纹**：下部岩石被上部冰川中的岩石摩擦而留下的痕迹

stromatolite **叠层石**：由藻类或蓝细菌类生物连续的沉积作用而生成的钙质构造，已有35亿年历史

subduction zone **消减带**：大洋板块插入大陆板块底部并进入地幔的区域；该区域在地面上以海沟的形式呈现

submarine canyon **海底峡谷**：位于水下的深谷；由河流在海下的扩展形成

subsidence **沉积**：由流体的搬运作用、压实作用等形成沉积物堆积的过程

surge glacier **激发性冰川**：在特定时期，快速向海洋扩展的大陆冰川

symbiosis **共生**：两种有差异的生物由于共同的利益而结成生活联盟

tectonic activity **构造活动**：整个地质历史时期的板块运动

tectonics **构造地质学**：研究地球大型构造（岩体或板块）运动的历史及其动力机制的科学

tephra **火山灰**：火山喷发时，喷到空气中的固体物质

Tethys Sea **特提斯海**：假想中位于中纬度地区，分隔开其南方的劳亚古陆与其北方的冈瓦纳古陆的古海洋

thermal **热流量**：单位时间内物体的一部分传导到另一部分的热能的量；其大小取决于两部分的温度梯度

thermocline **温跃层**：海水中冷水层和热水层快速变化的交界

tidal friction **潮汐摩擦**：引起以热量散失为表现的损耗能量的与潮汐有关的运动

tide **潮汐**：由太阳和月亮的万有引力所引起的海水的胀缩运动；海水由于地球的自转而涨落

transform fault **转换断层**：是洋中脊附近常见的一种地壳裂缝，板块沿转换断层发生水平方向上的相对运动

transgression **海进**：海平面上升；可以导致大陆边缘浅海区域发生洪水

traps **阶梯状熔岩**：形似楼梯的一系列流动岩浆岩

trench **海沟**：由板块俯冲而形成的一种洋底低洼地貌

tsunami **海啸**：由海下地震或火山喷发所引起的震动海浪

tubeworm **管状蠕虫**：生活在热液喷口附近的软体，身体位于长茎状管体中的
蠕虫状动物

turbidite **浊流**：周期性地沿大陆斜坡（通常是较缓的大陆斜坡）下滑到深海
的泥浆

typhoon **台风**：西太平洋一种剧烈的热带风暴

upwelling **涌流**：水流向上的流动

volcanism **火成作用**：火山活动的一种类型

volcano **火山**：熔岩上升到地表通过裂缝或喷口喷出建造成山

white smoker **白烟囱**：与黑烟囱类似的一种海底热液喷口，其喷出的流体呈
白色

译后记

首都师范大学出版社决定翻译出版这一套"Living Earth"系列的地球科学科普读物，我个人觉得意义非凡。国内历来少有如此精品的普及地球科学知识的书籍。当初接下这本《蓝色星球——海底世界的源起》的翻译，实在是因为被原著所吸引，加上这亦属于本人的专业范畴，于是便信心十足地着手。真正动笔时，才发觉这不是一项简单的工作。

整整十章的内容，万余专业词汇，原著者用十几万字的篇幅就把海洋地质学的基本内容和核心理论相当轻松明了地清楚阐述。我与徐其刚二人依照各自的专业所长分工，士气昂扬地一头扎进翻译工作当中。曾听人说，翻译是体力活——枯燥、艰辛、机械。的确如此，特别是刚刚开始的时候。然而，随着翻译工作的进展，情况很快就有了转变。原著语言的流畅、内容的丰富以及对各种繁复概念深入浅出的解答阐释，等等，使得阅读和翻译它都开始变得有趣。但在另一方面，也让我们更加战战兢兢。因为意识到自己是在翻译一本有趣的好书，我们生怕自己生涩的翻译会改变原著的味道，甚至是毁了这本难得的好书。这种忧虑持续于整个翻译工作之中。第一手的译稿在大概三个月之内就按时完成，但是之后一遍一遍的修改和校对持续了一年有余。我们检查每一个字词的正确，每一句话表达的准确，以及每一段每一篇行文的流畅，还有每一个表格每一幅图片的格式、注解和位置，种种细节不一而足，生怕有一点点遗漏、疏忽和谬误。

如今，译作即将付梓，我们更是诚惶诚恐，生怕自己的才疏学浅让读者质疑这本优秀的科普书。总之，如果大家觉得这是一本好书，肯定是因为原作本身便很优秀；如果大家觉得此书读来乏味，那一定是因为译者的功夫欠火候。建议有条件的读者去看原著。

书中难免出现种种不足，希望读者不吝赐教，批评指正。当然，我们更诚挚地希望这本书能给亲爱的读者带来一些美好的阅读体验。

党皓文

2009年9月于上海